美学讲稿

易中天 著

浙江文艺出版社
Zhejiang Literature & Art Publishing House

目录

第一讲 性质与方法

并不提供通用门票的美学 / 最没用的和最有用的
真正意义在于启迪智慧
美学就是美学史，美学史就是美学 / 呆气与灵气

一　并不提供通用门票的美学

同学们好！从今天开始，我们讲美学。照例，先讲绪论，就是讲"什么是美学"。大家觉得有点可笑是不是？我也觉得可笑。因为这很老套，而且有点呆气。现在不时兴这个了。现在时兴的是开门见山，直奔主题。做学术有点像"谈婚论嫁"。谈婚论嫁嘛，就得把对方的家底都弄清楚了。比如姓甚名谁，何方人氏，有无兄弟，家财几何，等等。要不然，嫁错了人，可得后悔一辈子。老话说，男怕选错行，女怕嫁错郎。当然，这是老话。现在不怕了。选错行可以改行，嫁错郎可以改嫁。不过改嫁总归是件麻烦事，再说，学术上嫁错了郎，也没人付你青春赔偿费。

学术为什么是"谈婚论嫁"呢？因为学术是这样一种工作，它主要是人类文化的积累与传承。当然，学术研究也是要创新的。但它首先是积累与传承，在积累与传承的基础上创新。如果只是为了解决当下的问题，那么，有技术就行，用不着学术。技术当然也有一个积累与传承的问题。不过对于掌握技术的人来说，这个过程是可以压缩或者省略的。比如我们用手机，有iPhone X就用iPhone X，用不着从第一代iPhone用起。这是技术和学术的不同。人类之所以要有学术，就因为人类有文化，而文化是需要一点一点积累、一代一代传承的。学术要做的，主要是这个工作。所以它不能只求"曾经拥有"，还得追求"天长地久"。

同学们或者要说，你老先生有没有搞错？我们并不是要搞学术，要跟着你研究美学。我们来上美学课，是为了"学以致用"。比方说，学会买衣服、挑对象，至少也要学会看电影、听音乐、欣赏绘画和雕塑什么的吧！我们用不着搞清

开一门课，先讲绪论，这在大学里面几乎是惯例，但往往不受学生欢迎，被视为可有可无的官样文章。如何改革，是一个值得研究的问题。

姚文元就曾提出过这个问题。他要求美学"放下架子"，研究环境布置、衣裳打扮、风景欣赏、挑选爱人等课题（姚文元《照相馆里出美学》）。这种不能区分学科（美学）和术科（美术），将美学与美术（甚至美容）混为一谈的说法，是对美学的最常见的误解之一。

什么是美学，也用不着知道美学的来龙去脉，你把结论直接告诉我们就行了，用不着那么麻烦啦！

如果是这样，如果你学美学，只是为了学会买衣服、挑对象，那么，我想你是走错门了。因为这个我不会。不光是我不会，我想其他的美学家，比如鼎鼎有名的朱光潜老先生，大约也不会。我见过朱先生的一张照片，衣服扣子都扣错了，他哪里会买什么衣服，挑什么女朋友？当然，朱先生是有太太的，但这和他是不是美学家没有关系。历史上最伟大的美学家康德就没有太太，一辈子单身，也不会欣赏女人或者艺术品。你要是向他打听这个，那可真是问道于盲。

至于看电影、听音乐、欣赏绘画和雕塑，这个事情，美学倒是要管一管的。不过它的管法，和电影学、音乐学、美术学不一样。比如一幅画画得好不好，好在哪里，不好又在哪里，这里头就有个标准问题。这些标准往往是很具体的，比如中国画的"笔墨"。很多人主张看国画要看笔墨。我们知道，中国画的工具和材料，主要是毛笔和水墨。笔可钩、勒、皴、点，墨有烘、染、破、积。笔立形质，墨分阴阳，这样就构成了中国画特有的视觉形象。所以中国画很讲究笔墨。如果你学会了看笔墨，那你就算是多少懂点行了。

但也有人反对，说"笔墨等于零"，也就是不要笔墨的意思。另一派立即反唇相讥，说"没有笔墨等于零"。这样一来，笔墨就成了一个学术问题。可以争论，也应该争论。但这个问题不是美学的，而是美术学的。为什么不是美学的呢？因为美学不管这些具体问题。它不管国画要不要笔墨，也不管西画要不要笔触。它甚至不管色彩、线条、构图这些中西绘画都有的"共性"的问题。它不管这些"琐事"，只管一个带根本性的问题，即艺术标准是否可能和怎样可能。

1991年底至1992年初，吴冠中先生提出"笔墨等于零"的说法。1998年，张仃先生撰文反对，提出要守住中国画的底线，由此引发了一场关于中国画评价标准的大辩论。详见林木《论笔墨》，上海画报出版社2002年8月版。

说得白一点，就是艺术品的鉴赏到底能不能有一个标准？如果能，那么，这个标准应该按照什么样的原则来设立？

还说笔墨。前面说了，一派说"笔墨等于零"，另一派说"没有笔墨等于零"。不管他们怎么争，都是美术学范围内的事。但是，如果有个人忽然跳出来说，你们说的这些都等于零！因为一幅画画得好不好，根本就没什么一定之规。仁者见仁，智者见智，你觉得好就好，觉得不好就不好，哪有什么标准？比如达·芬奇——顺便说一句，我们这位大画家的名字，准确地说应该是莱昂纳多·达·芬奇。因为"达·芬奇"的意思是"来自芬奇"或"芬奇人"，"莱昂纳多"才是他的名字。所谓"莱昂纳多·达·芬奇"，也就是"来自芬奇的莱昂纳多"，有点像我们中国把项城人袁世凯叫作"袁项城"，南皮人张之洞叫作"张南皮"。那时人们都这么叫，比如"佛罗伦萨来的米开朗琪罗"。所以，把莱昂纳多·达·芬奇叫作达·芬奇是不对的。要么叫莱昂纳多，要么全称莱昂纳多·达·芬奇。

不过大家这么叫惯了，约定俗成了，就不讲究了。我们还是回到刚才那个问题。比如有个人说，艺术根本就没什么标准。达·芬奇的《蒙娜丽莎》，我看就是狗屁！至少被杜尚画了胡子以后就是狗屁了。杜尚这人大家知道吧？他是法国的艺术家，达达派的大师。1919年，杜尚在巴黎买了一张《蒙娜丽莎》的印刷品，用铅笔在那个美人儿的脸上画了两撇翘胡子和一撮山羊须，再题上几个缩写字母，就成了他的一件作品，叫《L.H.O.P.Q》，又叫《带胡子的蒙娜丽莎》。1939年，杜尚又画了一幅单色画，画面上没有蒙娜丽莎的脸蛋，只有上次画在她脸上的胡须，叫《L.H.O.P.Q的翘胡子和山羊须》。1965年，也就是杜尚去世前三年，他

杜尚（Marcel Duchamp，又译迪尚、裘乡，1887—1968），法国画家，达达派重要人物，代表作有《走下楼梯的裸体》（立体主义和未来主义绘画）、《自行车轮》（现成品艺术）等。最有名的作品是将小便器倒过来钉在木板上的"雕塑"——《泉》。

在纽约又买了一张《蒙娜丽莎》的印刷品。这回画家连胡子也懒得画了，只是标了一个新的题目：《L.H.O.P.Q的翘胡子和山羊须剃掉了》。于是，他又"完成"了一幅"传世之作"——《剃掉了胡子的蒙娜丽莎》。

这很好笑是吧？可是很多人笑不起来。因为大家发现，当杜尚把那两撇翘胡子和一撮山羊须画上去以后，不要说艺术家，就连我们，也不觉得有什么突兀、别扭和不妥。那两撇翘胡子和一撮山羊须似乎原本就是长在那女人脸上的。这一下几乎所有的人都被震惊了：长期以来被视为标准美女的"蒙娜丽莎"，竟然不过是一个不男不女的家伙！

那么，艺术还有标准吗？

可见，当人们争论中国画要不要笔墨时，很难说会不会有人提出这样的问题来。不过，如果我们的讨论从要不要笔墨变成要不要标准，问题的性质也就变了，就从美术学的变成美学的了。因为问题已经从具体的标准（笔墨），变成了艺术标准是否可能和怎样可能。它已经超出了美术的范围，因此只能是美学。

关于艺术的标准是否可能和如何可能的问题，请参看易中天《论艺术标准》，原载《厦门大学学报》2001年第4期，《美术》2002年第10期。

现在我们其实已经大体上知道美学是个什么"东东"了。美学是个什么"东东"呢？它是研究"问题的问题""标准的标准"的。也就是说，它研究的，是艺术和审美中那些带有根本性和普遍性的问题。打个比方，美学好比是城市规划。它只管这个城市该有多大规模，多少人口，哪里修路哪里盖房子。至于这房子盖成什么样，它是不管的。当然，这个比方并不准确。城市规划是在建设之前，美学却是在艺术创作之后。而且城市规划一旦成为法规，那是要管事的，美学却什么事都管不了。艺术家并不按照美学家的"规划"来创作。他们可是爱干什么就干什么，爱怎么干

朱光潜先生说："不通一
艺莫谈艺，实践实感是真
凭。"学美学，最好有一
门艺术打底子。所以，门
类艺术学的这些入门著
作，最好能读一些。

关于艺术学的学科性质和
分类，请参看易中天《论
艺术的学科体系》，原载
《厦门大学学报》1999年
第1期。

正是由于这个原因，美学
在学科分类上是属于哲学
的，是哲学这个一级学科
下面的二级学科，和逻辑
学、伦理学等相并列。

就怎么干。所以，和城市规划相比，美学就更加只是"纸上
画画，墙上挂挂"。

正因为美学是这样一个东西，一个研究美和艺术最抽象
最根本问题的东西，因此，它不提供直接通往艺术殿堂的通
用门票。请大家注意我的表述了，一是不直接，二是不通
用。直接入门的门票有没有？有。门类艺术学就卖这种门
票。比如音乐学、美术学、戏剧学、舞蹈学。它们都有一些
入门的书，入门的道道。弄清这些道道，你就入门了。但
是，它们的门票是不通用的。你不能拿着音乐的门票入美术
的门，也不能拿着舞蹈的门票入戏剧的门，你甚至不能拿着
戏剧的门票入电影的门，尽管电影也有戏剧性。

把音乐、美术、戏剧、舞蹈、电影等等统统管起来的只
有美学，此外还有艺术学。或者准确地说，一般艺术学。
"一般艺术学"就是从宏观整体研究各门类艺术共同规律
的学科。它是美学和门类艺术学之间的东西。为了弄明白这
个问题，我想说得再清楚一点。

大体上说，研究艺术的学问有三种。其中，和艺术实
践最接近的是"门类艺术学"，比如音乐学、美术学、戏剧
学、舞蹈学、电影学。它们是研究各门类艺术的，而且只研
究自己这个门类，不研究别的门类，要研究也是拿来做比
较。但艺术有个性，也有共性，要不然怎么都叫"艺术"？
所以还要有一门把各类艺术都统起来进行研究的学问，这就
是"一般艺术学"。一般就不是个别，不是特殊，因此"一
般艺术学"就比"门类艺术学"抽象。

不过，"一般艺术学"还不是最抽象的。最抽象的是美
学。美学研究的，是艺术的根本问题，是艺术中的哲学问题
或者哲学中的艺术问题。"一般艺术学"只是把各门类艺术

总起来研究，美学却要研究这些总特征和总规律的总根子。所以美学又叫"元艺术学"。打个比方，美学好比艺术公司的董事长。他只处理原则问题，不管具体问题，也不管执行。执行是总经理的事。艺术公司的总经理是"一般艺术学"，而"门类艺术学"则相当于部门经理。不过，美学虽然什么都不管，却又什么都管。因为原则是从它那里来的。一般艺术学和门类艺术学在进行研究的时候，也常常要提到它。从这个角度讲，美学又是最"通"的。

但美学虽然"通"，却没有"用"，是"通而不用"。因为它不直接。你拿着它，一个门也进不去，根本就"没门"。实际上，说得彻底一些，美学根本就不卖门票。你见过董事长卖门票的吗？没有吧？一般艺术学也不卖门票。有总经理卖门票的吗？也没有吧？门类艺术学虽然卖门票，但只卖他们分公司的，不卖总公司的通票。所以，你想买一张直接通往艺术殿堂的通用门票呀，对不起，没有！

二 最没用的和最有用的

美学的这种性质常常引起人们的愤怒和不满。许多人指责美学家，说人民群众养着你们，养了两三千年了，你们却连张门票都拿不出，要你们有什么用！

这种心情是可以理解的。有时连我自己都怀疑，我们这个研究了几千年却仍然不知所云的学科，是不是在扯淡？我承认确实有不少"吃美学饭"的人是在扯淡，连我自己是不是在扯淡也没有把握。所以我常常想，是不是干脆把它取消算了？不过这样一来，恐怕又会有问题。有什么问题呢？

就是我们可以取消美学，却取消不了美。生活中充满了美，大家也都爱美，却又说不清美到底是什么。我们人类，这么智慧的一个物种，如果连"美是什么"这么个"起码"的问题都回答不了，也说不过去吧？那时候，恐怕又会有人嚷嚷：那些搞美学的呢？上哪儿去了？把他们找回来！

其实这也是美学的第一个作用，就是满足人类的一种好奇心，一种对已知世界和未知世界探索的愿望。在人类历史上，有不少工作，虽然并没有什么直接的用处，却为人类文化所不可或缺。对于这一类工作的评价，是不可以太急功近利的。我们民族有一个不好的传统，就是喜欢嘲笑那些忧天的杞人。杞人忧天当真就那么可笑？我看未见得。至少，在并不确知天为何物的时候，你凭什么就敢肯定天一定不会掉下来？没错，它今天不大可能掉下来，明天大约也不会，但明天的明天呢？明天的明天之后的某一天呢？实际上，天体物理学家已经搞清楚了，我们这个宇宙是有年龄的，地球也是有年龄的。有出生的那一天，也有死亡的那一天。那时又该怎么办？这就要弄清楚天到底会不会掉下来，而不是想当然地认为不会。要弄清楚天会不会掉下来，就要先弄清楚天是个什么"东东"，它和地又是什么关系。这样一来，自然科学就建立起来了。其前提，则是杞人忧天。可以说，没有忧天的杞人，就没有科学的探索，也没有科学的精神。

实际上，许多表面上看起来没有用的东西，往往是最有用的。就说艺术，有什么用呢？好像没有。古希腊哲学家柏拉图早就说过，画出来的鞋子不能穿，画出来的苹果不能吃，诗人绘声绘色地描写骑术，自己却不会骑马。艺术有什么用？周谷城先生和梁思成先生在人民大会堂有一次对话。周先生问梁先生："你说这壁画有什么用？"梁先生大家知

要求所有的人都去忧天是既无必要又无可能的。忧天的杞人永远只能是极少数，却又是不可或缺和值得尊重的极少数。

8

道啦，是清华大学建筑系主任，建筑大师，大家都以为他会说那壁画如何如何有用的。谁知道梁先生居然一笑说："补壁。"周先生又问："这屏风有什么用？"梁先生又答："挡风。"周先生又问："那九龙壁又有什么用？"梁先生又答："辟邪呀！"大家都笑了是不是？当时他们两人也相视而笑。那意思很清楚：没用！

这一例子的出处已无从查找，姑妄言之。

表面上看，艺术这玩意确实是一点用都没有的。艺术能当饭吃吗？能当衣服穿吗？能用来抵御强敌保家卫国吗？不能够吧？马克思早就说过，批判的武器不能代替武器的批判，物质的东西只能用物质来摧毁。说唱山歌就能把敌人都唱跑了，那是扯淡！艺术顶多也就起个辅助作用，鼓舞一下士气啦，动摇敌人军心啦。就这，也有限，还得碰上特殊情况，比如楚汉相争时的"四面楚歌"。

夸大艺术的社会作用决非艺术之福。当艺术承担了不该承担的责任时，必因不堪重负而崩溃。

但是这个几乎一点用都没有的东西，却又是不可或缺的。你说世界上哪个民族没有艺术？哪个时代没有艺术？哪个阶级没有艺术？潘鹤有件雕塑作品，是长征路上的两个红军战士，衣衫褴褛，饥寒交迫，却在吹笛子。吹的人如痴如醉，听的人如醉如痴。战争年代尚且如此，和平年代就更不用说，歌舞升平嘛！

事实上，许多民族，经济不发达，科学很落后，人民生活水平低下，有的原始民族连文字都没有，但是无一例外地有艺术。达尔文，大家都知道啦，有一次他来到了一个荒岛，看见一群土著光着身子，在寒风中瑟瑟发抖。达尔文马上拿出一些红布，要他们做件衣服。谁知道这些土人立即将这些红布撕成布条，绑在手上、脚上和腰上，然后跳起舞来。这让达尔文大开眼界。原来他们宁愿没有衣服，也不能没有艺术，不能没有美。这样的例子是有很多的。事实上，

这个例子见格罗塞《艺术的起源》（商务印书馆1984年版第42页）。格罗塞在谈到这件事时还引用了库克船长的话："他们宁愿裸体，却渴望美观。"

在人类文化和文明中，艺术差不多是最早诞生的，比科学和哲学早得多，几乎仅次于工具。这说明什么？说明艺术必有大用！有什么用呢？这当然是美学要搞清楚的事情，但现在不能说。一说，就扯远了。请大家先想一想，好吗？

现在还是来说美学。美学也是没有用的。艺术已然无用，美学却连一张艺术的门票都整不出，岂非无用至极？如果说它也有大用，我们就很想知道是什么。

先说美学是干什么的。大体上说，美学是研究美和艺术的。人类有艺术，也有审美（包括美和美感），这没有问题，是吧？但人与动物不同，他遇到一个现象，就要提问题。什么问题呢？总的来说，也就三个问题：是什么，为什么和怎么办。这就产生了各种学科。比方说，他看到天上有各种天体，有太阳，有月亮，有星星，他就要问：这是什么？这就有了天文学。他看到苹果熟了会从树上掉下来，月亮却不会，他就想知道为什么。这就有了物理学。他看到有的人穷，有的人富，有的时候丰衣足食，有的时候通货膨胀，他就想知道应该怎么办。这就有了经济学。现在，他看到生活中有美，他就想知道美是什么；他看到同一个对象有的人觉得美，有的人觉得不美，甚至自己也有的时候觉得美，有的时候觉得不美，他就想知道这是为什么；他还看到大家都爱美，他自己也想变得美一些，这就要知道应该怎么办。于是，就有了美学。

但是，要知道"怎么办"，就得知道"为什么"；而要知道"为什么"，就要知道"是什么"。所以，"美是什么"，就是美学的基本问题。

这个问题看起来很简单，其实很难。古希腊哲学家柏拉图写过一篇对话体的文章，叫《大希庇阿斯篇》。对话的两

从这个意义上我们也可以说：人是擅长于提问的动物。

个人，一个是自以为是的希腊贵族希庇阿斯，还有一个就是柏拉图的老师、大哲学家苏格拉底。希庇阿斯这家伙是很有些牛逼哄哄，不知天高地厚的。所以，当苏格拉底问他"美是什么"时，他连想都没想就脱口而出说，这个很容易的啦，美就是一位美丽的小姐呀！苏格拉底点点头说，是呀是呀，美丽的小姐当然是美啦！可是一匹母马呢？一匹身材匀称、毛色光滑，跑起来飞快的母马，难道不是美的吗？《荷马史诗》上说了，连神都赞扬过的，难道不是美吗？希庇阿斯也点点头说，是呀是呀，美是一匹美丽的母马。苏格拉底又问，那么一个陶罐呢？一个做得很好的陶罐，有两个耳朵，能装两升水，难道不美吗？希庇阿斯只好又说，美是一个美丽的陶罐。苏格拉底就笑起来，说，你看，美是一位美丽的小姐，又是一匹美丽的母马，又是一个美丽的陶罐，那么，请问尊敬的希庇阿斯先生，美到底是什么呢？

这下子，希庇阿斯就答不上来了。

事实上，不但希庇阿斯，就连我们，也答不上来，如果不改变思路的话。实际上，柏拉图很可能是在暗示我们，从感性具体的审美现象出发，我们永远都回答不了这个问题。同学们或许要问，怎么，美难道不是感性具体的吗？没错，我们在日常生活中见到的"美"，比如美丽的小姐，美丽的母马，美丽的陶罐，美丽的风景，美丽的音乐和舞蹈等，都是感性具体的。不但小姐、母马、陶罐、风景、音乐、舞蹈这些审美对象是感性具体的，就连它们的"美"，也是感性具体的。世界上没有抽象的、不可感知的"美"，美不能作为概念而存在。审美对象也好，对象的美也好，都是感性具体的。

但是，当有人要我们明确说出小姐、母马、陶罐、风

《大希庇阿斯篇》又叫《论美》，见柏拉图《文艺对话集》，朱光潜译，人民文学出版社1963年出版，以后多次印刷。之所以叫《大希庇阿斯篇》，是因为《希庇阿斯》有大小两篇，大篇谈美，小篇谈恶起源于无知。大篇较长，写得较早也较好，所以叫"大"，不是希庇阿斯有大小两个。这篇对话至少看起来像是苏格拉底的，因为其中充满"苏格拉底式的幽默"，也体现了"苏格拉底的辩证法"，论辩方法也完全是苏格拉底的，即诱敌深入，抽丝剥茧，让对方陷入自相矛盾。

11

景、音乐、舞蹈的"美"究竟是什么的时候，我们很可能就答不上来了。你可以说小姐的眼睛很美，母马的毛色很美，陶罐的造型很美，但你不能说美就是眼睛、毛色、造型。如果美就是眼睛、毛色、造型，那么，为什么同样有眼睛、毛色、造型的别的小姐、母马、陶罐却不美？更何况，当你回答小姐的眼睛很美时，你其实已经跑题了。因为我们问的不是小姐美在哪里，或者小姐为什么美，而是问小姐的美是什么。总不能回答说是眼睛吧？如果是眼睛，那么，只要眼睛行不行？把她的眼睛放在别人身上行不行？还有，就算这位小姐美在眼睛，我们还是可以问：眼睛的美是什么？也许你会回答：她眼睛大呀！这又跑题了，又在回答"为什么"而不是"是什么"了。何况，就算回答"为什么"，这个答案也不是没有问题的。眼睛大就美？牛眼睛倒挺大，为什么不美？

可见，美虽然离不开眼睛、毛色、造型这些感性具体的东西，却又不是，也不等于眼睛、毛色、造型。它是超越于眼睛、毛色、造型这些感性具体对象之上的。

超越于感性具体对象之上的，也就是抽象的。而且，正因为它是抽象的，这才具有普遍性。任何事物，不管它是小姐、母马、陶罐，还是风景、音乐、舞蹈，只要具有了这种抽象普遍的性质，就是美的，而那些并不具有这种性质的小姐、母马、陶罐、风景、音乐、舞蹈，则是不美的。美不美，全看他们或它们能不能获得被我们叫作"美"的这样一种性质或价值。能获得，哪怕只是一只陶罐，也是美的；不能获得，哪怕她是公主，也是不美的。美不美，与对象是公主还是陶罐，没有关系。

这样一种可以普遍用在小姐、母马、陶罐、风景、音乐、舞蹈等一切事物身上的性质或价值，显然只能是抽象的。不是抽象的，就不可能包罗万象，放之四海而皆准。但是美又不可能是抽象的。因为我们无法面对一个抽象的东西进行审美。在抽象的概念面前，我们什么美感都不可能获得，这就等于说没有美。一方面只能抽象普遍，另一方面必须感性具体，因此美是一个悖论。或者说，美是什么，是个悖论。

这个悖论要到康德那里才得到合理的解决，请参看本书第三讲。

现在请大家说说，"美是什么"这个问题，是不是看起来简单，实际上很难？

三　真正意义在于启迪智慧

听到这里，诸位可能已经有些不耐烦了。同学们会说，老师，我们想知道的是学了美学有没有用，而不是学起来难不难，你跟我们说这些干什么呢？

那好，我就来正面回答这个问题。

但一开始，我还是要说得远一点。其实也不很远。我要说的近在眼前，就是你们啦！对不起，不要笑，我不是要说你们美不美，而是要说教育。你们为什么要上大学，要到大学里来接受高等教育呢？这个问题不搞清楚，不要说美学学不好，便是别的什么学，也未必学得好。

教育的目的，一般都被说成是知识的授受，即老师传授知识，学生接受知识，学习的好坏，是以知识掌握的多寡来衡量的。要不然，我们高考的考卷会有那么厚厚的一叠？那其实是在跟你"秋后算账"。你不是高中生吗？你不是上了小学又上中学而且毕业了吗？你不是学了很多知识吗？那我们就来算一算，看看到底有多少！

那么，我们为什么要学知识呢？因为据说"知识就是力量"。不过，对于我们中国人来说，还不如说"知识就是本钱"。在过去，在唐宗宋祖乾隆爷的时代，有了这个本钱，就可以谋取功名，弄个一官半职，封妻荫子，耀祖光宗。现在呢，有了这点本钱，好歹也能找个好工作，混口饭吃。混得好，没准还能像比尔·盖茨那样，日进斗金。现在是"知识经济时代"嘛！反正有了知识就大不一样，至少在对象面前可以显得不那么弱智。总之，教育的目的被看作是知识，而知识则被看作是一种有用的东西。现在大学里面有这样一种现象，如果一门课程传授的知识没什么用，就很少会有人去听。我们这门课之所以来了这么多人，是因为误以为学了美学就会买衣服，挑男女朋友。来了以后才知道满不是那么回事，上当受骗了！

这实在是离教育的本来目的很远很远了。教育的本来目的是什么呢？是人的全面自由发展。要全面自由发展，就不能老想着学了以后有什么用。有些看起来没什么用的知识也应该学。而且，只有既学有用的东西，又学看起来没用的东西，才全面，才丰富，也才自由。光学"有用"的东西，不学"没用"的东西，将来就是一个畸形的人，一个工具。我们现在的教育有一个严重的问题，就是太注重实用理性和工具理性，强调培养"专门人才"，结果很多人除了专业以内的东西，什么都不懂。我不反对学好专业，但更主张全面自由发展，更主张首先成为一个真正的人。一个人，如果连人都不是，又怎么会是人才？顶多是个工具，比如一把斧头或一台电脑。更何况，即便站在实用功利的立场上看，仅仅把教育看作是有用知识的授受，也是有问题的。因为人类的知识浩如烟海，谁也无法穷尽。就算专挑最有用的学，课堂上恐怕也讲不完，到时候你还是不够用。这是第一点。

第二点，教育绝不等于知识的传授，更不等于知识越多就越好。"知识越多越反动"当然是错误的，"知识越多越聪明"也不见得，也有知识越多越愚蠢的。实际上，一个人知识多，只能证明他勤奋，不能证明他聪明。当然，知识很多，智商也不会太低啦。但我要告诉大家，"读书破万卷，下笔如有神"这话是骗人的。书读多了，变成了书呆子，怎么会"下笔如有神"？只怕连下面条都不会了，还说下笔？那些"下笔如有神"的，都是原本有精神，只不过"读书破万卷"以后"如虎添翼"而已。如果原本是草包，加了翅膀也没有用。谁听说过"如草包添翼"的？

所以，单纯地灌输知识，绝不是最好的教育。

好的教育应该是传授方法，传授获得知识和使用知识的方法。这就好比两个人，一个给你一堆金银财宝，另一个给你一把打开宝库的钥匙，而且教会你怎样开门，你说哪个更好些？所以我说，教育至少应该是拷贝程序，而不应该单单是录入数据。知识好比是数据，方法好比是程序。数据是录不完的。再说了，数据录得再多，没有程序，不能运算，还是等于废物。我就认识不少这样的学问家，要讲知识，那真是天上知一半，地下全知道，可就是什么研究成果也出不了。为什么呢？因为知识在他那里是一堆乱七八糟、没有程序的数据。这样的人，用王朔的话说，就叫"知道分子"；用我的话说，就叫"字纸篓"。字纸篓里面塞的字纸（知识）越多，只能越证明他是字纸篓。诸位没有这样的"远大理想"吧？

不过教育的最高境界还不是传授方法，而是启迪智慧。

方法比知识重要，智慧比方法重要。智慧是方法的方法，正如方法是知识的知识。

如果说传授知识好比录入数据，传授方法好比拷贝程序，那么，启迪智慧就好比设计程序，或者说，教会你设计程序，至少也要能自动复制程序，获取数据。有了智慧，没有知识也能获得知识，没有方法也能学会方法。而且，一个有智慧的人，无论他获得了什么知识，学会了什么方法，运用起来，都能得心应手。实际上，一个有智慧的人是不可能没有方法的，正如一个设计程序的人不可能没有程序一样。相反，如果没有智慧，那么，他这台电脑的运算能力是有限的。因为他只能在现有的程序中运算。如果连方法都没有，那他就顶多只能算一张光盘，算不上电脑。方法和智慧，是不是更重要些？

美学的真正意义其实就在于启迪智慧。美学当中当然也有很多知识，但我们前面说过了，这些知识其实是没有什么用的。既不能帮助我们买衣服，挑对象，甚至也不能帮助我们欣赏艺术，简直就是徒有虚名，枉为"美学"。实际上，这些知识，这些数据，只有一个作用，就是用来支持它的程序。所以，程序，而不是数据，才是美学的精华。

那么，美学的程序对我们又有什么用呢？我们又不要研究美学！表面上看，是没什么用。但我前面说了，表面上看没什么用的东西必有大用，而美学的大用就是启迪智慧。因为美学的程序在本质上是属于哲学的。我知道，现在不少人开始头疼了，有的同学可能已经一个头有两个大。什么？哲学？我还以为是美丽学呢！弄了半天是那玩意！你早说呀！

对不起，我不能早说。早说，你们还不跑光了！是呀，在很多人眼里，哲学是枯燥的、丑陋的、令人望而生畏或者望而生厌的。我得承认我们不少哲学书和哲学课确实有这种味道。但我也得说清楚，这不是哲学本身的性质，也不是哲学本身的过错，而是某些哲学匠的问题。因为他们把哲学变成了知识，变成了数据，而这些知识和数据又是没有用的。这就弄得很多人不愿意学。不过，某些知识比如艺术方面的知识，虽然没有用，却有趣；而哲学和数学一样，有趣的部分不在知识而在方法。你现在把程序抽掉了，只剩下一堆枯燥无味的数据，还能不让人望而生厌？更可怕的是，为了维护哲学的所谓尊严或者神圣性，他们还要把脸板起来，像新疆吐鲁番出土的干尸一样，这就更加让人望而生畏了。既枯燥，又艰涩，既不好玩，又没有用，谁愿意学？

但这不是哲学的本来面目，也不该是哲学的本来面目。哲学的本义是"爱智慧"。对于哲学来说，最重要的是一颗爱心，一腔对世界、对人生、对真理、对智慧的爱。爱，难道是枯燥的、丑陋的，令人望而生畏或者望而生厌的吗？何况哲学之所爱，不是别的，乃是智慧。智慧，难道会是枯燥的、丑陋的，令人望而生畏或者望而生厌的吗？

所以我说，那些既没有智慧也不爱智慧的人，是不够资格讲哲学的。

美学就更不应该枯燥丑陋了。因为美学不但是爱智慧，而且它所爱的，还是关于美和艺术的智慧。智慧，加上爱，还加上美和艺术，难道会是枯燥的、丑陋的，令人望而生畏或者望而生厌的吗？

那么，为什么美学也和哲学一样，会给人那样的印象呢？除了前面说的原因外，还有一个原因，就是我们很多人没有意识到美学的真正意义在于启迪智慧。我们知道，一种学问一旦成为一门学科，一门可以在课堂上讲授的学科，它就有点像光盘了。在美学这张光盘上，其实刻着三个内容。第一是数据，第二是程序，第三是关于程序的程序。但是，

哲学和科学一样，也有真伪。在我看来，凡是不能启迪智慧、不能让人明白的，都是"伪哲学"。

因为我们没有意识到后两个内容才是美学的精华，结果，我们在拷贝这张光盘时，往往只拷贝了第一部分的内容。学生既只知道要这一部分，老师也常常只知道给这一部分。最后自然是像韩非子讲的那个故事一样，买椟还珠，拿了盒子留下珍珠。而且那"盒子"，还是个中看不中用的。不不不，既不中用也不中看！

然而美学不该这样。冯友兰先生在讲到为什么要学哲学的时候说过一句话，他说人类之所以要有哲学，是为了心安理得地活着。我们也可以跟进一句：人类之所以要有美学，是为了既心安理得又心情舒畅地活着。我有一句话：美学就是用哲学之剑解艺术之谜。这就既要有智慧，又要有体验。智慧来自哲学，体验来自艺术，它们集中在美学。如果一个人既有智慧又有体验，那么，他的学问就不该是枯燥的和丑陋的。就连他这个人，也应该是十分有趣的。大家想不想做这样的人？

就算达不到这样的水平，美学也至少可以让我们变得聪明一些。为什么呢？因为美学基本问题的解决是很难的。这本身就是一种挑战，也是一种磨砺。古人云，如切如磋，如琢如磨。美学就是最好的磨刀石。它自己虽然不是刀子，切不了肉，却能把你手上那把刀子磨快了，你该出手时就能出手，想杀谁就杀谁！

现在，我已经把话都说清了，同学们也可以做一个选择了。要数据的，现在就可以退场，因为这些数据没什么用，我手里也没有刀子。要程序的，或者要磨刀石的，请留下来继续听我讲。

我在为厦门大学出版社一套丛书的总序中说了这样一段话："哲学是灵魂的拷问。拷问之后，是心安理得。艺术是灵魂的解放。解放之后，是心情舒畅。后者缓解生命中不可承受之重，前者消除生命中不可承受之轻。"

四 美学就是美学史，美学史就是美学

现在留下来的都是要程序的是不是？那好，我就来讲讲什么是智慧。

什么是智慧？智慧不等于知识。知识关乎事物，智慧关乎人生；知识属于社会，智慧属于个人；知识可以传授，智慧不能转让。这也是电脑和人心的区别。电脑里的程序是可以拷贝的，人心中的智慧却永远只属于他自己。

这么讲，岂不等于白说？智慧不能转让，你有智慧也不能传授给我们，何况你有没有智慧我们还不知道，那我们还坐在这里干什么？快下课吧！

且慢，话还没说完呐！智慧虽然不能转让，却可以启迪。何况哲学并不是智慧本身，而是对智慧的爱。它不是"智慧学"，而是"爱智学"。爱是可以激发的。一个人对智慧的爱，可以激发别人同样的爱，是不是？又何况美学不但是对智慧的爱，而且是对关于美和艺术的智慧的爱，听听又有什么关系？

更何况智慧还可以启迪。怎么启迪？就是把智慧展现出来。具体到美学，就是要把历史上那些真正美学家的智慧都展现出来。你想啊，美学的问题很困难，是不是？两三千年来，历史上那些真正的美学家为了解决这些难题，穷尽了多少智慧？如果把这些智慧都展示出来，难道我们就不能从中得到启示和启发吗？

美学的真正意义其实就在这里。因为第一，美学这张光盘上虽然也有很多数据，但这些数据是没有用的，不能当作门票，随便刷卡，出入美和艺术的殿堂。第二，这些数据甚至也不是数据。因为历史上那些美学家虽然也对"美是什

智慧也不等于聪明。聪明来自天赋，智慧来自阅历；聪明关乎具体事务，智慧关乎人生真谛。故曰"大智慧""小聪明"。日常生活中所谓的"智慧"，常常不过是聪明。

19

么"做出了回答，但这些回答既不能一劳永逸地解决美学的全部问题，也未能得到大家的公认，何况得到了公认也不能当门票，因此只能称之为"不是数据的数据"。

有价值的是隐藏在这些数据背后的程序。也就是说，是这些美学家得出他们结论的思维模式和思想方法。实际上，真正的思想家都不怎么看重他们的结论。马克思说，哲学并不要求人们信仰它的结论，而只要求检验疑团。哲学家周国平在他为《诗人哲学家》一书所写的前言《哲学的魅力》一文中也有很好的解说。他说，一个好的哲学家并不向人们提供现成的答案。这种答案其实是没有的。真正的哲学家只是充当一个伟大的提问者。他提出问题，提出那些带根本性的问题，然后全身心地投入，不倦地思考，从而启发和带动我们去思考，去探索。至于他找没找到答案，则并不重要。当然，这不是说他们就没有自己的结论，只是说问题比结论更重要。结论可能会过时，问题却永远存在。而且，只有问题的提出和解决，才能启迪智慧，结论则是没有什么用的。

这也正是我们人文学科和自然科学、社会科学的区别。学术研究有两种。一种是科学研究，一种是非科学研究。自然科学是最典型的科学研究，社会科学是不典型的科学研究，而哲学、美学，还有对文学艺术的研究（文学学和艺术学）都是非科学研究。科学研究和非科学研究有什么不同呢？最重要的区别，就在于科学研究的结论是要证明的，或者被证实，或者被证伪。被证实的叫真理，被证伪的叫谬误，没有被证明的叫假说。科学研究的结论开始都是假说。这就要证明。一旦被证明，它就只有两条出路：要么作为真理而被承认，要么作为谬误退出历史舞台。所以，科学是会过时的。比如"地心说"，被证明是谬误以后，就不能再作

周国平的这篇文章对什么是哲学，什么是智慧，有很好的解说，建议大家读一读。

关于科学研究与非科学研究的区别，请参看易中天《也论学者、科学家及其他》，原载《上海高教研究》1995年第5期。

为科学知识来传授了，只能作为错误的例子来引用。

这里我们必须说明两点。第一，一个结论即便被证明是谬误，只要它能够被确确实实地证明，它的研究过程也是科学研究。科学不等于正确，只等于实证。只要能够实证，就是科学研究。比如"地心说"和"以太说"就是。所谓"以太说"，就是认为天体之间充满了一种叫作"以太"的物质。现在这个假说被证伪了。天体之间没什么"以太"，是"真空"。也不是太阳围着地球转，是地球围着太阳转。但"地心说"和"以太说"仍然是科学研究，因为这些结论能够被证明。当然，科学研究的结论并不一定马上就能得到证明，但只要它在逻辑上是可以证明的，总有一天是能够证明的，它就是科学研究。这是第二点。

非科学研究则相反。它的结论，既不能被证实，也不能被证伪。现在不能，将来也不能，没有哪一天能。比如人性本善还是人性本恶，你怎么证明？《红楼梦》的主题是什么，你又怎么证明？把曹雪芹从地底下叫起来问问？何况《红楼梦》的作者到底是谁也还没有弄清楚。何况就算弄清楚了，或者本人在世，也没有用，因为作家也可能不说真话。作家当中，矫情作秀的还少吗？更重要的是，非科学研究的结论是不必证实也不必证伪的。因为人文学科的任务不是得出结论，而是提出问题。对于思想家来说，问题是比结论更重要的东西。因为结论是不能被证明的，问题却可以启迪智慧，磨砺思想。

历史上那些真正的美学家就是这样一些伟大的提问者。他们不断地提出问题，又不断地去解决这些问题。因为像"美是什么"这样的问题，其实是没有所谓"终极答案"的。每个人都只能部分地接近这个答案，而不可能穷尽这个

所谓"都云作者痴，谁解其中味"，即此之谓。

实际上，无论对于自然科学，还是对于人文学科，最重要的都是发现问题、提出问题、分析问题、解决问题。高等教育应该培养这种能力，研究生入学考试应该考查这种能力。

答案。这样，每个美学家给出的结论，便都是有问题的。后人理所当然地要对他进行质疑。这就提出了新的问题。这些新问题也需要解决，也要给出自己的答案，这些答案又会产生更新的问题，又要有人来质疑和解决，于是就构成了美学的全部历史，构成了美学。

美学由一系列的提问和解答来构成，这等于说美学就是美学史。这个观点当然会有人不以为然。事实上在大多数学校里，美学原理和美学史都是作为两门课来开设的。原理是原理，史是史。但我对于这样一种所谓"美学原理"，历来就是存疑的。美学原理？历史上有许许多多的美学原理。从苏格拉底、柏拉图，到康德、黑格尔，各有各的说法，你讲哪一门子美学原理？他们当然不会讲这些啦，他们要讲咱们中国的美学原理。可是中国的美学家们也是众说纷纭的。蔡仪是一派，朱光潜是一派，李泽厚是一派，吕荧、高尔泰他们又是一派。这是传统的四大派，现在又有不少新派别，比如"后实践美学"什么的。这些派别观点针锋相对，根本不能兼容，你讲哪一派？当然，大学里面的原理课不能这么讲，教材也不能这么编啦！教材，尤其是所谓"统编教材"，得"公允"，不能一屁股坐在某一派那边。结果，这些所谓"美学原理"，便往往是一大堆似是而非的想当然。用这种教材讲美学，实在是误人子弟！所以，我的研究生入学后，我就跟他们讲，我的第一项工作，就是要把你们头脑里的那个硬盘格式化。但往往十分吃力，收效甚微。他们那个硬盘被别人写过以后，好像就加了"写保护"，变成只读不写。不管我输入什么程序、什么数据，他都按照他原来那个程序去理解，去运算，结果是一塌糊涂。所以，有时候我宁愿收那些没读过什么书但悟性又好的学生，一张白纸，由

蔡仪主张美是客观的，吕荧、高尔泰主张美是主观的，朱光潜主张美是主客观的统一，李泽厚主张美是客观性与社会性的统一，但这早已不能代表中国美学界的流派纷呈。

22

我自己来进行理论训练和思维训练，反倒好些。

当然，只讲美学史，不讲美学原理，也有问题。有什么问题呢？首先是大家觉得不对头。哪有只讲史，不讲原理的？哲学系，也是哲学原理打头，然后中国哲学、西方哲学，中国哲学史、西方哲学史。中国哲学、西方哲学，只有哲学系的才修，哲学原理则是全校都要学的。可见什么什么史，一般人心目中是比较"专门"的；什么什么原理、概论，则是大家都可以选修的。再说，美学史，大家一听就知道与买衣服、挑对象无关，肯定门可罗雀。叫"美学概论"，还可以哄骗一些学生来听。所以我就想了个通融折中的办法，就是把美学原理和美学史糅成一门课，叫"美学的问题与历史"。当然，为了遮人耳目，也可以不叫这个名字，还叫"美学原理"，实际上却是讲"美学的问题与历史"。明修栈道，暗度陈仓，挂羊头卖狗肉。不不不，挂狗头，卖羊肉。

其实在我看来，学哲学就要学哲学史，即学习历史上最经典的哲学原理，其中最重要的是中国先秦哲学、古希腊哲学、德国古典哲学、马克思恩格斯哲学。有这四大经典垫底，就什么样的哲学都能对付。

其实这一点也不难。不但不难，而且天经地义。为什么呢？因为不但美学就是美学史，而且美学史就是美学。这是美学这门学科的特殊性质所决定的。黑格尔在讲到哲学和哲学史的关系时讲过，他说哲学史绝不是一个堆满了死人骨头的战场。恰恰相反，每一种哲学都曾经是，而且也仍然是必然的。因此没有任何哲学被消灭了。所有的哲学派别都作为整体的一个部分、一个环节，被肯定地保留在哲学中。他的原话大概就是这个意思了。换句话说，每一种哲学观点都曾经是合理的，是在某一历史时期或历史环节上必然要出现的。当它们出现时，便已经把前面那个历史阶段和历史环节包含在自己身上了，同时又为下一个历史阶段和历史环节作了准备。哲学就是由这样一个又一个历史阶段和历史环节组

大家可以查看一下他的《哲学史讲演录》第1卷，第21页、第40页，商务印书馆1981年版。

23

自从维柯提出将历史引入学术研究的大胆设想以后，经过黑格尔和马克思，这一原理已经被铸炼成一整套逻辑与历史相一致的世界观和方法论。而且，在黑格尔看来，逻辑与历史相一致正是哲学与其他意识形态（比如宗教）不同的紧要之处。所以，一部宗教史可以不必是宗教，一部哲学史却必须同时是哲学。

成的，是这些历史阶段和历史环节的总和。打个比方说，哲学就像是柠檬桉。柠檬桉这种树大家知道吧？它是要不停地脱皮的。每脱一层皮，就长大一圈。你不能说柠檬桉就是最外面的那一圈，那一层皮，那一层树干。你要把握柠檬桉，你就得把整棵树都掌握起来。

哲学就是这样，美学也就是这样。

哲学和美学为什么会是这样的呢？因为哲学和美学不单单是思想，而且是思想的思想。它们要研究的，是"问题的问题""标准的标准"。所以哲学史、美学史和宗教史、艺术史是不一样的。一部宗教史不必是宗教，一部艺术史也不必是艺术，研究宗教史、艺术史的人更不一定必须是教徒或艺术家。但是，一部哲学史必须同时是哲学，讲哲学史就是在有意无意地讲自己的哲学观点。同样，一部美学史也必须同时是美学，讲美学史实际上也就是在有意无意地讲自己的美学观点。而且，一个人，如果没有自己的美学观点，那么，他是讲不好美学史的。同样，一个人，如果没有美学史的训练和研究，其实也无法真正建立起自己的美学体系。他们或者只能把七七八八的美学观点凑成一碟拼盘，煮成一锅杂烩，要不然就是把美学史做成一串冰糖葫芦。坦率地说，这样的美学原理和美学史，不读也罢！

现在，我们已经基本弄清了美学的性质，剩下的事情，就是如何来做。

五　呆气与灵气

其实，这个问题我们已经给出答案了，那就是把美学和美学史作为一个整体来把握，把握住美学的问题与历史。这样一来，我们也就只有一个虽然笨一点、但却是唯一有效的办法——从头说起。

当然，做历史的研究，也可以有各种方法。比如黄仁宇先生的《万历十五年》，就无妨称之为"切片法"，像医生做病理检查一样，取一个标本来研究。谢冕、孟繁华主编的《百年中国文学总系》也是这样，从一百年中国文学的历史中，选择十一个具有"典型意义"的年份来考察。但这种方法，做文学史、艺术史可以，做哲学史、美学史就不合适。因为对于哲学史、美学史来说，最重要的是它们当中的那个逻辑联系。所以做哲学史、美学史一般只有两种方法，一种是"反攻倒算"，还有一种就是"顺藤摸瓜"。所谓"反攻倒算"，就是从当代美学思潮入手，上溯到它们的根源。不过这种方法做研究可以，搞教学不太合适。马克思说过，表述的方法不等于研究的方法。教学的目的，是让人清楚明白。所以我想还是"顺藤摸瓜"，老老实实、规规矩矩地顺着时间次序来。

或许有同学要问了：用得着那么麻烦吗？我们可没有那个耐心呢！我们也同意你的观点，重要的是程序而不是数据，那你把程序拷贝给我们不就行了？我也想这样做，这样省事嘛！我们用不着在这里没完没了地泡了，是不是？可惜不行啊！美学和哲学中的那个程序，不是鼠标一点就能拷贝过去的，非得你自己亲手操练一遍不可。因为美学的真正意义在于启迪智慧。但是，再好的哲学，再好的美学，也只能为智慧的启迪提供一种可能性。智慧的获得，还得靠每个人自己，别人是帮不了忙的。

同学们不要以为我是在开玩笑，这可是经验之谈。我们

可惜国内的许多"史"，哲学史、美学史、文学史，都不注重逻辑关系，只不过将历史上那些哲学家、美学家、文学家和他们的观点、作品按照时间顺序罗列起来，做成一串冰糖葫芦。这种"冰糖葫芦式"的史，与其说是史，不如说是史料。

25

现在很多同学，尤其是研究生，都喜欢老师直接给答案，给方法，最好是那些具有"可操作性"的，比如"话语"啦，"范式"啦，"后现代"啦，"主体间性"啦，越新潮越好。很多学者也喜欢进口、贩卖甚至制造这类兵器，因为一拿到手，就能舞将起来。但是，用这种便当办法写出来的论文，一看就知道是花拳绣腿，过不得招的。所以，每当这类学位论文答辩时，我就要"刁难"他一下。当然，只要不是"太不像话"，过还是要让他过的。不过，大家面子上不好看。尤其如果他的"老板"跟我是"哥们"，最后还是要通过。但要"刁难"他一下，不让他过得那么痛快。我要让他记住，学术研究不是卖水果，不能"批零兼营"；也不是走江湖，不能"风风火火闯九州"。

不是我反对使用新概念、新方法，但你不能来得那么容易。你可以讲"主体间性"，但你要搞清楚，"主体间性"是相对"主体性"而言的。搞不清"主体性"，也就搞不清"主体间性"。而你要搞清楚"主体性"，又必须搞清"客体性"，搞清主客体之争，搞清哲学的基本问题。是不是还得下笨功夫？

现在学术界也就很少有人愿意下这种笨功夫，从头做起了。他们更喜欢立竿见影、马到成功，一夜实现"现代化"，甚至直奔"后现代"。其实在我看来，做现代哲学和现代美学研究，比做古典更难，因为要有古典做基础，反之则不必。当然，由现代而反思古典，更好。

其实，只要做学问，就得下笨功夫。比如前面讲的笔墨。你要想弄清到底是"笔墨等于零"，还是"没有笔墨等于零"，你就得首先弄清楚什么是笔墨，它是什么时候产生的，和中国画到底是什么关系，历史上对于笔墨问题都有些什么说法，等等。正是在这种追根寻源的过程中，你就得到了训练，就不是花拳绣腿了——当然，如果你得法的话。

所谓"得法"，就是下笨功夫而不做死学问。下笨功夫，就要有点呆气；做活学问，就要有灵气。学美学，就更是如此。因为美学是关于美和艺术的智慧呀！请问，美，艺术，智慧，哪一个是呆头呆脑的呢？

事实上，一个真正呆头呆脑的人是什么研究也做不了的。他顶多只能做一些资料性的工作。如果他肯下笨功夫的话，他将获得很多的知识和数据。如果他还掌握了一些基本的分类管理方法，那么，他就能将这些知识和数据分门别类，小心翼翼地珍藏起来，并保证用的时候找得着。许多人做卡片，做索引，就是这个工作。有了这两条，他就可以开一个小小的中药铺，里面当归、黄芪、党参、熟地，样样都有，可就是什么病都治不了。我们学术界，是不是有很多这样的中药铺？

能治病的是医生。医生也分三种：庸医、良医、神医。庸医和良医的区别，在医术也在医德；而良医与神医的区别，则全在悟性。神医并非当真有什么"祖传秘方"，那玩意儿多半是骗人的。神医和良医开出的处方一般也不会有太大的区别。因为什么药治什么病，这是有定规的，是千百年来通过不断"试错"得出的经验，一般不会太离谱。他们的区别，也许仅在于这一味药稍微多一点，那一味药稍微少一点，就那么一点点，效果却大不一样。看病看到这个份上，就是艺术了。因为艺术的高下优劣，往往也就差那么一点点，所谓"增之一分则太长，减之一分则太短"，恰到好处。

这种"恰到好处"是教不会的，全靠自己去悟。做学问，写文章，甚至炒菜，都如此。你看那些好厨师，他炒菜的时候，哪有什么菜谱啊，哪有什么"科学量化"啊！他东抓一把盐，西抓一把糖，随手一把葱姜蒜，可是炒出来的菜就是好吃。你照着菜谱做，肯定做不出来。菜谱上的说明，往往是"盐适量，葱少许"。什么叫"适量"，什么又叫"少许"？全得靠你自己去实践，去体会，没有人教得了的。

写文章也一样。文学史上不是有什么"一字师"吗？只改你一个字，整篇文章就鲜活起来，悟性啊！王国维说"红杏枝头春意闹"，"云破月来花弄影"，一个"闹"字，一个"弄"字，便境界全出。钱锺书说"红杏枝头春意闹"前面那句"绿杨烟外晓寒轻"的"轻"字，把气温写得好像可以称斤论两，和把花儿写得好像争斗出声，有异曲同工之妙。这都是灵气，都是悟出来的。老实说，没有灵气，没有悟性，是当不了文学家、艺术家的。什么"天才出于勤奋"，也是骗人的话。

再说得开一点，做生意，搞政治，行军打仗，都一个道理。所谓"用兵如神"，所谓"出奇制胜"，那瞬息之间的胜败盈亏，你以为是计算机算出来的？不，悟出来的。电脑之所以代替不了人，就因为电脑只会算死账（尽管它算得很快），它没有智慧，没有悟性。大家都知道胡雪岩吧？晚清赫赫有名的"红顶商人"啦！学徒出身，没多少文化，也没读过MBA，但我看哪个教授也玩不过他，因为很少有人能有他那份灵气。

再举个例子。一家工厂，买进一台设备，安装完毕不运转，怎么查也查不出毛病来。后来请来一位技师，绕着机器转了三个圈，拿起榔头在某个地方敲了一下，机器就转起来了。老板问他要多少钱，他说要1000美元。老板说，你才敲了一榔头，就要1000美元？技师说，敲一榔头1美元，知道在哪里敲999美元。我看这要得不多，因为没人知道在哪里敲。这位技师怎么就知道呢？只有两个原因。一是他机器修得多，下了笨功夫；二是他用心，悟性好，琢磨出门道来了。结果别人折腾半天还不得要领，他只要一榔头。

所以呀，不管同学们将来做什么，恐怕都既要有点呆气，又要有点灵气，最好是既有呆气又有灵气。所谓"呆气"，就是不偷奸，不耍滑，认认真真，扎扎实实，甚至不惜下那些被别人看来是"傻帽"的笨功夫。这就好比是武术中的站桩，脚跟站稳了，就立于不败之地。但你不能老站在那儿是不是？你得出手哇！你也不能打蛮架呀！得学会"四两拨千斤"，"谈笑间，樯橹灰飞烟灭"呀！这就要有灵气。总之，有灵气无呆气则飘，有呆气无灵气则滞，都不可取，最好是兼而有之。

美学能够为我们提供这种训练。为什么呢？因为它是介乎哲学和艺术之间的东西。哲学就像数学，要求逻辑严密，步步为营，做扎扎实实的工作。所以哲学家都有点呆气。当然啦，大哲学家也是有灵气的，这个不成问题。我们后面会讲到康德，康德对审美秘密的破解，就是天才的猜测。爱因斯坦的相对论，也是天才的猜测。但他们结论的得出，那个推理，仍然是很严密的。学哲学，可以锻炼我们的逻辑思维。

艺术则是一种天才的事业，没有灵气是学不了艺术的。要学，也就学成一艺匠。他可能素描画得很好，琴弹得很熟，但你看他的画，听他弹的琴，都死气沉沉，只能叫技术，不能叫艺术。因为没有灵气。当然大艺术家也都有些呆气，因为没有对艺术执着的追求，也就不可能有艺术的成就。看来还是那句老话，不管干什么，都既要有点呆气，又要有点灵气。同学们如果能做到这一点，我们这门没什么用的课程，就算是没有白学了。

好，我们的绪论就讲完了。啊，你说我还没讲"什么是

因此每当我看到一些家长逼自己那些其实并无多少灵气的孩子学艺术，总是感到无可奈何，哭笑不得。

美学"？呀，我把这个问题忘了呢！也不要紧了。等我把全部课程讲完，你自然就知道了。

第二讲　美的研究

一　柏拉图定的调子

现在，我们开始正儿八经地讲美学。

从何说起呢？我们这门课程既然叫作《美学的问题与历史》，那就应该从问题讲起。美学的基本问题是什么呢？"美是什么"。美是什么，就是美学的基本问题。因为没有这个问题，也就没有什么美学。所以，尽管这个问题已经"过时"了，没什么人问津了，在许多人看来十分"土老帽"了，我们还是得从这个问题讲起。

人类最早提出这个问题是在什么时候？是在古希腊，是古希腊哲学家柏拉图最先提出来的。我们知道，古希腊，是西方文化的源头。古希腊罗马美学，也是西方美学史的第一个历史阶段。哈，这可真是赶巧了。美学的基本问题恰恰是在美学史的第一个历史阶段提出来的，问题和历史，正好凑到一起了。

这个问题是柏拉图在《大希庇阿斯篇》中以苏格拉底与希庇阿斯对话的方式提出来的，因此它可能是柏拉图的问题，也可能是苏格拉底的问题。

其实，这不是赶巧，而是必然。这就好比一棵树，它发芽的时候，也一定是种子种下去之后。它生根，发芽，抽枝，长叶，开花，结果，都因为有这颗种子。这就叫"逻辑与历史的一致"。种子和种子中蕴含的生命要素，就是逻辑；生根，发芽，抽枝，长叶，开花，结果，则是历史。逻辑和历史是一致的。不管这棵树将来长成什么样，和那颗种子那棵幼苗如何不同，长得面目全非，它的根都在那里。"美是什么"，就是美学的种子，美学的根。根深才能叶茂。也只有找到了美学的根，我们的理解才会变得深刻起来。

正因为逻辑和历史是一致的，因此，无论从逻辑出发还是从历史出发，最终都会走到同一条路上来。

所以，美学的基本问题必然会在美学史的第一个历史阶段提出来。也所以，当柏拉图把这个问题提出来的时候，他就为人类全部的美学史奠定了基础。

那么，柏拉图为美学定了个什么调子呢？

第一，他确立了美学的基本问题，即"美的本质"。尽管在康德以后，人们已经不这么讨论问题了。但是，这并不等于美学基本问题是可以回避的。事实上，它也阴魂不散，时时都会冒出来和我们纠缠。人们也只不过变着法子绕着弯子来和它打交道。

比如逻辑实证主义。逻辑实证主义是不赞成讨论诸如此类问题的。他们甚至不大赞成有美学。在他们看来，什么美呀、丑呀，善呀、恶呀，都不过是一种情感的态度，既没有科学上的真理性，又没有客观上的有效性。比如"你偷东西是错误的"，就说不清。偷没偷东西，这可以证明；错误不错误，就不好讲。偷同学的饭卡当然是错误的，但偷敌人的情报就很正确，怎么能一口咬定"你偷东西是错误的"？同样，"这朵玫瑰花是红的"，可以证明；"这朵玫瑰花是美的"，就说不清。你说是美的，我还说难看死了呐。所以呀，"这朵玫瑰花是美的"，不过是一个事实判断（玫瑰花）加一个情感判断（美）。说"这朵玫瑰花是美的"，等于是说，这朵玫瑰花——啊！

不过逻辑实证主义虽然认为美没有科学上的真理性和客观上的有效性，但认为美学还是可以研究审美的心理学和社会学原因。分析哲学就走得更远，干脆主张取消美学。他们说，什么是美？美就是很多不同的事物。只不过因为我们还没有弄清楚，就稀里糊涂地胡乱把"美"这个字用到它们身上去了。他们说，这就是对"美是什么"这个美学基本问题"简明正确的回答"。因此，分析哲学家们用嘲讽的口气说：美学的愚蠢就在于企图去构造一个本来没有的题目。

关于这个问题，李泽厚有比较详尽的介绍，请参看李泽厚《美英现代美学述略》（《美学论集》，上海文艺出版社1980年版）及其他论著。

事实也许是根本就没有什么美学，而只有文学批评、音乐批评的原则。好家伙，抄了我们的老家！

但这恰恰证明美学的基本问题是绕不过的。正因为绕不过，只好将美学连根拔掉。也就是说，只要美学存在，就迟早要回答这个问题，除非你有本事把美学取消。

这就是柏拉图为我们定的第一个调子。

第二，柏拉图告诉我们，美学当中"美是什么"所指的那个"美"，不是感性具体的个别事物，而是一切"美的事物"共同具有的、因而带有客观普遍性的抽象形式或者抽象属性。它不属于某个人、某个东西，却又和每个人、每个东西有关。有什么关系呢？简单地说，就是谁得到了它，谁就是美的。用柏拉图的话说，就是"一切美的事物都以它为源泉，有了它一切美的事物才成其为美"。但它自己，却是独立自在的，是先于人、外于人，不以人的主观意志为转移的。柏拉图把它叫作"美本身"。美学的任务就是找到它，探索其规律，揭示其本质，并用一种规范化的语言讲出来。我们现在知道，这个任务并不好完成。从比柏拉图还早一百多年的毕达哥拉斯和毕达哥拉斯学派开始，一直到前康德美学，西方美学家们都在用他们智慧的头脑拼命寻找，找了两三千年都没找到，最后只好干脆不找了。

为什么找不到呢？这个原因我们以后再说。

这是柏拉图定下的第二个调子。

第三，就是从前面这个结论引出来的啦！既然美是一种抽象形式或者抽象属性，那么，对美的研究，就只能是哲学的。同样，既然美带有普遍性，搁谁身上谁就美，不搁在谁身上谁就不美，那么，美就是客观的，不以人的主观意志为转移的。实际上，当我们问"美是什么"的时候，就已经

柏拉图的这个观点，应该说是继承了苏格拉底的方法论原则。他也深知这一任务的艰巨，所以曾用"美是难的"这句名言来做暂时的结论。

34

无形中把它看作是客观的了。如果美是主观的，爱谁是谁，想怎么着就怎么着，那还问它做甚？

这样一来，柏拉图就为康德以前的西方美学整个地定了一个调子：美的研究，就是关于"美是什么"的研究，就是美的客观性研究，也就是美的哲学。

美的哲学是美学最重要的组成部分。20世纪以前，它基本上是西方美学的主干。在这个漫长的历史时期，美学史上金榜题名的几乎清一色地都是哲学家：苏格拉底、柏拉图、亚里士多德、普罗提诺、夏夫兹伯里、哈奇生、博克、休谟、莱布尼茨、鲍姆加登、康德、席勒、谢林、黑格尔、马克思、克罗齐……尽管在康德那里，"美的哲学"变成了"审美的哲学"，在黑格尔那里则变成了"艺术的哲学"，但总归还是哲学。就连主张取消美学的也是哲学——分析哲学。

美学就这样和哲学有着不解之缘。这是由不得我们喜欢不喜欢的事。你不喜欢哲学，哲学喜欢你。你想吊销美学的营业执照，也还得哲学家来签字。

这很让人想不通。感性具体的美，何等鲜活生动；理性思维的哲学，又何等地抽象谨严。它们怎么会搞到一起，又怎么能搞到一起？

其实也不奇怪。哲学和美、审美、艺术，至少有一点是共同的，那就是它们都是科学以外的东西。它们要思考和回答的，是科学不可能思考也回答不了的问题，这就是人的本质和人的幸福，是有限与无限、瞬间与永恒。这都是科学解决不了的。科学可以使我们的生活更舒适、更方便、更多物质享受，但不能保证它是幸福的。它甚至只能提供安全措施（如防盗门）而不能保证你有安全感。相反，自从有了防盗门以后，我们好像是更没有安全感了。当我们隔着防盗

有趣的是，鲍桑葵似乎并不重视柏拉图的这一贡献，而更看重柏拉图对审美经验的分析。鲍桑葵说："柏拉图凭着他那哲学家的本能，搜罗并整理出一批比他的抽象美学理论的内容更能启发人的经验，并提出了一些只有比较具体的批判才能解答的难题。"（伯纳德·鲍桑葵《美学史》）

门从猫眼里面往外看的时候，这个世界对于我们难道还是可亲可近可信任的吗？有人说，过去是"狗眼看人低"，现在是"猫眼看人疑"。过去"细雨骑驴入剑门"，路是难走一点，但充满诗意；现在出门坐飞机，快是快，可是有点像寄包裹，而且是特快专递。最让人想不通的是，我们的生活越来越方便快捷，我们反倒越来越没有时间了。这到底是怎么回事呢？这是科学技术回答不了也解决不了的问题。

还有，我们到底为什么活着？我们的生活究竟有什么意义和价值？我们怎样才无愧于世界无愧于人生？人作为瞬间和有限的存在物，如何去把握无限和永恒？这些困惑着我们的问题，也是科学回答不了的，只能诉诸艺术与哲学。不是说艺术和哲学就能最终解决。这些属于"终极关怀"一类的问题谁也回答不了，但艺术和哲学可以去试图回答。正是在这不断的追问和回答中，我们的灵魂得到了安顿。

事实上，艺术和哲学不乏共通之处。曹操的诗"对酒当歌，人生几何；譬如朝露，去日苦多"，难道不是哲学？高更的画题"我们从哪里来，我们到哪里去，我们是谁"，就更是哲学了。不同之处仅仅在于，哲学的回答靠思考，艺术的回答靠感悟。但哲学和艺术都要提问，伟大的哲学家和伟大的艺术家都是伟大的提问者。而且，他们的提问归根结底都是关于人生的，也是没有最后结论的。正因为没有最后结论，因此哲学和艺术也是永远都不会过时，永远都有生命力的。艺术和哲学，是一枚硬币的两面。

更何况美学原本就是用哲学之剑解艺术之谜。美学，岂能不首先是哲学呢？

哲学与美和艺术如此有缘，它当然要对它们进行追问，问一问"美是什么""审美是什么""艺术是什么"。这就构

人生是一个永恒的话题，而且是非科学的话题。回答这个问题的是哲学、艺术和宗教。

成了广义的"美的哲学"的全部内容。但是，当问题从"美是什么"变成了"审美是什么""艺术是什么"的时候，美学就不完全是哲学了。比方说，就变成了"审美心理学"和"一般艺术学"。原因呢，我们到时候再说。这样，狭义的"美的哲学"，就专指针对"美是什么"这个问题进行的哲学讨论。它主要集中在从古希腊到康德以前这一历史时期。我把这个历史时期，称之为"美的哲学阶段"。

我们就来看看美的哲学的历程。不过，由于我们不是在讲美学史，而是在讲美学的问题，因此，我们现在只能考察它的第一乐章。

二 第一乐章

美的哲学的历程是从古希腊开始的。

古希腊美学的开山鼻祖不是柏拉图，而是毕达哥拉斯。毕达哥拉斯是毕达哥拉斯学派的创始人。这是一个由一群数学家、物理学家和天文学家组成的秘密社团。不过，他们是一群有着哲学兴趣和哲学头脑的数学家、物理学家和天文学家，至少毕达哥拉斯本人是这样。这就使得他在人类美学史上占有了极其重要的一席。另外，顺便说一句——这也许无关紧要，毕达哥拉斯本人是很漂亮的。他身材挺秀，仪表庄严，经常穿一件白麻布的衣服，还喜欢音乐、健美运动和素食，是个"白马王子"。他成为第一个美学家，我们并不奇怪。

为什么说毕达哥拉斯学派是一群有着哲学兴趣和哲学头脑的数学家、物理学家和天文学家呢？因为他们并不满足于

毕达哥拉斯是古希腊第一个使科学精神从感性世界转向理性的人。他提出了古希腊第一个美学命题——美是数与数的和谐。这个命题是奠基性的。因为它不是主观的选择，而是客观的认识，即一种规律性和本质性的把握。

鲍桑葵说，关于毕达哥拉斯学派，实际上只有一些传说，但可以肯定他们在数学方面很有成就，亚里士多德甚至断定音阶的数的比例就是毕达哥拉斯学派发现的。

这十个对立是：有限与无限，奇与偶，一与多，右与左，男与女，静与动，直与曲，明与暗，善与恶，正方形与平行四边形；请参看黑格尔《哲学史讲演录》第一卷。

一般现象的描述和一般规律的探寻，他们还要找到世界的本原。这个本原，他们认为就是数。因为不管什么事物，也不管它们之间是什么关系，都可以还原为数。他们说："数是一切事物的本质。整个有规定的宇宙的组织，就是数以及数的关系的和谐系统。"数既然是一切事物的本质，当然也就是美的本质。

问题是，世界上不仅有美，还有丑呀！丑不是也可以还原为数吗？那么，什么样的数和数的关系是美的呢？和谐。和谐的数和数的关系就是美。这个结论据说是从音乐那里得来的。至少，我们可以从音乐那里得到证明。比如中央C，它的振动频率是每秒260次。比中央C高一个八度，振动频率是每秒520次，刚好一倍。如果是G，振动频率是每秒390次，是中央C的1.5倍。你看，所有的乐音都可以还原为数，而它们之间的关系是和谐的。实际上，最早用数的比例来表示不同音程的就是毕达哥拉斯学派。比如第八音程是1比2，第五音程是2比3，第四音程是3比4。这样，毕达哥拉斯和毕达哥拉斯学派就得出了美学史上第一个具有奠基性的命题——美是数与数的和谐。

比方说，十。十这个数，在毕达哥拉斯学派那里是很神圣很重要的。因为一切事物都可以还原为十个对立，宇宙也可以还原为十，十个天体。哪十个？太阳、月亮、地球、金、木、水、火、土、银河，九个呀？还有一个，暂时还没有找到。毕达哥拉斯给它发明了一个名字，叫"对地"。对于毕达哥拉斯学派的这个捏造，黑格尔讽刺说，我们还不能决定他们究竟是打算把它想象成地球的反面呢，还是完全想象成另外一个地球。

毕达哥拉斯说，这十个天体都在运动。但它们的大小不同，速度不同，相互之间的距离也不同，因此会发出不同的声音。好在这些数的关系是符合音程学的，是和谐的，比方说1比2，2比3，3比4，等等。因此，它们就会演奏出一种极其美妙的音乐，宇宙的音乐，天体的音乐，只可惜我们听不见。但在毕达哥拉斯看来，听不见并不等于不存在，正如我们感觉不到地球的运动，而地球却照样在运动一样。

问题在于，由科学发现的客观存在可以看不见听不见，审美对象却必须能够为感官所感知。不能为人所感觉的"客观美"只能是纯粹多余的假设。

再就是"黄金分割比"，即1：0.618。这可以通过对正五角星的研究得出。一个正五角星是由三个等腰三角形叠成的。这个等腰三角形的底和边，它们的比率就是1：0.618。我们知道，正五角星在毕达哥拉斯学派那里也是很重要的。据说派内人士穿的制服——白麻布的毕达哥拉斯服，上面就绣了个五角星。这是他们的"会员证"。黄金分割比当然也很重要。因为它就是"数的和谐"。在古希腊，黄金分割比被广泛地应用于许多艺术领域，建筑、雕塑、绘画，处处可见。据说，最美的人体也是符合黄金分割比的。比如下半身和上半身，胳膊和腿。大家可以回去量一下，看是不是这样。当然，要帅哥靓女，量出来才算数。

于是宇宙的规律性第一次被说出来了——恩格斯这样评价。当然，美的规律性也第一次被说了出来。或者说，在毕达哥拉斯学派这里，美被规定为自然界所固有的规律性。美学的任务就是去发现它们。

见恩格斯《自然辩证法》一书。

如果说毕达哥拉斯提出了美的合规律性，那么苏格拉底就提出了美的合目的性。苏格拉底这个人就不用介绍了吧。黑格尔称他为"具有世界史意义的人物"。他一生没有留下半篇文章——如果是现在，肯定评不上职称，却留下许多名言和故事。他的这些名言和故事差不多也都是"具有世界史意义的"，包括他的勇敢、宽容、雄辩、视死如归，也包括

苏格拉底往往被看作希腊哲学真正的开端，他以前的哲学则被统称为"前苏格拉底哲学"。

他的怕老婆。苏格拉底的怕老婆是很有名的，以至于他老婆的名字桑蒂普在西语中是悍妇的同义词。有一次，桑蒂普叫骂着把一盆水泼在苏格拉底的头上，苏格拉底却慢条斯理地说，我说嘛，桑蒂普一打雷，天就要下雨。

桑蒂普当然不知道她丈夫是一个多么伟大的人——太太们一般都不知道。她们多半认为自己的丈夫也没什么了不起，要不然就是认为他伟大得不得了。再说苏格拉底好像也没什么建树，他不过就是每天走来走去和人辩论，最有名的话则是"自知其无知"。一个不过就是知道自己很无知的人有什么了不起呢？当然没有。不过苏格拉底好像并不认为他有这样一个老婆是什么坏事。他曾经对一个马上就要结婚的学生说，恭喜你！因为如果你娶了一个好老婆，你就将成为一个幸福的人。学生问，如果我娶的是一个坏老婆呢？苏格拉底说，那我就更要恭喜你了，因为那样一来，你就有可能成为一个哲学家。

好，苏格拉底的故事我们就不多讲了，还是讲他的美学。苏格拉底认为，一个东西美不美，不在于它合不合规律，而在于它合不合目的。比如矛和盾，美不美呢？要看用在什么时候。进攻的时候，矛是美的；防御的时候，盾是美的。反过来，再好的矛，再好的盾，也是丑的。又比如，木勺子美，还是金勺子美？要看它们和谁配。是和陶罐配，还是和金碗配。如果和陶罐配，那就是木勺子美，金勺子不美。反过来也一样。

于是，苏格拉底也得出了他的美学结论，美就是有用。

当然啦，苏格拉底的思想没有这么简单，他的意义就更不简单。这个我们等一下再说。这里先说柏拉图。柏拉图也是很了不起的。他被称作"美的先知"，称作"爱美者，爱

苏格拉底是历史上第一个不把美看作属性而看作关系的人。这来源于他的目的论思想。在苏格拉底看来，世界上万事万物都有目的，它们的相互适合则体现了神的目的。正因为这种合适体现了神的目的，因此不但是有用的，而且是美的。

智慧者，爱神和美神的顶礼者"。他是古希腊最伟大的哲学家和美学家。

柏拉图是苏格拉底的学生。他继承了苏格拉底的方法论原则，这就是要寻找美的本质，不能局限于一些具体的美的事物，而应该找到一个"天下之通则"。靠着这个"天下之通则"，就能解释一切美的现象。柏拉图认为，这就是理念。

理念就是概念，或者说一切事物的普遍形式。世界上有很多很多事物，它们千姿百态，各不相同，但都共有一个普遍形式，这就是理念。比如桌子，这世界上有很多很多张，但它们都叫"桌子"，也都是"桌子"。不管你是多么奇怪多么异样的桌子，也是"桌子"。因此"桌子"这个概念，就是普天之下所有桌子共有的普遍形式，也就是它的理念。同样，世界上有很多很多美的事物，它们也千姿百态各不相同。但它们既然都叫作"美"，就说明它们也共有一个普遍形式。这个形式，就是"美"，也就是"美的理念"。于是，柏拉图也得出了他的美学结论——美是理念。

这就为客观美学的原则——美的客观性和普遍性，找到了一个确定的形式。有了这个确定的形式，客观美学就站住了脚，就可以在西方美学史上雄霸两千多年了。不过同时也带来一个麻烦，就是我们不知道怎样去把握这个"美"。美，如果像希庇阿斯讲的那样，就是小姐、母马、陶罐、风景、音乐、舞蹈等，是比较好把握的，毕竟那都是实实在在的"东西"。理念却是虚无缥缈的，看不见也摸不着，你让我们怎么审美？

柏拉图说，途径也是有的。审美的途径就是迷狂。因为真正的美，或者说，至真、至善、至美，都只存在于理念

这个美学原则从毕达哥拉斯到苏格拉底是一以贯之的，但找到这个确定的形式却并非一日之功。在撰写《大希庇阿斯篇》时，柏拉图尚在探索。直到后来建立了理念论哲学体系，他才找到了解决问题的途径。

世界。这是只有灵魂才能到达的地方。要到那里去，只有
"死路一条"！所以，活着的人要想把握理念，就只有"假
死"。这就是"迷狂"。迷狂也有三种。高级的是理智的迷
狂，低级的是宗教的迷狂，处于二者之间的是诗性的迷狂。
这就是灵感。灵感就是诗人在迷狂的状态下和神交通，不
知不觉地说出"神赐的真理"，即"为神灵所感"，因此叫
"灵感"。顺便说一句，"灵感"这个词，翻译得非常准确，
可谓"神译"。

诗性的迷狂就是艺术。所以艺术低于哲学高于宗教。哲
学是理智的迷狂。它是哲学家直接进入理念世界把握理念，
也是对理念的自觉把握。艺术对理念的把握则是不自觉的，
是"为神灵所感"的结果，所以低于哲学。但艺术又毕竟
说出了"神赐的真理"，因此又高于只有癫狂信仰的宗教的
迷狂。当然，这里说的艺术，是"迷狂的艺术"或者"灵
感的艺术"，不包括"模仿的艺术"。"模仿的艺术"是手
艺人的产品，和诗人的作品不可同日而语。在柏拉图看来，
"模仿的艺术"是不真实的，不道德的，没有用的，根本
就应该取消，这个我们以后再说（见本书第六讲第一节）。

上面讲的，就是西方美学第一个历史阶段（古希腊罗马
美学）当中的第一个历史环节——"美的研究"。从中我们
不难看出，毕达哥拉斯、苏格拉底、柏拉图，都是围绕着
"美是什么"来进行研究的。到柏拉图的学生亚里士多德，
话题就变了，变成了"艺术的研究"，也就是《诗学》。再
到普罗提诺那里，又变成了"美和艺术的研究"。普罗提诺
是西方美学史上第一个成功地把美和艺术统一在一个美学体
系里的人。不过，我们不是专门讲美学史，所以普罗提诺就
不讲了（关于普罗提诺，请参看本书附录一），亚里士多德

迷狂和灵感都是古希腊美
学和艺术学的重要概念，
对此朱狄先生有详尽的阐
述和深入的研究，请参看
朱狄《灵感概念的历史演
变及其他》（原载《美
学》第一辑，上海文艺出
版社版）。

普罗提诺认为，理念之上
还有"太一"，太一的运
动是"流溢"。由于太一
的流溢，心智、灵魂、感
性和物质"分有"了太一
的美，创造美的活动就是
艺术。

则放在后面的问题里讲。

那么，我们来看这第一个历史环节——"美的研究"。透过毕达哥拉斯、苏格拉底、柏拉图的三重唱，我们看到了什么呢？我们看到了一个共同的基调——美是客观的。在毕达哥拉斯那里，美是客观规律；在苏格拉底那里，美是客观目的；而在柏拉图这里，美是客观理念。反正美是客观的。这也是整个古希腊罗马美学的基调，甚至是康德以前西方美学的共同基调。而且，后来那些美学家，也确实基本上没有超出他们的范围，没有跳出他们的路子——或者从事物的客观属性那里找答案（毕达哥拉斯的路子），或者从事物的客观关系那里找答案（苏格拉底的路子），或者把美归结为一种客观精神（柏拉图的路子）。但是，客观美学的调子，唱着唱着，他们就唱不下去了。为什么唱不下去呢？这正是我们要讨论的问题。

三　走向主观美学

我们先来看毕达哥拉斯、苏格拉底、柏拉图这三个人。毕达哥拉斯，毫无疑问，是客观美学派啦！美是数与数的和谐嘛！还有比数更客观的吗？岂止是客观，而且可测量。所以呀，毕达哥拉斯不但是美学史上第一个客观派，而且还是最彻底的客观派。

苏格拉底就不好讲了。表面上看，他好像也是客观派。美是合适，美是有用，美在关系，美在目的，都是客观的。但我们要问：美是合适，是有用，对谁合适，对谁有用？人嘛！美在关系，在目的，谁有关系，谁有目的？也是人！人的目的，是主观的还是客观的？合适不合适，又是主观的还是客观的？至于柏拉图的理念，虽然被他说成是客观得不能再客观的东西，是"永恒的自存自在"和"天国的至善至美"，但我们知道，这个东西并不存在，它只存在于柏拉图的头脑之中。

实际上，古希腊客观美学在苏格拉底这里，正好经历了一个从自然的客观论（毕达哥拉斯）向精神的客观论（柏拉图）转变的过程，而实现这一转变的恰恰是人，是集物质关系与精神关系于一身的人。

　　实际上，古希腊罗马客观美学在苏格拉底这里，已经发生了微妙的变化。那就是把美从事物的属性变成了人与事物的关系。属性，我们知道，那是客观的。长、宽、高，软、硬、冷、热，都是客观的，可测量的。关系，就不好讲了。而且，在苏格拉底看来，那些可以称之为"美"的关系，也都是"善"的。他说，任何美的东西也是善的。美不美，要看它为自己的目的服务得好不好。服务好，就是善的和美的；服务不好，就是恶的和丑的。这其实已经是非常主观的标准了。

　　这个弯子确实是转得很大的。在这里，美学的目光已经由物（数与数的和谐）转向了人（关系、目的）。正如卡西尔所说："划分苏格拉底和前苏格拉底思想的标志恰恰是在人的问题上。"在苏格拉底那里，"以往的一切问题都用一种新的眼光来看待了，因为这些问题都指向一个新的理智中心"。这就是人。所以，卡西尔说苏格拉底的哲学是"严格的人类学哲学"。不过这种人类学哲学，却还是以客观主义的形式出现的。人的目的性被看作是客观的、神的目的。而且，现实的人的目的性，只有在符合神的目的的时候，才是善的和美的。这一点我们回头还要讲到。

见卡西尔《人论》，第6—7页，上海译文出版社1985年版。

　　同样，从客观美学向主观美学的转变，这时也还只是有了一点趋势。美仍被异口同声、毋庸置疑地看作和说成是客观的。这并不奇怪。美学这棵树才刚刚发芽。它要茁壮成长、开花结果，还需要假以时日，也还需要风吹雨淋。

时间很快就到了18世纪。

同学们觉得太快了一点是不是？不能不快呀！因为已经有人开始不耐烦了。这些枯燥的哲学问题确实容易让人打瞌睡。不要紧，很快就会有些有趣的事情了。从柏拉图到18世纪，当中跳过去的环节，在以后的课程里也会补上。

18世纪有一位重要的美学家，叫博克。博克这个人是很好玩的。怎么个好玩呢？因为他把客观美学总是不可避免地要走向主观美学这一点，表现得淋漓尽致。博克在学术上，是属于英国经验派的。所以他和英国经验派的其他美学家一样，走的都是毕达哥拉斯的路子，也就是从事物的客观属性那里找答案。不过，时间好歹已经过去了二十多个世纪，英国经验派比起毕达哥拉斯学派来，总是要高明和精细多了。所以，我要先把英国经验派哲学大致交代一下，你们爱听不听啦！

英国经验派哲学开始于培根和霍布士，系统化于洛克。洛克比毕达哥拉斯高明和精细的地方，是他把事物的属性分了类。第一类，包括广延、形状、大小、运动、数量，叫作"第一性的质"。第二类，色彩、声音、气味、滋味等，叫作"第二性的质"。这样分有什么意义呢？一想就明白了。"第一性的质"是纯客观的，可以测量的。"第二性的质"就不大好讲了。色彩好不好看，声音好不好听，气味好不好闻，不能拿尺子量，磅秤磅，得靠人们的感觉去判断，而每个人的感觉又是不一样的。这就多少有了些主观性。

夏夫兹伯里和哈奇生把洛克的方法论用到美学里面来了。他们认为美就是"第二性的质"。色彩好不好看，声音好不好听，气味好不好闻，女孩漂亮不漂亮，一样都得靠人

洛克是西方历史上第一个把哲学主要问题明确规定为"人类理智论"的人。以此为核心，他建立了系统的经验主义认识论。

们的感觉去判断。同样的声音，有说好听的，也有说不好听的。同样的女孩，有说很漂亮的，也有说不漂亮的。一样。所以，美是"第二性的质"。

那么，美这个"第二性的质"靠什么感觉去把握呢？夏夫兹伯里说靠"心眼"，哈奇生说靠"第六感觉"。因为色彩、声音、气味、滋味、质感这些"第二性的质"，是靠视觉、听觉、嗅觉、味觉和触觉这五种感觉去把握的。美既然属于"第二性的质"，又没有"美觉"这种感觉，就只好像毕达哥拉斯发明"对地"一样，也发明一个"第六感觉"。大家觉得好笑是吧？这说明客观美学，实在是已经走向穷途末路了。

博克不同意什么"第六感觉"的说法。他认为这种说法没什么依据，解剖学也帮不了美学的忙。美感的根源应该到社会情感（他称之为"一般社会生活的情感"）中去寻找，这就是爱，也就是同情。因此，他也得出了他关于美的定义——美，就是"物体中能够引起爱或类似情感的某一性质和某些性质"。

表面上看，博克还是客观美学派，而且是毕达哥拉斯那一派的。因为他仍然认为美是事物的属性，是"物体中的某一性质和某些性质"。如果只是这么说，也没什么稀罕没什么新鲜的了。因为这种说法早已有之。但博克是个认真的人，因此也是个可爱的人——认真的人往往都比较可爱，是吧？博克怎么可爱呢？他不像中国的许多美学家那样耍滑头，说声"美是客观的"就算了。他不但认为美是"物体中的某一性质和某些性质"，还要把这些性质一五一十地都说出来。比方说，小巧、光滑、逐渐变化、不露棱角、娇弱以及色彩鲜明而不强烈等。

科学界也有"第六感觉"的说法，但那是指一种神秘的直觉和感觉的远距离传达，是另一个概念。

46

这下子可就授人以柄了。博克几乎遭到了美学史上最多的责难。美就是小巧？苍蝇都很小巧，怎么不美？美就是光滑？秃头倒很光滑，怎么不美？再说了，光滑固然可能是美的，毛糙未必就不美。花岗岩，就是越毛糙越好。小巧美，巨大也未必不美。如果一定要小巧才美，那么，难道建筑物还不如垃圾箱？就算博克说的这些，小巧、光滑、娇弱等，都对，那也只是美的一种——东方女性美。

但是我们恐怕误解了博克。他还没有愚蠢到认为美就是小巧、光滑、逐渐变化、不露棱角的地步。他也没有指望拿出这样几个"属性"，就能一劳永逸地解决"美是什么"这个千古难题。他只不过是在举例子。而且，他举的这几个例子，也只是要说明"可爱性"。这应该是没有问题的。小巧、光滑等，总是相对比较可爱吧？所谓相对，就是对同一对象同一事物而言。比如光滑的玻璃总比不光滑的玻璃好，小狗总比老狗可爱吧？我们抚摸一只小狗，总是喜欢它的毛光滑一点吧？

所以，小巧、光滑等，总是相对比较可爱的。可爱又怎么样呢？就比较容易让人觉得是美的。我们那个可爱的"小猫咪"，不是越看越好看吗？所以博克认为，一个事物所具有的"美的性质"，其实就是它的"可爱性"。与此相反，"崇高的性质"则是"可怖性"，比如庞大、有力、晦暗、空无、壮丽、无限等。我们知道，在西方美学史中，美是和崇高相对的。崇高性是可怖性，美（也就是优美）则表现为可爱性。因此，美就是物体中能够引起爱或类似情感的某一性质和某些性质。换句话说，一个事物美不美，就看它能不能引起爱或类似的情感，美是靠爱或类似的情感来证明的。那么我们要问，爱，情感，是主观的还是客观的？（同

实际上博克已经对美给出了一般形而上学意义上的定义：美就是物体中能够引起爱的性质。

学们答：主观的）对，主观的。那么，那个要靠主观的东西才能证明、也才能成立和存在的美，难道会是客观的吗？

所以我说呀，客观美学总是不可避免地要走向主观美学。走着走着就走过去了，自己都不觉得。事实上在博克之前，夏夫兹伯里和哈奇生就已经表现出这种倾向。夏夫兹伯里和哈奇生所谓"第六感觉"，其实是指人类天生的一种辨别美丑善恶的能力。正是它，赋予对象美的性质。也就是说，一个东西之所以美，并不是它有什么"美的属性"或"美的理念"，而是因为人感到美。它的美是人给它的，是人的美感（第六感觉）赋予的。所以，"物体里并没有美的本原"，"真正的美是美化者而不是被美化者"。这不是主观美学是什么？

和博克大体上同时的休谟更是干脆举起了主观美学的大旗。他明确宣布："美不是事物本身的属性，它只存在于观赏者的心里。"比方说一个圆形的美，就只是圆形"在人心上所产生的效果"。"如果你要在这圆上去找美，无论用感官还是用数学推理，都是白费力气。"所以，"每一个人心见出一种不同的美。这个人觉得丑，另一个人可能觉得美"。美，其实是主观的。

不过，尽管如此，休谟仍然认为美有标准。因为人心虽然各异，人性却彼此相同。那些心灵最为美好的人的一致判决，"就是审美趣味和美的真正标准"。但这种"客观性"，已经不怎么"客观"了。何况他这种说法，也还值得商量。比方说，什么人才算是"心灵最为美好的人"，就是个问题。

休谟美学的巨大贡献，正在于此，即在一个更为彻底的哲学认识论基础上颠覆了客观美学。

四　走向神学目的论

客观美学的第二个问题，就是它总是不可避免地要走向神学目的论。

就说苏格拉底。苏格拉底的美学观点我们知道啦——"美就是合适"。比如矛对于进攻是合适的，对于防守就不合适，盾则相反。所以，合适，是相对的，甚至是主观的。不过这只是我们的理解，苏格拉底并不这么看。在他看来，现实中的合适当然是相对的，但是，还有一种超越这一切相对合适之上的绝对合适，这就是人与神的合适。或者说，人的目的与神的目的相符合。而且，现实的人的目的性，只有在符合神的目的的时候，才是善的和美的，也才可能是善的和美的。因此，对于人来说是主观的合适，实际上却不过是客观地符合了神的目的；在人看来仅仅是有用的东西，在神那里却是艺术品般的和谐。难怪万事万物之间如此合适了，原来它们都体现了神的目的。

这样一来，原本属于主观的东西（合适），就变成客观的了。差一点就要走向主观的美学，又重新回到客观的宝座之上，这可真是"神来之笔"。

这也不奇怪，因为非如此不足以自圆其说。不要以为坚持客观论是一件容易的事。很不容易呢！就我所知，至少有两道难题过不了关。第一个，你得把美是什么说清楚。也就是说，你不能光说美是客观的，还得说清楚它是客观的什么东西，是张三是李四。如果认为美是主观的，这个问题就比较好解决，比如说美是一种感觉云云。这就对付过去了。第二个，你得把美的来历说清楚。也就是说，你不能光说美是客观的什么东西，还得说清楚它是从哪里来的，为什么就是

客观美学有一个难题，精神客观的美和主观的人的矛盾。这个难题，在毕达哥拉斯那里，是靠人与自然的物质类比来解决的（自然是大宇宙，人是小宇宙）；而在苏格拉底这里，则靠人与神的精神类比来解决（人有实用目的，神有最高目的）。

美。如果认为美是主观的，这个问题也比较好解决。比如问一个丑小鸭为什么是美的，回答说"情人眼里出西施"，也对付。但要坚持客观美学，就很困难。

古希腊的客观美学家们倒不认为第一个问题是问题，因为他们都做了回答，比如美是数与数的和谐，美是合适，美是理念，等等。问题是它们是从哪里来的呢？它们为什么就是美呢？这就煞费了他们的精神。

亚里士多德进行了一番"科学"的努力。亚里士多德这个人我们知道啦，他是柏拉图的学生，正如柏拉图是苏格拉底的学生。亚里士多德最有名的一句话就是"吾爱吾师，吾更爱真理"。所以他的美学，无论方法和观点，都和柏拉图颇不相同。

亚里士多德是一个冷静的唯智主义者。他的结论，都是通过科学研究和逻辑推理得出的。同时，他又是一个现实的经验主义者，因此他不相信柏拉图的"想当然"。他有他一整套的科学研究方法。什么方法呢？首先，他认为什么理念之类的东西是靠不住的。靠得住的，是感性具体的个别事物。亚里士多德把它们叫作"第一实体"。科学研究应该从这些"第一实体"出发，然后找出它们的原因，这样来构成整个宇宙的现实图像。应该说，亚里士多德的这个方法，确实还是蛮科学的。

那么，事物的原因是什么呢？亚里士多德说，主要是两种。一个是质料因，一个是形式因。形式因当中，又包括致动因和目的因。就是这四个了。比方说，这里有一个矿泉水瓶子，是塑料做的。塑料，就是质料；瓶子，就是形式。形式显然比质料重要。因为我们并不管它叫塑料，而是管它叫瓶子，是不是？首先是瓶子，然后才是塑料瓶子，或者玻璃瓶子。所以，形式因，是最重要的原因。只有积极的、能动的形式，才能导致动力，实现目的，规范质料。所以形式因最重要。

形式也比质料高一等。比如砖头，是泥巴做的。对于泥巴来说，砖就是形式。砖头高于泥巴，所以形式高于质料。但是，对于房子来说，砖头又是质料，房子才是形式。可见形式与质料，处于一个不断上升的序列之中。低级事物的形式是高级事物的质料，它们也都有更高一级的形式。这样一级一级地追问上去，就一定有一个最高的绝对形式。作为致动因，它是"第一推动力"；作为目的因，它是"终极目的"。它是一切形式的形式，一切动力的动力，一切目的的目的，而且它本身肯定是没有质料的，是一种"纯形式"。那么，它是什么？或者说，它应该是什么，只能是什么？

对于亚里士多德来说，它就是神。

神是最高的形式，一切形式的形式，这就等于说，神是最伟大的艺术家。因为艺术不是别的，就是赋质料以形式。比如一团泥巴，本来是一钱不值的。可是被一个泥塑艺人捏了几下以后，就是个东西，可以卖几个钱了。如果是被艺术家捏了，就可以卖很多钱，因为艺术家给了它形式，它变成了艺术品。可见，艺术就是赋质料以形式，并通过这形式，来实现人的目的。因此，但凡通过赋予形式来实现目的的活动，就都是艺术。这也是古希腊人的艺术观。在古希腊，不但雕塑、绘画是艺术，工艺、技巧是艺术，就连政治、法律也是艺术。后来，为了有所区别，就把雕塑、绘画、音乐等叫作"美的艺术"，而把其他那些叫作"实用艺术"。

不过，再了不起的艺术家，也比不上神。因为神是一切形式的赋予者，神的目的是最高的目的。而且，神在实现他

神学目的论是亚里士多德整个宇宙论的归宿，也是进一步了解其美学体系的关键。这个神学目的论的世界观是苏格拉底和柏拉图神学目的论的系统化，也是后世基督教神学目的论和近代莱布尼茨、康德目的论的奠基者。

的目的的时候，做得非常完美。所以，神是最伟大的艺术家。宇宙万物都是神的艺术品，人则是这些艺术品当中最优秀的，是神最得意的作品。因为人和神一样，也能从事艺术创作。当然，人的艺术不能和神相比，但比起动物什么的来，水平还是高多了。因为人的艺术能够模仿神的艺术，也能够体现神的目的。神的目的是什么呢？就是和谐，就是万事万物的和谐发展，有机联系。这也就是美。

显然，美，就是神的目的，或者说，是实现了神的目的的东西。比方说，艺术品。又比方说，人。正因为它们实现了神的目的，才美，也才是艺术，是艺术品。神是客观的，神的目的也是客观的，所以美是客观的。

客观美学，是不是走向了神学目的论？

实际上，只要你把美界定为客观的，而且，你还想让你的理论彻底一点，不是那种"挂羊头卖狗肉"的客观论，那么，你就只有两条路好走——要么走向主观论，要么走向神学目的论，没有别的什么出路。为什么呢？因为如果美是主观的，那么，对于美，我们就可以进行社会学和心理学的解释。但是，如果你认定美是客观的，又要说清楚它是怎么回事，就非得做出科学解释不可。可惜科学并不万能。像幸福、自由、美这一类的东西，科学就解释不了。因为幸福、自由、美，既不能测量，又不能化验。你可以说一座山是高的（山高多少），一朵花是红的（光的波长多少），一只苹果是甜的（含糖多少），但你无法拿出数据来证明它们是美的。世界上没有什么美的原子、美的分子、美的细胞、美的度量衡，也没有什么幸福的分子，自由的分子。它们都不是科学所能解释的问题。

科学不行，哲学行不行？哲学当然行。幸福、自由、

有趣的是，美和艺术的价值却因此而获得了肯定。因为按照亚里士多德的神学目的论，万物皆为神的作品，人则是其中最优秀的。人的艺术模仿神的作品，正好体现了神的目的，因此艺术是有价值的。

美，就是哲学问题。但是，你要说它们是客观的，同样得回答它们是客观的什么，这个客观的什么是从哪里来的，为什么本来就在那里，等等。比方说自然美。自然美是客观美学的一个死结。说它是一个死结，是因为主张客观美学的人无论如何也想不通，自然美怎么可能不是客观的。一位客观派美学家理直气壮地质问我：在人类诞生之前，辉煌的太阳，灿烂的朝霞，明媚的春光，难道不是客观地存在着的吗？我回答：太阳、朝霞、春光，确实客观地存在着。但它们是不是辉煌、灿烂、明媚，就不知道了。因为辉煌、灿烂、明媚，都是人的感受。自然界是无所谓辉煌不辉煌，灿烂不灿烂，明媚不明媚的。如果你认为自然界原本就有这种评价，你就得告诉我为什么它原本就有。同样，如果你坚持自然美是客观的，你就得回答，这个客观的自然美是怎样产生的，它究竟是从哪里来的。

是从哪里来的呢？你不能说自然界本来就是美的。这等于没有回答问题。因为我们还可以说某个结论本来就是对的，某个事情本来就是好的，这就不要做任何研究了。

我们不能这么讲话是不是？我们得讲出道理来是不是？可是，这个道理很不好讲。科学可以回答宇宙的起源、地球的起源、生命的起源、人的起源，却无法回答美的起源，无法回答为什么宇宙看上去是美的，地球看上去是美的，生命看上去是美的，人看上去是美的。你看，自然界确实很美，很和谐。天上有日月，地上有山川，清晨有绚丽的朝霞，夜间有皎洁的月光。白天过去是黑夜，冬天过去是春天，早晚晨昏，一年四季，各不相同。不但十分和谐，而且还不让你腻味。谁能安排得如此井井有条呢？——上帝！

所以莱布尼茨说，世界是一架和谐完美的钟表，上帝就

客观美学的另一难题，是必须回答诸如河马、臭虫、癞蛤蟆之类的"自然丑"是怎么回事。这些客观的"自然丑"是怎样产生的，它们又究竟是从哪里来的，为什么自然界有美又有丑，这些美和丑又是谁安排的，等等。

是钟表匠。

只有上帝能安排呀，只有上帝能解释呀，只有上帝能帮客观美学的忙呀！唉，"天上有个太阳，水中有个月亮，我不知道，我不知道，我不知道——"真的，我们不知道，自然界为什么有那么多那么神奇的美，不知道为什么东海有如鼓的浪声，庐山有如诗的柔情，不知道为什么"林籁结响，调如竽瑟，泉石激韵，和若球锽"。同样，我也不知道，在客观美学的范围内，所有这些，如果不归结为上帝的创造和安排，还有什么别的出路。

找不到出路，又不愿意或者不能够归到神的身上，那又怎么办呢？

大约也就只能走进死胡同了。

五　走进死胡同

比如实验美学。

实验美学大约是客观美学最后一个"原始部落"。而且，他们和第一个"原始部落"——毕达哥拉斯学派一样，也是把美归结为事物之属性的。不过，他们比较"科学"。因为他们不瞎猜，他们做实验。具体的做法，是叫一些人到实验室来，一个问题一个问题地问他们。为了保证实验不受外界干扰，也就是保证实验的客观性，我想这个实验室应该是比较封闭的，比较严肃的，没有七七八八的那些装饰品，像审讯室一样，只不过没有"坦白从宽，抗拒从严"那条标语就是。

实验美学家们把实验者叫进来，让他们看一些东西。这

实验美学的创始人是德国心理学家费希纳。费希纳认为，以往的美学都是"自上而下"的，他却主张"自下而上"，即应该像经验自然科学一样，进行一系列有目的有步骤的实验，最后得出一些统计学的结论和法则。为此，费希纳提出了三种实验方法：印象法（由受试者谈自己的直接印象）、表现法（用仪器测量受试者的血压、脉搏和呼吸）和制作法（让受试者按照命题自由创作）。费希纳从这些实验中得出了十三条"美的规律"。1932年，后继者柏克霍夫提出了一个审美价值公式：M（美感程度）=O（审美对象的美学品级）÷C（审美对象的复杂程度）。后来又有人对此进行修正，如艾森克认为审美公式应该是M=O×C。

些东西是一些纯粹的图形和色块，比如红色、黄色、蓝色、绿色，直线、曲线，长方形、正方形、三角形、圆。这也是为了保证实验的"科学性"和"客观性"。因为如果那圆形是一个女孩的脸蛋，事情就不好说了是不是？如果是一个纯粹的椭圆形，男男女女去看，感觉就都很客观。实验美学家就把这些图形和色块给他们看，问他们哪个美哪个不美。这样就可以得出一些数据。然后，取得分最高的为凭。请注意，是取得分最高的，不是去掉一个最高分，去掉一个最低分。积累了一大堆数据以后，结论也就得出来了，比如椭圆形比圆美，最丑的是细长细长的长方形，黄金分割的比例最受欢迎，等等。

我丝毫都不怀疑这些美学家是认真的。但我以为他们是在认真地扯淡。因为在现实的审美活动中，从来就没有什么抽象的椭圆形和长方形。所有的椭圆形和长方形都是具体的某一个东西。一个椭圆形的盘子也许是美的，一只椭圆形的甲鱼就未必。发票上许多图章都是椭圆形的，怎么不美？相反，美国国旗上倒是有很多细长细长的长方形。按照他们的逻辑，岂非美国人都是"美盲"？

再说了，一个形状、一种颜色美不美，要看它用在何处，和谁搭配，怎样搭配。比如红配绿，是不好的。但"万绿丛中一点红"，却又很好。又比如，"红配蓝，狗都嫌"，但海上日出却又壮观。美，从来就不能孤立地存在。比如关羽的胡子是美的，美髯公嘛！武则天的眉毛也很美。骆宾王讨伐她的檄文里就说："入门见嫉，蛾眉不肯让人；掩袖工谗，狐媚偏能惑主。"可见武则天的眉毛也是很美的。但是你让他们两个换换？

唉，实验美学忙活了半天，有什么用呢？顶多不过说明客观美学已经黔驴技穷罢了。

再来说说中国的客观美学派。在20世纪五六十年代，中国美学界的客观派人数是很多的。因为那时有个观念，就是认为主张美是客观的，是唯物主义，主张美是主观的，则是唯心主义。唯物主义是好人，唯心主义是坏人。大家都想做好人，所以大家都说美是客观的。

不过真正彻底的客观派，只有一个人，就是蔡仪先生。蔡仪先生这个人，我是很敬重的。我认为他是中国第一个有资格被称为美学家的人。中国的美学家当中，有两个人我特别敬重，一个是蔡仪先生，还有一个是宗白华先生。宗先生的著述并不多，影响最大的《美学散步》是个论文集。而且，集子里面一些文章，严格说来还不算论文，只能算是散文、随笔、笔记。要是搁现在，也是个评不上职称的。可是宗先生真正把握了美学的精髓。他那本小册子，不说一句顶一万句，一百句是顶得到的。有人说，宗先生一句话，李泽厚拿去可以写一篇文章；李泽厚一篇文章，有的人可以拿去写一本书。这话不假。

蔡仪先生相反。蔡仪先生是正儿八经有著作的。这些著作，也都是自成体系、逻辑严密的，是真正理论形态的东西。也就是说，蔡仪先生有自己的美学观点，不是人云亦云；有自己的内在逻辑，不是强词夺理；有自己的理论体系，不是东拉西扯。这在中国都不容易。

更不容易的是，蔡仪先生的理论是彻底的。说他彻底，是因为他不但认为美是客观的，而且还回答了是客观的什么，不像其他"客观派"，只是喊喊就算了。那么，蔡仪先生说美是客观的什么呢？是典型。什么是典型呢？典型就是物种的进化性。比如，人比猴子要更具有进化性，也就更具

主观派美学的代表人物是高尔泰，著有论文集《论美》（甘肃人民出版社1982年版）。

蔡仪先生最重要的美学著作是《新艺术论》《新美学》和《唯心主义美学批判集》，均收入《美学论著初编》，上海文艺出版社1982年版。

有典型性，因此最美的猴子和人相比，也是不美的。

这当然不错。但是梅花呢？梅花是植物，和是动物的苍蝇相比，应该比较没有进化性，为什么梅花比苍蝇美？还有，如果美就是典型，那么，典型的臭虫美不美？蔡仪先生回答说，臭虫是一种低级动物，没有典型性，大家都差不多啦！这当然不错，没有哪个臭虫是双眼皮的。那么，地主呢？有没有典型的地主？当然有的。于是有人便问：典型的地主美不美？蔡仪先生只好说，在地主阶级眼里是美的，在农民阶级眼里就不美。哈！美不是客观的吗？怎么可能有人觉得美有人觉得不美？

就算不讲阶级性，这话也有问题。比方说，典型的男人当然是美的。所谓美男子，就是最能体现男性性特征的人。我给大家说个笑话。有一天，四个美国老太太坐在一起吹牛。第一个老太太说，我的儿子是神父。他一走进来，所有的人都站起来说，噢，父亲！第二个老太太说，我的儿子是主教。他一走进来，所有的人都站起来说，噢，阁下！第三个老太太说，我的儿子是大主教。他一走进来，所有的人都站起来说，噢，殿下！大家都看着第四个老太太，心想你总不能说你的儿子是教皇吧？谁知第四个老太太说，我的儿子不是神父也不是主教，他只是一个普普通通的小伙子。可是他身材高大肌肉发达，非常性感。他一走进来，所有的女人都站起来说，噢，上帝！大家说说，典型的男人是不是美的？

同样，典型的女人也是美的。所谓美女，就是最能体现女性性特征的人。像顾大嫂、孙二娘那样五大三粗，活剥人皮的，就不会叫作美女，美女都是典型的女人。那么，典型的不男不女呢？比如像太监那样的……

李泽厚著述甚丰，但我以为读他的美学著作不如读他的思想史论。美学著作中，最受欢迎、影响也最大的是《美的历程》，尽管李本人似乎并不看重这本书。请参看易中天《盘点李泽厚》一文，原载随笔集《书生意气》（云南人民出版社2001年版）。

这些问题，蔡仪先生都不怎么好回答。我想，他是走进了死胡同。

还有一个马马虎虎可以算作客观派的，是李泽厚。之所以说他马马虎虎，是因为他这个客观派，是不彻底的。他的观点是"美是客观性与社会性的统一"。这话逻辑不通！什么叫"客观性与社会性的统一"？要么是主观与客观的统一，要么是自然与社会的统一，哪有什么"客观性与社会性的统一"？客观性和社会性不是一个层面上的概念，你让它们如何统一？这就好比说，某某是男孩与学生的统一，某某则是女人与老师的统一，原来美就是男同学、女教师呀？什么话嘛！

就算逻辑上讲得通，马马虎虎啦，这个说法同样也有问题。什么是所谓美的客观的社会性呢？李泽厚举了一个据说是很"通俗"的例子——五星红旗。他说，我们感到五星红旗美，并不是因为一块红布、几颗黄星本身有什么美。它的美，只在于它代表了中国，代表了这个独立、自由、幸福、伟大的国家、人民和社会，而这种代表是客观的现实。正因为这样，它才美。它的美，既是客观的（不依存于人的主观意识和情趣），又是社会的（不能脱离社会生活而存在）。美，是客观性与社会性的统一。

但我们要问，是这样吗？——同学们，顺便说一句，我希望大家以后不管听到什么说法，包括对我的观点，都要先问一句，是这样吗？现在我们也要问李泽厚：是这样吗？五星红旗的美，当真是客观的，是不依存于人的主观意识和情趣的吗？如果当真如此，那么，无论什么人，都会觉得它美了。我看未必吧！比方说，蒋委员长，大约就不会觉得它美。阿扁，恐怕也不会。他连一个中国的原则都不接受，还会觉得五星红旗是美的？笑话！觉得五星红旗美的，只能是李泽厚先生所说的"站起来了的中国人民"。五星红旗的美，就是依存于"站起来了的中国人民"的主观意识和情趣的，它怎么会是客观的？

就算是吧，我们还可以接着问，按照李泽厚先生的逻辑，一面旗帜，只要它代表了中国，代表了这个独立、自由、幸福、伟大的国家、人民和社会，它就是美的，是不是？那好，我们的国旗是不是现在这个样子并无关紧要，对不对？那又何必要选择要修改？我们知道，五星红旗原本不是现在这个样子的。最早的方案，是大五角星在正中间，其他四个小五角星在四个角上。它不是也同样代表了中国，代表了这个独立、自由、幸福、伟大的国家、人民和社会吗？为什么要改？谁都看得出，现在这个样子更好看，连李泽厚也承认这里头有个"所谓形式美"的问题。形式美难道不是美？实际上，五星红旗代表和象征着什么，根本就不是美学问题，是政治学问题。五星红旗做成什么样子，那五颗星怎么摆，才是美学问题。李泽厚撇开美学谈美学，怎么能让人信服？

何况李泽厚自己也承认有形式美的问题，而在我看来，形式美恰恰是美学最重要的问题，至少也是一个绕不过去的问题。因为对于美而言，形式是最纯粹的，内容则往往和非美学的问题（比如政治问题、伦理问题）混杂在一起。如果你连形式美这个最纯粹的美学问题都讲不清，你的美学就是可疑的。那么，请问形式美的客观性和社会性是什么，它的客观性和社会性又是怎么统一的？

不用狡辩说这个问题很复杂云云。你们走进了死胡同，只因为你们硬要说美是客观的。硬要说，又说不清，当然复

另外，主张美是主客观统一的有朱光潜先生，其美学观点详见《朱光潜美学文集》，上海文艺出版社1982年版。

杂了。

　　反倒是西方一些美学家头脑清醒。他们终于发现，坚持美的客观论，沿着"美是什么"这条路往前走，根本就此路不通。实际上，现在要坚持美的客观论，至少在西方已经是一件需要相当理论勇气的事情了。于是，相当一部分美学家将美的客观理论转变为美的主观理论，而美学本身也由"美的研究"一变而为"审美的研究"。

第三讲　审美的研究：康德

一　美学的教父与父亲

同学们，在前面的课程里，我们讲了西方美学史的第一个历史阶段——古希腊罗马美学。在这个历史阶段，美被看作是客观的。美的研究，也就是美的客观性研究，也就是美的哲学。但是我们要知道，在这个历史时期，是没有"美学"这门学科的，也没有专门的美学著作。美学思想都包含在哲学思想当中，美学家也都基本上是哲学家。美学成为一门独立的学科，是1750年以后的事。

1750年，德国哲学家鲍姆加登出版了一本名叫"Ästhetik"（埃斯特惕克）的书，翻译过来就是"美学"。鲍姆加登发现，人类追求的基本价值，无非真善美。真，有专门的学问，就是逻辑学。善，也有专门的学问，就是伦理学。唯独美没有，因此也应该给它建立一门，鲍姆加登管它叫 Ästhetik。这个名字以前没有人用过，是鲍姆加登首先开始用的，而且是用在"美学"这个新的独立学科上。因此，学术界一般都把1750年看作美学的生日，把鲍姆加登称为"美学之父"。

不过，鲍姆加登这个"美学之父"，认真说来只好算是"教父"。因为他只是为美学取了个名字，并没有真正建立起这门独立的学科。鲍姆加登在学统上是属于大陆理性派的。我们知道，文艺复兴之后，康德之前，欧洲哲学和美学主要可以分为英国经验主义和大陆理性主义这两派。前面一讲说过的夏夫兹伯里、哈奇生、博克、休谟，就是英国经验派。大陆理性派的美学家，则主要包括莱布尼茨、沃尔夫、狄德罗和鲍姆加登。这两派美学在方法论上很不相同。英国经验派是先确定个人的美感，然后再来寻找它的普遍标准和

Ästhetik的本义是"感性学"，因此应译为"审美学"。也就是说，从美学被命名之日起，它就是关于审美的学问了。

美的概念。大陆理性派则是先确定美的普遍概念，然后再来寻找认识和实现它的特殊途径。说得白一点，英国经验派是从美感说到美，大陆理性派则是从美说到美感。它们两个是刚好相反的。

然而，大陆理性派和英国经验派虽然刚好相反，却又殊途同归。那就是说着说着，就从客观美学变成主观美学了。请大家沉住气，我把这个过程稍微说一下。大陆理性派美学，我们知道，是从莱布尼茨开始的。莱布尼茨的思想方法，属于柏拉图那一路，就是把美归结为一种客观精神。只不过，在莱布尼茨这里，它不叫"理念"，叫"前定和谐"。莱布尼茨认为，人天生就有一种先验的理性认识，叫"一般概念"。宇宙也有一种天然的理性结构，叫"前定和谐"。什么叫"前定和谐"呢？就是说，宇宙在诞生之前就被规定是和谐的。所以它一被创造出来，就像一架钟表一样，指针、发条、齿轮、螺丝，都安排得妥妥帖帖，成为一个和谐的整体。只要发条一上，就会准时准点嘀嘀嗒嗒地走起来。创造这架钟表的就是上帝。当然，上发条的，也是上帝，是他拧了第一下。

所以呀，我们这个世界，在一切可能的世界中，是最好的。从美学的观点看，也是最美的。因为它最完美地体现了多样统一的和谐原则。当然啦，莱布尼茨也承认，在我们这个世界里，也有一些不太好的东西，有丑也有恶。但是，莱布尼茨乐观地告诉我们，那不过是对于整体美的必要的陪衬和补充，不要紧的啦！而且，有了这些陪衬和补充，整体就更美了，就像漂亮女孩的脸上长了颗痣，没准更漂亮了。

总之，美就是事物的秩序，多样的统一，就是宇宙的和谐与完善。这种和谐与完善是由上帝"前定"的，只有上

莱布尼茨是洛克公开而直接的论敌。他在《人类理智新论》中批判了洛克的经验论（白板说），提出了著名的"大理石纹路说"和"模糊观念说"。

这种观念后来被第一次世界大战的炮火所粉碎，被现代哲学和现代艺术所颠覆。世界被看作是荒谬的和非理性的。

帝才知道它的来龙去脉。但是，人也不是一点事情都没有。人可以去认识和把握这和谐与完善。为什么可以呢？因为人天生就有一种先验的理性认识能力。每个人的心灵都是一块有纹路的大理石板，有哲学家的纹路，也有艺术家的纹路。这些先天的"纹路"决定着后天知识的基本脉络。所以，哲学家头脑清晰，艺术家认识迷糊。迷糊也没什么关系。莱布尼茨有句名言："音乐就是意识在数数，但意识不知道自己在数数。"用不着搞那么清楚啦！

审美搞不清楚宇宙和世界和谐完善的理性结构，但能够感觉到它，这就行了。这也是一种认识，非逻辑的感性的形象的认识。美，就是凭感官认识到的完善。后面这句话，是莱布尼茨的门徒沃尔夫补充的。他的原话是："美在于一件事物的完善，只要那件事物容易凭它的完善来引起我们的快感。"也就是说，美，是感性认识到的完善。

不过这话到了鲍姆加登那里，就发生了微妙的变化。鲍姆加登是沃尔夫的门徒，正如沃尔夫是莱布尼茨的门徒。鲍姆加登的观点也很有名——美是感性认识的完善。这又有什么不同呢？"认识的完善"和"认识到的完善"，有什么两样？但如果仔细琢磨一下，就会发现很不一样。感性认识到的完善，是事物固有的完善，是属于客体的，只不过要靠感性去认识；感性认识的完善，却是认识自身的完善，是属于主体的了。因此，在莱布尼茨和沃尔夫那里，美是客观的；而在鲍姆加登这里，却"反客为主"，变成主观的了。鲍姆加登在莱布尼茨—沃尔夫学派里搞了个"和平演变"。

更重要的是，把美看作事物的完善，就是把美学看作关于物的学问；把美看作认识的完善，就是把美学看作关于人的学问了。因此，鲍姆加登是一个划时代的路标。他撞开了

鲍桑葵的《美学史》把莱布尼茨的这句话解释为"音乐是一种被感受到的数的关系"。显然，在这里，莱布尼茨从客体和理性出发，却走向了主体和感性。

近代美学的大门，让一片灿烂的阳光照临了美学的园地。

但是，鲍姆加登虽然撞开了近代美学的大门，却没有走进去，而是在门口徘徊。在他那里，审美仍然是一种认识，只不过比较迷糊罢了。用莱布尼茨的话说，就是"明晰的混乱的认识"。混乱，是因为没有经过逻辑分析；明晰，则是因为呈现生动图像。用现在的话来说，就是形象思维或者感性认识。这种思维和认识本身也是可以完善的，但是再完善，也是"明晰的混乱的认识"。鲍桑葵把它叫作"理性的畸形变体"，克罗齐则讥讽地把它叫作"那个没有出路的既是假又不是假的逼真，那个既是理性又不是理性的巧智，那个既是理性判断又不是理性判断的鉴赏，那个既是感性的和物质的又不是感性的和物质的情感的迷宫"。鲍姆加登走不出这迷宫，他充其量只能是美学的教父。

鲍桑葵也认为，鲍姆加登"在一切方面都处在一个新运动的门槛上"。见《美学史》第242页，商务印书馆1985年版。

近代美学真正的父亲是康德。因为只有康德，才真正揭开了美的秘密，把美学引上了一条可持续发展的康庄大道和光明坦途。

康德美学是我们这个课程的重点，也是难点。因为要讲清康德的美学，就得讲清康德的哲学，而康德的哲学，哎呀，实在是太难懂也太难讲了。康德的书，不要说他那三大批判——《纯粹理性批判》《实践理性批判》《判断力批判》，就是最"通俗"的那一本，《实用人类学》，也是很难读的。我读的时候，常常一不小心就走了神。和美学关系最大的一本，《判断力批判》，说老实话，也是硬着头皮读下来的。因为那个不读不行。如果照这个路子来讲，我们这个课恐怕就上不下去。不但不能照这个路子来讲，而且，也不能念康德的原文，念了你们也听不懂。所以我打算按照我的理解来讲，而且只讲他的美学，不讲他的哲学。讲美学的

《实用人类学》一书已有邓晓芒译本。初版于1987年，由重庆出版社出版，再版于2002年由上海人民出版社出版。

《判断力批判》已有两个译本。一种是商务印书馆1964年出版的宗白华、韦卓民译本，简称宗译本；另一种是人民出版社2002年出版的邓晓芒译本，简称邓译本。本书为方便读者理解，所引有时使用宗译本，有时使用邓译本，恕不一一注明。

时候，也不念他的原文，只讲他的意思。甚至也不完全是他的意思，有些也可能是我的理解，混在一起。这样大家好接受些，当然也就不太"正宗"了。不过我们的目的，是启迪智慧对不对？只要能达到这个目的，那就不择手段，不管正宗不正宗了。但事先要说清楚，写论文的时候，可不能这样。不能把我的话都抄上去，说那是康德说的。正儿八经研究康德美学，还得读他的原著，从他的哲学做起。

　　按照我的理解，康德的革命之所以是"哥白尼式的"，就在于他把从古希腊罗马以来美学的出发点和方法论都颠覆了。在哥白尼以前，大家都想当然地认为地球是中心，太阳是围绕地球旋转的。自从有了哥白尼，我们才知道原来事情正好相反，是地球围绕太阳旋转。同样，在康德以前，人们都认为美学应该先回答"美是什么"，然后才能回答"审美是什么""美感是什么"。康德却把它倒过来了。他把美学的出发点放在了审美和美感上，把美学的基本问题从"美是什么"变成了"审美是什么"。所以说是一场"哥白尼式的革命"。

　　审美在康德那里被叫作"鉴赏判断"。鉴赏判断这个说法是很有意思的。它看到了审美活动和人类其他精神活动，比方说认识活动、道德活动的共同点，那就是表面上看起来都是一种"判断"。"这朵花是美的"，这看起来是一个判断句，和"这朵花是红的""这个人是高尚的"一样。正是由于这个假象，使人们误以为美是客观的，和红、和高尚一样，是属于对象的。其实这是一种误解。事实上，审美判断和事实判断、感官判断、逻辑判断、道德判断在本质上完全不同。人们之所以把它们混为一谈，是因为没有经过认真的研究和分析，是一种"想当然"。做学问不能想当然，也

康德对此有一个自注：鉴赏乃是判断美的一种能力。那么，当我们把一个对象称为美的时候，需要什么呢？康德指出，要弄清楚这一点，就必须对鉴赏判断进行分析。

不能搞"独断论"和"怀疑论"。康德对独断论和怀疑论都很不满。他把独断论比作不讲道理的专制主义，把怀疑论比作破坏秩序的游牧民族，两者都让人讨厌。康德主张批判。康德说的这个批判，和我们通常的理解是不同的。它不是批评、指责、训斥。在康德这里，所谓批判，就是追问知识是否可能和如何可能。具体到美学，就是追问审美是否可能和如何可能。说得白一点，就是把审美是怎么回事，一点一点地讲清楚，弄明白，而不是想当然。

为此，康德在他著名的《判断力批判》一书中，提出了鉴赏判断的四个契机，这就是无利害而生愉快、非概念而又有普遍性、无目的的合目的性、共通感。

二　美感的特征

康德的《判断力批判》一书，包括两大部分：审美判断力的批判和目的论判断力的批判，第一部分是他的美学。审美判断力的批判这一部分，又包括两个部分：审美判断力的分析论和审美判断力的辩证论。分析论也包括两个部分：美的分析和崇高的分析。我们要讲的，主要是"美的分析"。因为讲清楚了这个问题，康德的美学思想就大体上清楚了。

康德"美的分析"是从美感即审美愉快的独特性质入手的。

康德说，鉴赏，是判断美的一种能力。判断一个对象是美或是不美，我们不是看它能不能给我们知识，而是看它能不能给我们愉快。康德接着说，鉴赏判断因此不是知识判断。它不是逻辑的，而是审美的。

康德是英国经验派和大陆理性派的集大成者，也是他们最高明的批判者。他立足于一个崭新的高度回顾和审视前辈们艰苦的历程，并在充满悲剧意识的氛围中宣告了人类生存的有限性和精神本质的无限性，从而成为现代哲学人类学的先驱。正是这种对人的理解，使他完成了哲学和美学领域中的"哥白尼"式的革命。

美，有广义的，也有狭义的；有常态的，也有非常态的。或者用康德的话说，有纯粹和不纯粹的。康德并不认为不纯粹就不好，他甚至把杂有道德观念的美称为"美的理想"，把这种不纯粹的美看作是高于"纯粹美"的"自由美"。但康德同时认为，首先应该把纯粹美的概念搞清楚，然后才能分析其他。常态的、狭义的、纯粹的美即优美，优美感无疑是愉快感。此处系以优美为例。

也就是说，美是靠美感来判断的，而美感是一种愉快感。

美感是一种愉快感，这可以由我们的经验来证明。我们看到一个美的事物，心情总是愉快的。灿烂的朝霞，明媚的阳光，春风中含苞欲放的花朵，秋日里硕果累累的枝头，这些都使我们感到愉快，是不是？因为愉快，所以我们希望多看几眼。不是有个说法叫"回头率"吗？一个漂亮的女孩和我们擦肩而过，我们会忍不住回头去看她。如果不愉快，你回头干什么？因此，美感是愉快感。而且，一切美感都是愉快感。这没有什么问题吧？

（学生问：你说灿烂的朝霞，明媚的阳光，春风中含苞欲放的花朵，秋日里硕果累累的枝头，这些都使我们感到愉快，但如果那天我心情不好，我看到它们也不觉得愉快。）是有这种情况。但这时你也不会觉得它们美，是不是？（学生说：不是。我也承认它们是美的，只是我不愉快。）你承认它们是美的，这说明你曾经愉快过。你此刻不愉快，只因为你根本没有心思去欣赏它们。如果你当真欣赏它们了，你的心情也会变得好起来。所以，一个人心情不好的时候，我们常常会劝他出去走走，散散心，看看大自然。为什么呢？因为大自然的美能使我们心情舒畅。（学生说：不对。我也想欣赏它们。可是我越是觉得它们美，心里就越是难受。）你是失恋了吧？对不起，开玩笑啦！你说的这种情况也是有的。"国破山河在，城春草木深。感时花溅泪，恨别鸟惊心。"看到美丽的风景，不但不高兴，反而特别伤心。这说明什么呢？说明他曾经特别愉快过。正因为以前特别愉快，此刻才特别伤心。因为美被破坏了，或者将被破坏。所以，这种不愉快，不是美引起的，恰恰是由于美的破坏、毁灭、丧失引起的。这就反过来说明，真正审美状态下的美，是使人愉快的。美感是一种愉快感。

（学生问：可是有些现代艺术并不让人愉快，比方说把大便装在瓶子里。）那你也不会觉得美吧？还有许多东西，垃圾、浓痰、呕吐物，都让人恶心，也都不美。不美的即是不愉快的，这就反证了美的即是愉快的。当然，现代艺术的情况复杂一点。有的现代艺术家是故意表现丑，表现恶。比如有件雕塑作品，是用废弃的汽车部件和一些七七八八的工业垃圾做成了一个地球，名字叫《癌》，意思是地球得了癌症。它这个是要警示世人的，要我们大家都注意了，地球已经得癌症了。它当然不会让你愉快，也不会让你觉得美。

（学生问：悲剧呢？悲剧感也是愉快感？）也是。看悲剧当然是要哭的。不哭，就不算悲剧。但是哭过以后，心里很舒服。这说明悲剧感归根结底还是一种愉快感，否则，我们就想不通，一大群人，有事没事的，邀齐了瞅准了，在规定的时间规定的地点集中到一起大哭一场干什么？有病啊？没有人会存心找不自在。看悲剧，也是找乐子呢！

还有什么问题没有？没有，就接着往下讲。

一切美感都是快感，那么，是不是一切快感都是美感呢？不是。大热天，你走在路上，口干舌燥，满头大汗，这时，一杯冰镇可乐喝下去，很愉快。这种快感，就不是美感。你帮别人做了一件好事，别人很感激，感激涕零，你自己也很愉快。这种快感，也不是美感。为什么呢？因为它们都和一个现实的功利的目的相联系。冰镇可乐喝下去很愉快，是因为满足了我们的生理需求；做了好事很愉快，是因为满足了我们的道德需求。感官享受（乐）也好，道德行为（善）也好，它们带来的快感，总是和利害相关。利，

其实，悲剧、喜剧、崇高、滑稽、丑，以及"反丑为美"等非常态或不纯粹的美的问题，都可以在解决了优美（纯粹美）问题后得到合理的解释。悲剧感是不是愉快感等问题，在这里不必多讨论，请参看本书最后一讲。

康德认为，对象与主体的情感关系主要有三种，即快适、美和善。快适是使人快乐的，美是使人喜欢的，善是被人尊敬和赞成的，它们都是使人愉快的。

就愉快；害，就不愉快。口渴的时候吃咸菜不愉快，做事情做不成也不愉快。所以，感官判断和道德判断都有一个共同的特点，就是"由愉快而生判断"。比方说，先把菜吃下去，大快朵颐，然后才判断说："真好吃。"又比如，先是因为帮助别人而心情舒畅，然后才判断说："做得对。"如果费了力还不讨好，那种事谁愿意做？

审美就刚好相反，是"由判断而生愉快"。也就是说，先判断对象"真美啊"，然后才感到愉快。因为审美是"无利害"的。一个对象的美有什么好处呢？既不能当饭吃，也不能当衣穿。我们在欣赏这些美的时候，也并不想从中得到什么实际上的好处。它们不是因为给了我们好处，我们才感到愉快，才判断它们是美的。恰恰相反，有些东西可能是没有用的（比如装饰品），有些东西甚至还可能是有害的（比如美女蛇），但是，这并不妨碍它们是美的。不美，能叫装饰品，能叫美女蛇？只能叫丑八怪吧？

总之，一个对象美不美，和它有没有用，能不能给我们带来好处，是毫不相干的。牛有功而花无用，可是，我们要赞美一个女人，也只会说"姑娘好像花一样"，不会说"姑娘好像牛一样"。实际上，哪怕是所谓"实用艺术"，它最能表现艺术性也就是最美的部分，也恰恰是最没有用的地方。比方说，茶杯上画一朵花有什么用？难道泡出来的茶会有花香？穿西装打领带又有什么用？防感冒呀？

所以，审美是无利害的，或者说，是超功利的，但同时又是能够带来快感的。这就叫"无利害而生愉快"。用康德的话说，审美带来的快感是"唯一无利害关系的自由的快感"。

唯其如此，美感具有普遍性。

我们知道，功利性的快感是没有普遍性的。大热天，走在路上，口干舌燥，我买一杯冰镇可乐自己一个人喝下去，很愉快，难道你也愉快？你长了工资我没有，难道我和你一样愉快？那除非我们是一家子，或者你会请我吃一顿。没吃上的还是不愉快。反正你得了好处，不能要求"普天同庆"，大家一起跟你乐，除非你把好处分给大家。功利性的快感只有功利的获得者才能享有，它没有普遍性。

同样，生理快感也是没有普遍性的。四川人吃着又麻又辣又烫的火锅连说"痛快痛快"，难道怕麻怕辣的福建人、广东人也会愉快？洗蒸汽浴的人跳进冰水里大叫"刺激"，我们只怕会起鸡皮疙瘩。在这方面，没有普遍标准可言。萝卜白菜，各有所爱。有的人喜欢生猛海鲜，有的人宁肯吃辣子夹馍。所以，口味无争辩。

美感却有普遍性。面对同一审美对象，我感到美，你也可能感到美。又岂止是"可能"，简直就是"要求"。也就是说，当你感到美的时候，你也是相信、认为、要求我同感此美的。如果不是这样——当然恐怕多半不是这样啦，你就会因此而失望、沮丧，甚至愤怒：你怎么会看不出？亏你还是教美学的！

所以我要提醒大家，尤其是要提醒男同学们注意，当你的女朋友为某一个对象的美而陶醉时，你最好立即表示赞同和附和，千万不要表示不同意见，不要反对，不要扫她的兴。要不然，她一怒之下，弄不好就跟你"拜拜"了。

为什么会这样？因为美感有普遍性。为什么美感有普遍性？因为美是超功利的。你想啊，一个东西，对我们半点好处都没有，我们凭什么要感到愉快？不是说"世界上没有无缘无故的爱"吗？现在我们无缘无故地愉快起来，岂不是

康德说："有许多东西可以使他得到刺激和快意，这是没有人会来操心的事；但是如果他宣布某物是美的，那么他就在期待别人有同样的愉悦：他不仅仅是为自己，而且也为别人在下判断，因而他谈到美时好像它是物的一个属性似的。"

71

有了毛病？于是，我们就只能假设，这个东西那里必然有使每个人都感到愉快的根据。正因为这个根据是普遍的，是人人共有的，是和每个个人的偏好、利害都没有关系的，因此，我们随便哪个人见到它，便都会莫名其妙、无缘无故地感到愉快，感到美，就像我们见到"1+1=2"肯定要点头一样。

所以，在许多人心目中，美就像真，就像"1+1=2"一样，具有毋庸置疑的客观普遍有效性。没有人会愚蠢到在报刊上讨论川菜好吃还是粤菜好吃，但是，人们会为一件艺术品是不是美争得脸红脖子粗，甚至恨不得决斗。因为谁都知道，口味的快感是纯属个人、没有普遍性的。美就不一样了。它既然有着使每个人都感到愉快的根据，那么，你不感到愉快不感到美，那就肯定是你不对！不对，就要帮助，帮助你提高认识。所以你看呀，那些自以为审美水平特高的人，总是无一例外地对那些被他们看作不懂审美的人，抱着居高临下的同情。

问题是，真正具有普遍性的，只有逻辑和概念。逻辑和概念如果没有普遍性，就不是逻辑和概念。逻辑和概念的普遍性表现在，它们是抽象的、客观的、铁面无私的。不管你张三李四王二麻子，一样地统统都是"1+1=2"。所以，它们也是不能给人快感的。美和美感却不一样。它是感性的、具体的、形象的、有个性的、千姿百态和千变万化的，是能够使人愉快也必须使人愉快的，跟逻辑和概念完全不是一回事。这就叫"非概念而又有普遍性"。

这就奇怪！不是概念，为什么会有普遍性？没有利害，又为什么会给人快感？逻辑判断因为超功利，所以不能给人快感；感官判断因为非概念，所以没有普遍性。这都讲得通。审美判断既超功利又非概念，既生快感却又有普遍性，岂非咄咄怪事？

为此，康德又进一步分析了审美的原则。

三　审美的原则

对于审美的原则，康德也提出了两个契机，这就是"无目的的合目的性"和"共通感"。

康德认为，当我们问一个事物为什么存在时，也就有了目的论的问题。一个判断既然是判断，那就一定有自己的目的。感官判断、事实判断、逻辑判断、道德判断，都有判断前的目的。事实判断要问是不是，逻辑判断要问对不对，道德判断要问好不好，感官判断要问舒服不舒服。但是舒服不舒服，要看你的目的是什么。如果是要凉快凉快，当然有电扇吹，有空调，是舒服的。如果相反，就不舒服。所以它们的结论，是由判断前的目的来决定的，是"由目的而生判断"。当然，这话康德没说，是我说的，是我学着康德的口气说的，但大概是这么个意思吧！

审美判断却没有这个目的。审美判断有什么判断前的目的呢？没有。康德说，花，自由的素描，没有任何意图相互缠绕在一起的纹饰，它们并不意味着什么，也不依据一定的概念，但却令人愉快满意。审美，是无目的的。如果硬要说它有什么目的，我们也只能说它的目的就是审美。或者说，审美是以自身为目的的。以自身为目的，也就等于没有目的。而且，就算有目的，我们也感觉不到。比如（用康德的例子）一朵郁金香花，它是那样的美，我们觉得它一定会

康德说："目的就是一个概念的对象"，"一个概念从其客体来看的原因性就是合目的性"。

有某种合目的性。但是，如果要把这个合目的性说出来，我们又不能联系到任何具体目的，说不出是个什么。所以，与其说它有目的，不如说它无目的。

但是，审美判断虽然无目的，却又无不合目的。如果不合目的，我们就不知道为什么会感到愉快。没道理嘛！于是，我们也就只好认定它其实是有目的的。但是我们得先讲清楚了。第一，它生愉快，因此是一种"主观合目的性"；第二，它非概念，因此是一个"涉及形式的规定"；第三，它无利害，因此是一种"单纯形式"；第四，它具有普遍性，因此不是某个具体的客观目的，也不以某个具体的客观目的的形式出现。康德把它叫作"没有具体目的的一般目的"，也叫"形式的合目的性"，也叫"无目的的合目的形式"。

哎呀，很绕口是吧？没办法啦，康德就是这么说的，大家回去慢慢琢磨吧！老实说，我已经说得很好懂了，读康德的书，你更头大。

康德说的这个东西，啊，这个"没有具体目的的一般目的"，这个"形式的合目的性"，这个"无目的的合目的形式"，是很重要的。它告诉我们，审美并不要求主体在对象那里觉察到什么目的，只要能够唤起愉快的情感，符合情感愉快的目的，就行了。所以，康德把艺术叫作"第二自然"。就是说，艺术虽然是人创造的，却又不能让人看出是人造的。它的目的，不能直接表露出来，而应该像自然一样，具有一种"无目的的合目的形式"，这样才能引起审美愉快。我想，这大约也就是我们中国人说的"清水出芙蓉，天然去雕饰"吧！

艺术创造是这样，审美欣赏也是这样，应该"无心于

康德说："能够构成我们评判为没有概念而普遍可传达的那种愉悦，因而构成鉴赏判断的规定根据的，没有任何别的东西，而只有对对象表象的不带任何目的（不管是主观目的还是客观目的）的主观合目的性，因而只有在对象借以被给予我们的那个表象中的合目的性的单纯形式，如果我们意识到这种形式的话。"他还说："一个不受刺激和激动的任何影响（不管它们与美的愉悦是否能结合）、因而只以形式的合目的性作为规定根据的鉴赏判断，就是一个纯粹的鉴赏判断。"

万物"。说到这里，我忽然想起来，宗白华先生把自己的文集叫作《美学散步》，其实是很有深意的。审美就是一种散步。它要的是自由、自然、自如、随意，走到哪算哪。而且，不管走到哪，都能感到美。因为它本来就没有什么目的，只是由于我们感到了愉快，才认为它好像有目的。

所以，审美不但是"由判断而生愉快"，而且是"由判断而生目的"。它原本没有什么具体的目的，也不希图从中得到什么实际上的好处，甚至当初未必想到要进行什么审美活动，然而美却在不经意间来到自己的面前，使我们愉快，让我们惊喜。因为它无意中和我们心理深层的那个"无目的的合目的形式"相符合。因此，如果说它有什么目的的话，那也不是"判断前"的，而是"判断后"的。这就叫"无目的的合目的性"。

美无利害而生愉快，非概念而又有普遍性，无目的却又无不合目的，这都说明在审美判断中有一种必然性。如果没有这个必然性，我们就讲不通它为什么会是这样。不过，这种必然性，既不是理论的（像逻辑判断那样），也不是实践的（像道德判断那样），当然更不是没有必然性（像感官判断那样），而只是心理上的一种"范式"。那它是什么呢？康德说，它就是"一切人对于一个判断的赞同的必然性"。

前面我们讲了，美和美感具有普遍性。当你感到美的时候，你也是相信、认为、要求我同感此美的。但是这可能吗？不大可能。同一个对象，有的人觉得美，有的人觉得不美；甚至你今天觉得美，明天就可能觉得不美。这是谁都知道的常识，怎么可能一切人对于同一个判断都表示赞同？不可能嘛！但是，我又要说"但是"了，但是，如果我们不这样去想，不这样去假设，也就不能审美了。为什么呢？因为如果世界上只有一个人感到某个对象美，这个美是没有意义的。不但没有意义，就连是不是美，也大成问题。因为你无法证明它是美，也无法跟别人共享和分享此美感。那么，不向别人证明它是美，也不跟别人共享和分享此美感，行不行呢？不行。因为那样一来，美感就变成其他快感，比方说变成吃东西的快感了。感官愉快是不能分享的，这就反过来证明审美愉快是必须分享的。

那么，只有几个人表示赞同，行不行呢？也不行。因为这也是靠不住的。你说吧，多少人赞同算数？十个？少点行不？七个行不行？行？五个呢？也行？三个呢？两个呢？不能再减了是吧？再减，就剩一个了。所以，我们必须在理论上逻辑上先认定一切人都可能赞同的，然后再砍价，实际上只有几个人赞同，甚至只有自己一个人觉得美。但在内心深处，在潜意识里，则是认定大家都会觉得美，都应该觉得美。也就是说，说一个对象美不美，就像说一件事情真不真一样，是要求公认其普遍有效性的。

因此，有必要为审美建立一个"主观性原理"。它不是通过概念，而是通过情感，但又像概念一样普遍有效地规定着什么使人愉快或者不愉快。

康德认为，这就是"共通感"。

共通感是审美的"先验假设前提"。这话什么意思呢？就是说，第一，它是先于经验的，是在审美之前就已经设定的，不是审美的结果。审美的结果是靠不住的。它可能是大家都觉得美，也很可能是有的人觉得美，有的人觉得不美。第二，它是一种假设，假设大家都会赞同你的感受，而并不是因为多次见到别人和你意见相同。这个"多次"也是靠不住的。只要有一次不同，不就泡汤了？所以它不是经验证

康德接着说：只有在这样一个前提下，即只有在一个不是理解为外部感觉，而是理解为出自我们自己认识能力的自由游戏之结果的共通感的前提下，才能作鉴赏判断。

明，而是先验假设。第三，它是审美的前提。就是说，在你审美之前，必须假设别人都会赞同你的感受。当然不是说我们每次审美之前都要这么假设一下。这个用不着，因为它已经先验地潜在地被设定在你的心理结构之中了。你一进入审美状态，它自然就会起作用。比方说，当我们说一个对象很美时，当我们向别人描述一个对象如何如何美的时候，我们是希望他们表示赞同呢，还是希望他们表示反对？当然是赞同，对不对？因为他们如果不赞同，我们就会失望、沮丧，甚至愤怒，说他们太没有水平，太没有鉴赏力，素质修养太差，对不对？甚至，我们在内心深处是早已认定他们会赞同的，否则我们就根本不会去讲。而且，就算我们这次碰了钉子，下回我们还会对别人讲某个对象如何如何美，我们还是会假设别人同感此美。为什么呢？就因为"一切人对于一个判断的赞同的必然性"是审美的前提。

那么，这样假设，有没有根据呢？有。这就是"人同此心，心同此理"的"理"，即人性中共通的东西，所以才叫"共通感"。为什么叫"共通感"而不叫"共通性"呢？因为它是感性的而不是理性的，是情感的而不是逻辑的。康德说："比起健全知性来，鉴赏更有权利被称为共通感；比起理智的判断力来，审美判断力更能具有共同的感觉之名称。"

但是，尽管我们可以要求、期待、希望和假设别人和我们有相同的美感，却不能规定和强迫别人同感此美。强迫别人审美，就像代替别人吃饭一样，是可笑的。啊，你不觉得愉快？那我愉快给你看，我替你愉快愉快？所以，康德告诉我们，共通感，或者说，一切人对于一个判断的赞同的必然性，"只意味着彼此一致的可能性"。

但是，这种可能性绝不是可有可无的。它是审美的前提。有了它，美才是可以共享的，而且是必须共享的；美感才是可以传达的，而且是必须传达的；艺术才是可以欣赏的，而且是必须欣赏的。你想吧，如果人与人之间根本就不存在"彼此一致的可能性"，那么，我感到美的，你就不会感到美；我向你传达我的美感，你就不会共鸣；而我创作的艺术品，你也就肯定不会欣赏了。一件艺术品如果没有任何人欣赏，它就不是艺术品。显然，如果不存在人与人之间"彼此一致的可能性"，艺术和审美就不可能存在。

所以康德说，尽管共通感只是一种假设，但它却能赋予审美判断一个权利，即其内部含有一个"应该"。也就是说，所谓共通感，不是说每个人都"将要"同意我们的判断，而是"应该"对它同意。哈，难怪艺术家脾气那么大了，难怪他们在听到不同意见时会暴跳如雷、恼羞成怒、嗤之以鼻了。因为艺术家比一般人会更强烈地感受体验到那"应该"。在他们看来，如此"应该"的东西你居然没有，实在太不应该。因此，你被骂作不懂艺术，没有审美能力，遭到艺术家或者女朋友的训斥，也就"活该"。

这就是共通感了。它虽然是一个"主观性原理"，是一个"先验假设前提"，却规定着我们的审美活动。这就是：当我们把一个事物称作美的时候，我们不仅仅是为自己这样判断着，也是为每个人这样判断着。我们这样判断，不是因为我们多次见到别人和我们意见相同，而是要求他们相同。也就是说，这个原则虽然只是主观的，但却被设想为具有普遍性的。因为它对每个人来说，都是一个必然的理念。

这就是审美的秘密，也是美的秘密。

四 美的秘密

在前面的课程里，我们已经尽可能通俗地介绍了康德关于鉴赏判断的四个契机。由此可以得出四个结论：

一、审美是一种没有任何利害关系却又使人愉快的活动，美感是唯一无利害的自由的快感，而能够产生这样一种超功利愉快的对象就是美。

二、这种愉快既不是概念，也不凭借概念，却又被假设为像概念一样具有普遍性。

三、这种愉快和判断也没有任何具体目的，只有一种主观的合目的形式。

四、既非概念，又无目的，还能普遍地和必然地使人愉快，这种普遍性和必然性就只能是一种"先验假设前提"。也就是说，这种普遍性只能是主观普遍性。

这就是康德的四个契机。契机，在德文里有"关键"的意思。那我们就再"关键"一下，从中抽出四个关键词。我想，它们应该是"超功利""非概念""无目的"和"主观普遍性"。其中最为关键的，则是"主观普遍性"。

康德提出的"主观普遍性"，解决了长期以来人们一直想不通的一个问题：美，究竟是主观的，还是客观的？一方面看，它好像是客观的；另一方面看，又好像是主观的。审美也一样。康德在"纯粹审美判断的演绎"一节中，就讲了这两个"好像"。他说，鉴赏判断要求每个人都同意，好像是客观的；但是，鉴赏判断又完全不能通过论证来规定，又好像是主观的。在"审美判断力的辩证论"这一部分，康德把它称之为"鉴赏的二律背反"。什么叫"二律背反"呢？就是说，两个命题，单独看，都是成立的，可以论证

康德的这四个契机，前两个提出了鉴赏愉快的特点，后两个则追溯到其先天根据，从而说明了鉴赏判断是想象力和知性的自由协调的活动或游戏。它所判断的是普遍可传达的愉快感，这就是美。请参看邓晓芒《〈判断力批判〉中译者序》。

关于宇宙有限与无限的"二律背反"问题，后来由爱因斯坦作了天才的解决，即"宇宙有限而无边"。

的。放在一起，却又相互排斥，相互矛盾。比方说，世界在时间上和空间上是有限的。这当然对。世界在时间上和空间上是无限的，也对。放在一起，不对！这就叫"二律背反"。

康德认为，鉴赏判断中就充满了这样的"二律背反"。比方说，对一个鉴赏判断可不可以争论？正方说，不能争论，因为鉴赏判断是非概念的。不建立在概念的基础上，争论就没有依据。你说这朵花是美的，凭什么？一个对象，你说美，我说不美，谁来裁判？我们服从谁？审美当中，有像几何学里面那样的公理吗？没有。有像民事诉讼中的法律或法官吗？也没有。那我们听谁的？谁说了算？谁说了也不算，除非请上帝来裁判。可惜上帝又不说话。"天何言哉！四时兴焉，百物生焉，天何言哉！"没有谁能裁判。

反方说，可以争论。因为谁都知道，"口之于味，有同嗜焉"。大家都同意西施是美的，钟馗是可怕的，是不是？没错，是有句话叫"情人眼里出西施，仇人眼里出钟馗"，但把情人和仇人分别叫作西施和钟馗，就说明西施和钟馗的美丑已没有争议，也说明美丑是有标准的。这标准可能叫西施，叫钟馗，也可能叫别的什么，反正不是一点谱都没有。如果一点谱都没有，每个人想怎么认为就怎么认为，说谁美谁就美，说谁丑谁就丑，那普天之下恐怕就什么都可能美，什么都可能丑。什么都是美，什么都是丑，也就没有美丑，无所谓美丑了。因此，美应该有一个标准，它也是可以争论的。

大家想想，单独看，是不是都对？放在一起，是不是矛盾？

实际上，这也正是经验派美学和理性派美学的分歧。经

康德将鉴赏判断的二律背反总结为这样两个命题：正题——鉴赏判断不是建立在概念之上的，否则就可以通过证明来决断。反题——鉴赏判断是建立在概念之上的，否则就不能要求他人必然赞同。但康德同时也指出，这两个命题其实并不冲突，因为正题的意思本来是说：鉴赏判断不是以确定的概念为根据的。反题则说，虽然不确定，毕竟建立在概念之上。康德说，这样一来，它们就没有矛盾了。

康德说："任何通过概念来规定什么是美的客观鉴赏规则都是不可能有的。因为一切出自这一来源的判断都是审美的"，"它的规定根据是主体的情感而不是客体的概念"。

验派美学认为，审美依据的只是个人的审美快感，只是一种个人主观的趣味，不存在一个普遍适用的审美标准。因为如果存在这样一个标准，我们就用不着审美了，只要拿一把尺子到处量就是。比方说，某模特浑身上下都符合"黄金分割比"，那就肯定是美的；像我这样浑身上下都不符合"黄金分割比"的，肯定不美。这个连看都不用看，量！量完了算，算完了比，由计算机来决定谁美谁不美。最后，将来科学发达了，每对夫妻都可着这尺寸生孩子，满世界都是一个模子里倒出来的大美人儿，大家说，有这事儿吗？

理性派美学则认为，鉴赏判断一定基于一个美的概念，有一个客观的审美标准，要不然，你凭什么说这朵花是美的？凭感觉？那你等于说"这朵花——啊"。实际上，当你说"这朵花是美的"的时候，你心里是有一个美的概念的，要不然你就不会这么说，不会这么判断。你说得这么理直气壮，这么斩钉截铁，说明你是认准了的。你心里有个谱，有个准星。这就是美的标准。而且，你还不是自说自话，你还要说给别人听，还希望并相信别人赞同。这说明你心目中的那个标准不是你个人的，而是大家的，是客观的。如果没有这样一个标准，如果这个标准不是客观的，那么，艺术批评和文艺评论也就毫无价值了。你想嘛，一件艺术品美不美，连个标准都没有，争那么大劲干什么？吃饱了撑的？

康德认为，这两派观点，都对，也都不对。前者完全否定了标准，否定了美感的普遍性，后者又把它们看作了客观的。康德认为，审美是有标准的，也是有普遍性的，但这个标准和普遍性，又是主观的，不是客观的。一个主观的标准怎么会有普遍性呢？想不通嘛！但审美偏偏就是这样，就是"主观而又有普遍性"。显然，要弄清楚审美的普遍性为什

康德说："不论一个理想是在何种评判的根据里，必须有一个理性的观念依照着一定的概念做根据。这观念先验地规定着目的，而对象的内在的可能性就奠基在它上面。"

实际上，在康德看来，一个鉴赏判断是否符合标准（审美理念），是可以永远争论下去的。因为这个审美理念本身就是一种永远无法实现、可望而不可即的假设。但这个假设又是绝对必要的，因为只有它才能使审美超越于一般快感之上，从而成其为审美。

么是主观的，就必须先弄清楚审美的普遍性是怎么回事。

康德告诉我们，我们必须明确，审美的普遍性不是基于经验事实。没有任何事实证明一个判断必然得到一切人的普遍赞同，也没有任何一个对象的美当真是全世界所有人都公认的。前不久看到一个材料，说是西方人选出了一个东方美女。几乎所有看过照片的中国人都大吃一惊：怎么会是这样？脸盘那么宽，嘴唇那么厚，眼睛那么小，就怀疑老外的审美能力是不是出了问题。

其实不要说中外有别，就是中国人，也未必意见一致。就说西施。西施要算是公认的美女了，可你也不能保证大家都喜欢。庄子讲过一个故事。他说有个旅店老板，有两个老婆，一个漂亮一个丑。可是旅店老板喜欢那个丑的，不喜欢那个漂亮的。人问其故，那小子说："其美者自美，吾不知其美也。其恶者自恶，吾不知其恶也。"不难想见，那小子也八成不会认为西施美的。

也许大家会说，这个不算，这个不正常，这只是一个"个案"。那我说个正常的。中国有句老话，叫"环肥燕瘦"。环，就是杨玉环，也就是杨贵妃，她是比较丰满的。白居易的诗说"春寒赐浴华清池，温泉水滑洗凝脂"，大家可以去想象她是个什么样子。燕，就是赵飞燕，汉代美女。她是比较苗条的，据说可以在手掌上跳舞。汉文化从楚文化来，所以汉人和楚人一样，以瘦为美。"楚王好细腰，宫中多饿死；吴王好剑术，国人多伤疤。"大约在吴国，脸上有疤的男人是美的；在楚国，细腰的女子是美的；在唐代，女孩子就得养胖一点了，千万别喝减肥茶。不信你看唐代的仕女图，那些美女都是双下巴。

你看，没有什么经验事实可以证明审美具有普遍性吧？

例见《庄子·山木》。

实际上康德讲得很清楚："每个人的情感和每个别人的个别情感彼此符合的客观必然性只意味着彼此一致的可能性。"

82

那么，审美普遍性的依据是什么呢？它只能是一种"先验假设前提"。也就是说，审美只是在理论上、逻辑上是有普遍性的。必须把"理论上"和"实际上"区别开来。感官判断在理论上并不要求普遍有效性，实际上却有相当广泛的一致性，比如中国菜很多人都爱吃，不是四川人也爱吃川菜等。但是，我们在逻辑上、理论上不能要求感官判断具有普遍有效性。这不可能，也没有必要。审美判断刚好相反。它实际上是主观的，却又在逻辑上、理论上要求普遍有效性。比如你的情人当然是只有你觉得美，但同时，你又认为她像西施一样，是大家都觉得美的。要不然，怎么说"情人眼里出西施"？

我看见有人在摇头了。我知道你要说什么。你想说，我的情人当然只能我觉得美，如果大家都觉得她漂亮，岂不麻烦了？是呀是呀，可是你这个"麻烦"，是功利的考虑，不是审美的考虑。你是怕第三者插足，把她抢跑了，对不对？这说明什么呢？恰恰说明你在内心深处，是认为她像西施一样，应该大家都觉得美的。要不然，我们说她是"恐龙"的时候，你生什么气？

所以，尽管美感归根结底是每个个人独特的主观感受，却又必须设想为人人共有、大家赞同的。正因为如此，我们才会这样来谈论美——"好像美是对象的一种性质而他的判断是逻辑的"。但审美判断又毕竟不是逻辑判断。康德说，草地的绿色和这绿色给人的愉快、给人的美不是一回事。绿色是客观的感觉，绿色的美却是主观的感觉，只不过被看作是客观的。也就是说，"在鉴赏判断里假设的普遍赞同的必然性是一种主观的必然性，它在共通感的前提下作为客观的东西被表象着"。

在康德看来，审美判断与逻辑判断的区别就在于：审美判断是撇开一切既定的抽象概念，单从眼前个别事物（比如一朵花）出发，去寻找和发现其中的普遍性。这种普遍性也并非属于客体和对象，而是一种"主观普遍性"，一种假设的"合目的性"，即"人人都应当从心里同意"的普遍性，这就是美感。

这话说得实在是太精辟太透彻了！也就是说，美既不是客观的，也不是主观的，也不是什么主客观的统一，而是"主观表象为客观"，是"以客观表象的形式表现出来的主观的东西"。它最为本质的特征，就是"超功利非概念无目的的主观普遍性"。

在这里，康德实际上已经把美、审美和艺术的秘密都揭开了。所以，我在读完康德的《判断力批判》后，真的想不明白为什么中国美学界还要讨论"美是客观的还是主观的"这样小儿科的问题。如果说康德那里还有什么不足的话，我看唯一成问题的也就是他那个"共通感"还来历不明。关于这一点，我将在最后一讲给大家一个交代。

五　康德给我们的启迪

在鉴赏判断里假设的普遍赞同的必然性是一种主观的必然性，它在共通感的前提下作为客观的东西被表象着，这是一个非常深刻的论断。从这里，我们可以得到很多启迪，并引出一系列的结论。

让我们从头说起。

康德认为，鉴赏判断，或者说审美判断，和其他判断最根本的区别，就在于其他判断都是对客体的判断，审美判断却是对主体的判断。康德说，如果我们要说一个对象是美的，并且以此来证明我有品味，有鉴赏力，那么，关键在什么呢？关键在于我们自己心里，在于我们能从这个表象里看出什么来，在于我们怎样评价这个表象，而不在于这个事物本身的存在。为什么呢？因为美归根结底是"以客观形式表

康德说："为了分辨某物是美的还是不美的，我们不是把表象联系着客体来认识，而是通过想象力（也许是与知性结合着的）而与主体及其愉快或不愉快相联系。所以鉴赏判断并不是认识判断，因而不是逻辑的，而是感性的（审美的）。"最后这个词，原文是ästhetisch。它可以译为感性的，也可以译为审美的。邓译为感性的，宗译为审美的。康德还指出，一个判断如果只是与主体（情感）相关，它就必定是ästhetisch（审美的）。

现出来的主观的东西"。既然归根结底是主观的，审美判断就不可能是联系于客体，而只能是联系于主体的。

审美判断既然只能是联系于主体的，那么，看一个判断是不是审美判断，看一个对象是不是审美对象，也就只看主体的态度是不是审美态度，和对象没有关系。比如一棵松树，一个科学家看见了，说这是马尾松，乔木，种子植物属。这就是科学的态度。这棵松树对于他，也就是一个认识对象。一个木匠看见了，说这树长得挺大挺粗挺直的，砍下来，可以打一口上好的棺材。这就是实用的态度。这棵松树对于他，也就是一个实用的对象。一个画家看见了，说这棵树长得多美呀，你看它多好的绿，多好的肌理呀！这就是审美的态度。这棵松树对于他，也就是一个审美对象。

这个例子朱光潜先生讲过，讲的就是审美与非审美，只与主体的态度有关，不与对象的性质相干。你用逻辑的态度去看待对象，哪怕这个对象是形象的、情感的，你的判断也是逻辑的。比如艺术批评就常常是这样。艺术品，在大家看来，当然是审美对象。但在批评家眼里，却常常会变成认识对象。因为批评家总是忍不住用所谓"行家"也就是理性的态度去看它，这个结构太松散，那一笔又是败笔，等等。结果批评家和一般欣赏者相比，往往反倒不那么容易得到审美享受。所以我总是主张，批评家在看待艺术品的时候，最好先把批评家的架子放下来，先以普通欣赏者的身份去看，看自己能不能被感动，然后再去说你的"内行话"。

当然也有相反的情况。一些审美倾向特别强的人，他即便面对一个非审美的对象，也能以审美的态度去看待，并从中看出美来。这时，这个对象哪怕是逻辑的、理性的，他的判断也是审美的。比方说看一个化学方程式，他根本看不懂，只觉得好看，你看它多整齐呀，多对称呀，这个化学方程式就变成审美对象了。徐迟先生写《哥德巴赫猜想》，把陈景润的那些数学方程式都列在上面，就是这个道理。所以，老外也可以欣赏中国书法。因为他根本用不着认识那些字。他只要从中看出气势、情趣、张力，看出美就行了。这是第一点——由于审美判断联系于主体，因此，审美与非审美的区别，仅在于主体的态度。

第二，由于审美判断联系于主体，因此，它表面上是审物（判断一个对象的美丑），实际上是审人（判断内心世界的美丑）。心中无美，则世间无美。大自然对每个人都是一视同仁的，它给予每个人的机会也都是均等的。就算你身居荒漠，身居野岭，也一样。"大漠孤烟直，长河落日圆"，难道不是美？"欲投人处宿，隔水问樵夫"，难道不是美？只要有一颗审美的心灵，那就"随所住处恒安乐"，"一丘一壑也风流"。比如柳宗元《永州八记》里面写过的小石潭，现在据说也是旅游点了。据说看过的人都说不怎么样。我相信也不会怎么样，因为它原本就不怎么样。它本来就只不过是个小石潭嘛！《小石潭记》的美，是小石潭的，也是柳宗元的，而且主要是柳宗元的。如果不是柳宗元，一个名不见经传、满不起眼的小石潭，怎么会变成旅游点？

第三，由于审美判断联系于主体，因此，美必须由主体的审美感受来确证。也就是说，你觉得美，就是美的；不觉得美，就不美。用学术语言来表述，就是：只有在主体感受到美的时候，对象对于这个主体来说才是审美对象，也才是美的。如果一个对象从来就不曾让任何人感到美，那它就不是审美对象，是不美的。不过，"不美"不等于丑，而是"非审美"。非审美和丑是两个概念。美和丑都是审美的，美的问题和丑的问题也都是美学问题，正如真与伪都是逻辑学问题、善与恶都是伦理学问题。所以世界上只有美学，没什么"丑学"。"丑学"云云其实是哗众取宠，甚至不学无术！非审美却是无所谓美丑。世界上有很多东西都是无所谓美丑的。比如数学题，你就不好说它美不美。你不能对数学老师说，老师，你怎么出这么道题，太丑了！不能这么说吧？当然，如果你从这道题里居然看出了美，那我们也只能算你有本事。这个时候，这道题对于你来说，就是审美对象了。

第四，由于审美判断联系于主体，因此，如果它和对象有什么关系的话，也只和对象的形式有关，和对象的实存无关。说得白一点，就是它只管对象是个什么样子，不管它是个什么东西。哪怕它不是东西，只要长得漂亮，就行！有一次，列宾——列宾这个人大家知道啦，是俄国著名的现实主义画家，是现实主义的，不是现代派，应该说比较靠得住——和他的一个朋友在院子里散步。大雪之后，一片银白，很是好看。可是，路边却有一泡狗尿，颇有些煞风景。朋友便用靴尖挑起雪来把它盖住。谁知列宾却当真生气了。他说，几天来他一直在欣赏这片美丽的琥珀色！其实，说穿了，所谓"艺术品"，也不过是些涂了颜料的布和纸，一些堆积起来的泥土石头和破铜烂铁。对于艺术品来说，也是只能问它是个什么样子，不能问它是个什么东西的。艺术品的价值主要在于它的特殊的形式，不在或基本不在它的材料。

第五，由于审美判断联系于主体，因此，它不是认识，不是发现，而是期待。也就是说，审美判断，与其说是审视对象是否美，判断对象是否美，不如说是希望其美，证实其美。如果不能实现这一期待，就会失望，就会因失望而愤怒，而反感，而沮丧，甚至骂娘。这在艺术欣赏中表现得特

康德美学对后来的"表现说"和"形式说"都产生巨大的影响，原因之一即在于此。

康德说："鉴赏判断本身并不假定每个人的同意。"它"只设想每个人的同意（向每个人要求这种赞同）"，并"从别人的赞成中期待着证实（期待别人赞同）"。请对照阅读宗译本和邓译本。

别明显。比方说我们去看一个画展、一部影片，或者去听一场音乐会，我们总是希望它很好，是不是？如果这个画展、这部影片、这场音乐会并不能印证我们的期待，我们就会愤怒地说，什么玩意！还艺术品呢！的确，一件艺术品如果不美，那它就什么都不是；一次审美如果不能感觉到美，那它也什么都不是。这就和法院审案不同。法庭经过审理，宣判被告无罪，这是很正常的。这时，法官不能说，什么？审了半天，原来你没罪，那我岂不是白审了？法官不能这么说，也不会这么说。因为不管被告有罪无罪，都没白审。可是，如果对象不美，那就不是什么白审不白审的问题，而是你根本就不能算是进行了一次审美活动。审美和审案，虽然都有一个"审"字，但此"审"非彼"审"，它们两个是根本不一样的。（同学举手）什么问题？（同学问，如果审美判断的结果是丑，算不算审美？）问得好！这个问题，康德好像没说，我到最后一讲来说吧！不过可以透露一点，那就是：即便审美判断的结果是丑，也是审美。因为美和丑都是审美问题，也都是审美结果。但要讲清楚这一点，必须先讲清楚什么是美，所以只好"再说"。

从上面这些推论，我们又可以得出一个什么结论呢？——审美必然具有普遍性。为什么呢？因为，你想啊，审美判断不联系于客体，只联系于主体，是不是？就算联系于客体吧，也只和它的形式有关，是不是？这就等于说，对象，客体，是帮不了我们什么忙了，对不对？岂止是帮不了忙，它是不是审美对象，也还得靠我们的美感来证明。那么，请问，我们的美感是不是美感，又靠什么来证明呢？也只有一个办法，就是靠他人的同感、他人的共鸣来证明。所以，审美判断必须先验地假设一个前提，那就是"一切

在康德看来，审美活动的意义，正是通过诉诸全人类的"共通感"，通过在人与人之间普遍交流传达情感，使个别人意识到自己特殊心灵所具有的人类普遍性；而所谓鉴赏力，则可以定义为"使情感（我们对表象的情感）不通过概念而能够普遍传达的能力"，它在现实性上就是艺术。请参看邓晓芒、易中天《黄与蓝的交响》。

人对于一个判断的赞同的必然性"，也就是康德所说的"共通感"。正是它，像概念一样普遍有效地规定着什么使人愉快，什么使人不愉快。正是它，使我们能够理直气壮地说某个对象美某个对象不美。正是它，使我们在理直气壮地说某个对象美的时候，总是期待和要求着他人的同意。也正是它，使美这个原本是主观的东西被客观地表象着。美的秘密，是不是都说清了？

而且，正因为美被客观地表象着，所以，美学史的第一个历史环节就必然是客观美学。但是，美又毕竟原本是主观的东西，因此，它又总是不可避免地要走向主观美学。美学史的秘密，是不是也说清楚了？事实上，康德以后，西方美学在整体上已由客观论转向主观论，从模仿论转向表现论，从美的哲学转向审美心理学。就连黑格尔这位最后的客观论者，也实际上放弃了"美是什么"这个问题和美的哲学，而代之以"艺术是什么"和艺术哲学。这正是康德美学革命的结果。所以，许多美学家都认为，康德的《判断力批判》远比鲍姆加登的《埃斯特惕克》重要。鲍姆加登只是美学的"教父"，康德才是美学真正的父亲。

这就是康德那个极其枯燥晦涩的美学体系中闪光的东西。康德是讲不完的。但我们也只能讲到这里为止。我希望大家听了以后真的能有收获，不要说我们辛辛苦苦讲了半天还是一无所获，那我们这次可就算是白"审"了。

第四讲　审美的研究：审美心理学

直觉 / 移情 / 心理距离 / 格式塔 / 精神分析

一　直觉

康德之后最伟大的哲学家和美学家是黑格尔。不过，在讲黑格尔之前，我们要稍微轻松一下，然后再进入那个比较沉重的话题。

也就是说，我们要先来讲一讲审美心理学。

前面说过，康德以后，西方美学在整体上已由客观论转向主观论，从模仿论转向表现论，从美的哲学转向审美心理学，并由此产生了一系列新的观点和新的学说，比如游戏说、移情说、心理距离说等。不过，这个弯子也不是一下子就转过来的。它有个过渡。比如所谓"游戏说"，就有两种。一个叫"康德—席勒游戏说"，另一个叫"斯宾塞谷鲁斯—朗格游戏说"。这两个是不一样的。前一个是哲学的，后一个才可以真正算是心理学的。这个我们以后还要再说。总之，从美的哲学，到审美心理学，有一个过渡。

处于这个过渡时期的一个最重要的人物，是意大利的哲学家和美学家克罗齐。克罗齐是康德、黑格尔之后又一位大师级的人物。在世纪初的西方世界，他的美学一度是唯一的美学。它是影响最大的，也是争议最大和最受误解的。因为克罗齐是一个过渡人物，是西方传统美学真正的终结者和西方现代美学的创始人，这就命中注定他两边不讨好。保守的人讨厌他的新潮，前卫的人又嫌他过时。

那么，克罗齐最主要的美学观点是什么呢？

作为从传统美学到现代美学的一个过渡，克罗齐"把一切美学学说全部压缩在一个小坚果的硬壳之中"，这个小坚果就是"直觉"。什么是"直觉"？在克罗齐那里，直觉就是概念形成之前的思维阶段。克罗齐认为，人的精神活动可

克罗齐能够成为这样一个伟大人物，很大程度上由于他是一个历史学家。很少有人像他那样具有如此深刻的历史感，而几乎每个中国学者都知道并津津乐道于他的那句名言："一切真正的历史都是当代史。"

克罗齐是直觉主义美学最重要的代表，也是表现主义美学最完整的哲学表述者。在他那里，表现的内容和表现的形式达到了统一，从而使客体和主体、欣赏和创造、美和艺术也达到了统一，而把它们统一起来的就是直觉。

以分为认识和实践两种。这是最基本的。然后，它们又可以再分一次。认识活动可以分为直觉活动和逻辑活动，实践活动可以分为功利活动和道德活动。它们都有自己的价值判断标准，也都有自己对应的精神门类或精神部门。我现在把它们一一写在黑板上，大家一看就会明白。

直觉	认识活动	对于特殊事物的认识	艺术与审美	美丑
逻辑	认识活动	对于一般事物的认识	科学与哲学	真假
功利	实践活动	对于特殊目的的追求	经济学	利害
道德	实践活动	对于一般目的的追求	伦理学	善恶

这样看，很清楚吧？不过我们要说明一下，就是克罗齐说的这四种活动，不是平行并列的。它们之间有个逻辑关系，就是后一个活动依赖于前一个活动，前一个活动相对独立于后一个活动。比方说，直觉可以没有逻辑，逻辑却必须以直觉为前提；功利可以没有道德，道德却必须以功利为前提。直觉是逻辑的前提，功利是道德的前提，认识是实践的前提。这样，道德就是最高的阶段。当人的精神活动达到道德阶段时，事情是不是就完了呢？没完。这个时候，道德又将变成新一轮精神活动中直觉的前提。这样步步高升，永无止境。这大体上就是克罗齐的哲学观点。

所以，克罗齐美学观点的第一句话，就是"审美即直觉"。

审美作为直觉，有什么特点呢？第一个是"独立"。因为在同一个系统中，直觉是不需要前提的，因此审美也就是一个相对独立的精神活动。第二个是"静观"。因为审美不是实践活动，不需要行动。第三个是"直接"。因为审美不

在1909年出版的《作为纯粹概念的科学的逻辑学》一书中，克罗齐提出了一个精神活动四种形式首尾相接的"圆环"概念。根据这个概念，精神活动的所有级次和形式都互为前提，既是开端也是末端。

是逻辑活动，不需要分析和推理。其实直觉之所以叫直觉，就因为直接。不直接，就不好叫"直觉"了。所以审美的这三个特点，一般地说没什么问题。

但是在克罗齐这里，审美还有第四个特点，那就是"创造"。因为克罗齐的美学观点还有两句话："直觉即表现，表现即创造"，加起来就是"审美即直觉，直觉即表现，表现即创造"。说"审美即直觉"，这个大家都比较好理解。审美当然是直觉了。我们看见一个对象，总是刹那间就做出了美丑的判断，谁还会拿尺子量拿计算器算不成？但要说"直觉即表现"，好像就有点问题了。直觉，不是认识对象吗？怎么成表现自我了呢？再说，如果"审美即直觉，直觉即表现，表现即创造"，那么，没有表现力，没有创造力，岂不是就不能审美？相反，如果我们审美了，那岂不是说我们也在表现，也在创造，也变成艺术家了？

这正是克罗齐颇受误解之处，但也是克罗齐美学的高明之处。

首先，我们要搞清楚，在克罗齐那里，审美可不等于看东西。看东西得到的只是感觉，而不是直觉。当然，直觉也是要以感觉为前提的，但直觉不等于感觉。比如我们看一片绿色的草地，如果你只是看到了绿，那你就只有感觉；如果你从这绿色里看出了美，那就是另一回事了。这时，你就同时有了表现，有了创造。为什么面对同一片风景，艺术家和我们看到的东西不一样？就因为"看法"不同。艺术家的"看"，是直觉；我们的"看"，是感觉。所以，永州那个小石潭，我们左看右看不怎么样，柳宗元却看出了美。有人问莱昂纳多·达·芬奇，说画画的人那么多，为什么只有你是大师？莱昂纳多回答说，要学会用眼睛看。这话很多人不

其实，在克罗齐看来，人人都是艺术家，只不过有人自觉有人不自觉，有人动手有人不动手而已。

李斯托威尔这样阐述克罗齐的观点："直觉就是表现，而且除了表现之外，其他什么也不是了。准此而论，关于自然美，人就像神话中泉边的纳西瑟斯（意谓顾影自怜）。"（李斯托威尔《近代美学史评述》）

懂。用眼睛看，什么意思嘛？难道我们以前是用鼻子看的？但如果用克罗齐的话来讲，意思就清楚了，那就是：不要用感觉，要用直觉。在看的时候，要表现，要创造。没有表现力和创造性的看，不是艺术家的看，也不是审美的看。

艺术家就是审美直觉能力特别强的人。他们总是能看到我们看不到的东西。塞尚曾这样说莫奈：他用一只眼睛看世界，但那是一只什么样的眼睛啊！王尔德则用诗一样的语言说，如果不是因为印象派，我们怎么会知道那奇妙的棕黄色的雾爬进了我们的街市，模糊了煤气灯，并把那房屋化成了怪影幢幢？的确，在印象派以前，没有人用这样的眼光看世界。印象派教会了我们"看"，教会了我们用眼睛。

印象派"看见"的，也就是他们画出来的。或者说，他们画出来的，就是他们"看见"的。所以，直觉就是表现。而且，除了表现之外，什么都不是。在克罗齐看来，把直觉和表现分割开来，根本就是不可能的。克罗齐说，我们如何真能对一个几何图形有直觉？除非能马上把它画出来。相反，如果你不能把西西里岛蜿蜒曲折的轮廓画出来，那么，你对西西里岛就没有直觉。所以，直觉和表现，在时间上一定是同步的，在本质上也一定是一致的。每一个直觉同时也是表现。没有表现，也就没有直觉。

这就也有些"哥白尼式革命"的味道了。在克罗齐以前，大家都认为，直觉，我们是有的，而且有的是，只是缺少技巧，说不出来。克罗齐认为，大错特错！克罗齐说，好些人都说他们有的是伟大的思想，只可惜表现不出来。但如果他们当真有伟大的思想，哪有表现不出来的？我很赞同克罗齐的这个说法。我们知道，语言是思想的直接现实。你思想，总要用语言，是不是？你用语言思想，你在思想的同时

克罗齐说："每一个真正的直觉或表象同时也是表现。没有在表现中对象化了的东西就不是直觉或表象，就还只是感受和自然的事实。心灵只有借助造作、赋形和表现才能直觉。"（克罗齐《美学原理·美学纲要》）

就有语言了，怎么会表现不出来？结论只有一个，你根本就没有思想！

在直觉和表现的这种同一中，创作和欣赏的界限消失了。欣赏就是在内心进行艺术创作，创作则是在内心进行欣赏，只不过创作较之欣赏，多了一道动手的工序而已。

同样，在克罗齐看来，当你有直觉的时候，你就有表现了，除非你根本就没有什么直觉！如果我理解不错的话，克罗齐的意思，是人只能在一定的表现形式中直觉。举个中国的例子，比如王维的诗："大漠孤烟直，长河落日圆"，"欲投人处宿，隔水问樵夫"。这几句诗，按照王夫之的说法，都是诗人当下即得的审美直觉。王夫之说："长河落日圆，初无定景；隔水问樵夫，初非想得。则禅家所谓现量也。"现量的现，是现在、现成、显现真实的意思。所以王夫之的"现量"，和克罗齐的"直觉"很是相似。王夫之说，这几句诗，既不是过去的经验，也不是凭空的妄想，而是诗人面对审美对象时的瞬间直觉。用王夫之的话说，就是"一触即觉，不假思量"，这不是直觉是什么？但是，如果王维说不出"长河落日圆"，说不出"隔水问樵夫"，他能算有此直觉吗？恐怕顶多有些感觉而已。

所以，只要是直觉，那它就一定是审美的。或者反过来说也一样，只有到达审美的层次，直觉才是直觉。为什么呢？因为"直觉即表现"。直觉在产生的时候，就已经有了自己独特的表现形式。没有这样一个表现形式，也就等于没有直觉。因此，不但"直觉即表现"，而且"表现即创造"。因为直觉和表现是不可分割的。一个直觉既然是独特的，那么，它的表现形式就一定也是独特的。独特的形式只能是创造的结果，所以"表现即创造"。

西方历史上那些伟大的美学家往往长于思辨和推理，拙于艺术和审美（康德是典型）。像克罗齐这样集高超的艺术鉴赏和深邃的哲学思辨于一身的人，即便不是绝无仅有，至少也是凤毛麟角。

不知道大家听了以后感觉如何，就我自己而言，我觉得克罗齐的这个观点是相当深刻的。不过，他的这种深刻和康德的深刻不同。理解康德，要有哲学修养；理解克罗齐，则要有艺术经验。据我自己的经验，语言，形式，绝不仅仅只是一个表达问题，或者技巧问题。它确实是和思想、和直觉同步的。在找到最合适直觉的语言和形式之前，我们并不能真正地思想和直觉。这是我的经验之谈，本来不告诉别人的，现在说出来算了。

事实上最欢迎克罗齐的也是艺术家。因为从克罗齐这里，我们不但可以得出"艺术即直觉"的结论，还可以得出"艺术即表现""艺术即形式"的结论。这些都是艺术家和有艺术家气质的理论家爱听爱说，容易接受的，尽管他们未必真正理解克罗齐。但我想一个美学家有此影响也就蛮够了。是理解还是误解，管他呢！

二　移情

认真说来，克罗齐的美学，还不是严格意义上的审美心理学，尽管它的核心——直觉，看起来像是一个心理学的名词。但我们只要看看前面列出的那张表，就知道克罗齐讲的还是哲学。

真正算得上是审美心理学而又影响最大的，首先是"移情说"。主要的代表人物，有德国的费舍尔父子、洛采、魏朗、立普斯、谷鲁斯、伏尔盖特，英国的浮龙·李和法国的巴希。最先提出"移情"概念的是罗伯特·费舍尔，而把"移情说"发展成一个系统的美学理论的，则是立普斯。

立普斯和康德一样，也认为美感是一种愉快的情感，但并非所有愉快的情感都是美感。他认为愉快的情感有三种。一种是外物引起的，一种是精神引起的，还有一种是通过移

"移情说"在自己的发展中经历了一个从生理学到心理学、从实验心理学到内省心理学、从内省心理学到人的哲学的深化过程。谷鲁斯和浮龙·李代表第一阶段，立普斯代表第二阶段，伏尔盖特则使之上升到对人的本质和世界目的的哲学思考。

情在外物那里感受到的。只有第三种愉快的情感才是美感。所以，移情是审美的关键。

那么，什么是移情呢？移情又叫"移感""输感"，也就是把主体的情感"移入"或者"输入"对象。移情学派认为，审美实际上就是一个移情的过程。在这个过程中，主体凝神观照对象，在不知不觉中将主体的情感"移入"或者"输入"对象，结果就使自我变成了对象，对象变成了自我。这时，我们就会觉得这个对象是美的，而这样一种"主客默契，物我同一"的境界，也就是审美的境界。

这样说，很抽象，我们还是举个例子。

比如庄子。庄子这个人，大家是知道的。他有个朋友，叫惠施，惠子。这两个人碰到一起，就要抬杠。有一天，庄子和惠子在桥上看鱼。那时候没有什么工业污染，水是很清的。庄子看见鱼，很高兴，就说："从容出游，是鱼之乐也！"惠子说，你又不是鱼，怎么知道鱼是快乐的？庄子就说，你又不是我，怎么就知道我不知道鱼是快乐的？惠子说，对呀！正因为我不是你，所以我不知道你。同样，你不是鱼，当然也不知道鱼。

其实，庄子和惠子从一开始，就是两股道上跑的车。惠子的态度是认识的，而庄子的态度是审美的。既然是认识，就有一个认识是否可能和如何可能的问题。也就是说，你说鱼是快乐的，那你是怎么认识到的？快乐，是每个人的个人体验，别人怎么能够认识？当然，一般地说，一个人快乐不快乐，我们还是能够知道的，比方说看他的表情。但是鱼并没有表情。再说也有心里面快乐脸上不表现出来的。总之，惠子其实是提出了一个哲学问题，那就是个体的体验是否能为他人认识。从认识论的角度看，这个问题是有意义的。

立普斯说："审美的欣赏并非对于一个对象的欣赏，而是对于一个自我的欣赏。""在它里面，我感到愉快的自我和使我感到愉快的对象并不是分割开来成为两回事，这两方面都是同一个我，即直接经验到的自我。"见朱光潜《西方美学史》下卷。

98

问题在于庄子的态度不是认识的，而是审美的。因此，所谓"鱼之乐也"，就不是科学结论，而是审美体验。那么，庄子又是怎么体验到"鱼之乐"的呢？移情。也就是说，鱼，是不是快乐，其实我们是不知道的，而且也不重要。重要的是庄子是快乐的。因为庄子自己快乐，所以，当他凝神观照鱼的时候，就不知不觉将自己的快乐"移"到了鱼身上，结果就觉得鱼是快乐的了。这就叫"移情"。

移情是艺术和审美当中十分常见的现象。比如我们中国人喜欢讲的"仁者乐山，智者乐水""喜气画兰，怒气画竹"，还有《诗经》中的"昔我往矣，杨柳依依"，都是。杜牧有两句诗："蜡烛有心还惜别，替人垂泪到天明"，很有名的，很美，很感人，但不"科学"。因为蜡烛并没有"心"，也不懂得"惜别"。只要把它点燃了，它就"流泪"。你离别的时候它流，你结婚的时候它也流。所谓"替人垂泪到天明"，只是我们的"自作多情"。但在文学艺术创作中，不"自作多情"是不行的。你不"自作多情"，生活就没有意思，自然也就不美了。天鹅为什么美？因为它"优雅"。荷花为什么美？因为它"高贵"。熊猫为什么可爱？因为它"憨态可掬"。腊梅为什么可敬？因为它"傲雪凌霜"。其实，自然界原本无所谓优雅不优雅，高贵不高贵。熊猫并不觉得自己憨，梅花也不是存心要和冰雪较劲。高贵也好，优雅也好，憨态可掬也好，傲雪凌霜也好，这些品质或性质，都是人赋予它们的，是移情的结果。

当然，移情也是要有条件的。比如，面对一只癞蛤蟆，你就无法"移入"高贵的情感。我们也很难说鸭子是"优雅"的，芦苇是"刚强"的。你顶多只能说鸭子是"质朴"的，芦苇是"坚韧"的。可见对象的形式是移情的条件。

对自然界"自作多情"是万无一失的，因为不会"多情却被无情恼"。

这个我们以后还要再说。不过，最重要的恐怕还是主体的态度。比如小草，你可以说它是卑贱的、渺小的、微不足道的，也可以说它是平凡而可歌可泣的。"没有花香，没有树高，我是一棵无人知道的小草。从不忧伤，从不烦恼，你看我的伙伴遍及天涯海角"，这不是也很感人吗？

唯其如此，美在本质上是主观的。

其实，一个对象美不美，很大程度上取决于我们的情感态度。所谓"儿不嫌母丑，狗不嫌家贫"，所谓"情人眼里出西施"，讲的都是这个道理。比方说，你爱上了你们班上的一个女同学，那你一定会觉得她是很美丽的，哪怕她的腿全班最短，眼睛全班最小，脸上的青春痘全班最多，你也会觉得她是一个漂亮女孩。为什么呢？移情嘛！因为你已经把你的爱"移入"了对象，对象会因爱的"移入"而美。

实际上，移情不但在现实审美和艺术创作中屡见不鲜，而且在艺术欣赏中也不可或缺。至少是，懂得了移情的原理，就能更好地欣赏艺术。比如杜甫的两句诗："感时花溅泪，恨别鸟惊心"，历来就有不同的解释。争议就在于，是谁流泪，是谁惊心？一派说是诗人。诗人因为痛感国破家亡，因此看见花开并不高兴，而是泪流满面；听见鸟叫并不欣喜，而是胆战心惊。另一派说是花鸟。你看，连花鸟都流泪，都哀鸣，可见天怒人怨！这两种说法都有道理，但如果用"移情说"来解释，就能把它们统一起来。怎么解释呢？就是因为痛感国破家亡，因此看见花开并不高兴，而是泪流满面，并且看见花儿也在因此而流泪；听见鸟叫并不欣喜，而是胆战心惊，并且听见鸟儿也在因此而哀鸣。也就是说，诗人和花都在泪流满面，诗人和鸟都在胆战心惊。因为在移情的过程中，主体和对象是同一的。主体就是对象，对象就是主体。因此，诗人就是花鸟，花鸟就是诗人，不存在是谁流泪、是谁惊心的问题。同样，毛泽东的两句诗"更喜岷山千里雪，三军过后尽开颜"，也不存在是红军开颜还是雪山开颜的问题，而是红军和雪山一齐开颜。

移情不但是艺术和审美中常见的现象，也是日常生活中常见的现象。比如一个小孩子说"小猫咪真淘气"就是。所以也有人把移情称为"拟人"。移情和拟人确实很相像，也有关系，因为它们都是把对象看作人。所以移情和拟人往往是难解难分的。比如，"狗在大街上昂首阔步"，是拟人中有移情；"狮子威严的吼声响彻山谷"，是移情中有拟人。但认真说来，移情和拟人是不同的。拟人是修辞手法，移情是审美态度；拟人是在想象中把非人对象的外部特征和人的外部特征联系起来，移情则是在体验中把自己的情感赋予对象。拟人所拟之人可以是他人，移情所移之情必须是自己。拟人只能用于非人的对象，移情的对象则可以是非人的，也可以是人。所以，它们两个是不一样的。

拟人有两种，即修辞学的和哲学的。哲学意义上的拟人是指那种把对象看作自我的心理功能，它是一切科学和艺术活动的前提。请参看邓晓芒、易中天《黄与蓝的交响》第五章第二节有关论述。

移情也不等于联想。联想只能"唤起"情感，不能"移入"情感。比方说，你看见老朋友画的一幅画，从而想起了故去的他，很难过。这就是联想。这个时候，画面上有什么，是不重要的。相反，如果是移情，那么，这幅画是谁画的，并不重要，重要的是画面上的色彩、线条、构图会使你移入什么情感。总之，联想是"睹物思人"，移情是"物我同一"；联想是"由此及彼"，移情是"推己及人"。它们两个也是不一样的。

现在我们大体上已经搞清楚什么是移情了，它就是在审美活动中主体将情感移入对象从而体验到物我同一的心理过程。这是很符合我们的审美经验，尤其是很符合我们中国人审美经验的。因为中国美学喜欢讲"天人合一""情景合一"。"情景合一"可以说是中国美学尤其是中国诗学的要义。那么，情和景为什么能"合一"？就因为移情。《文心雕龙·物色》篇说："山沓水匝，树杂云合。目既往还，心亦吐纳。春日迟迟，秋风飒飒。情往似赠，兴来如答。"所谓"情往似赠"，就是将情感移入对象，而"兴来如答"则是因移情而获得了美感，获得了审美意象。这可以说是一种古老的"移情说"。

"移情说"因为和我们的审美经验相符合，因此它成功地成为20世纪初被普遍承认的美学理论。英国美学家李斯托威尔的《近代美学史评述》就是这么说的。在这本书里，"移情说"占了很大的篇幅。顺便说一句，李斯托威尔的这本《近代美学史评述》，是我们学习美学史的一部重要的参考书，蒋孔阳先生的译笔也非常好，大家应该找来看一看。

不过，"移情说"虽然大得人心，却也不是没有问题的。比方说，在移情学派那里，移情往往被说成是一种"情感的外射"，从罗伯特·费舍尔到朱光潜，都是这么说的。但我们知道，人心并不是一盏灯，它的光芒怎么可能"外射"？这个我不明白。还有，"移情说"强调的是主客默契，物我同一，自我就是对象，对象就是自我。那么，当我们面对风暴或者不幸，并把自己置身于其中，和对象同一时，我们体验到的只应该是恐惧和悲哀，怎么会感到美呢？如果我们当真感到了美，那又是什么原因呢？

这就只能用另一种审美心理学理论来解释。这种理论，就是"心理距离说"。

李斯托威尔说："其所以这样，一半是由于它对整个心理学方法的挑战所激起的反应，一半也由于它在心理学的美学家中间所获得的声誉和喜爱。"

三 心理距离

心理距离说是英国著名的心理学家、剑桥大学教授布洛提出来的。布洛认为，在审美活动中，只有当主体和对象之间保持着一种恰如其分的"心理距离"时，对象对于主体才可能是美的。这个观点，就叫作"心理距离说"。

还是先举个例子来说明。

布洛举的例子是海雾。海雾是美的还是不美的？这要看你是谁，站在什么地方。如果你是船长、水手、乘客，正在船上，那么，海雾对于你来说就不是美的。不但不美，而且恐怖。你想吧，你乘坐的轮船在一片茫然和死寂中漂浮，不知彼岸何在，前途何在，是凶是吉，哪里还会有美感？但如果你是在岸上，就两样了。那海天之间的茫茫大雾，对于你来说就是一个难得的美景和奇观。海岸、礁石、灯塔，都在乳白色的纱幕中若隐若现。朦胧中，一艘轮船缓缓驶来，不是很美吗？那么，为什么你的感受会和船上的人不同呢？为什么那灾难性的海雾对于你来说是美的呢？因为有了距离。所谓"有了距离"，不是说你就不在雾中，海雾和你隔得老远。不是这个意思，而是说，哪怕那海雾近在眼前，它和你也是没有利害关系的。你和它之间只不过是在意识上有了距离，因此叫"心理距离"。

我想大家马上就明白了。所谓"心理距离"，说白了，就是"超功利"。或者说，就是康德所说的"无利害而生愉快"。不过康德和布洛的角度不同。康德强调的是，在一切愉快当中只有审美愉快是超功利的；布洛强调的则是，只有当主体和对象之间没有利害关系时，才可能产生审美愉快。所以，并不是所有站在岸上的人都会觉得海雾是美的。这个

李斯托威尔说："这种距离，既不是空间上的，也不是时间上的，而纯粹是精神上的。""正是这样一个特点，使得美感经验不同于愉快，不同于有用，不同于对科学价值和伦理价值的追求。对象本身变成了目的，而不再是达到快乐、达到实用目的、达到真理，或者达到道德理想的手段了。"

人如果是船员乘客的亲属，那么，他感到的就只会是恐惧和焦虑。

　　所以，有距离，就是超功利。只不过，我们意识不到超功利，只是觉得是有距离。有了距离，我们就可以没有任何心理负担地雾里看花，隔岸观火，黄鹤楼上看翻船。实际上，我们能够"隔岸观火"，就因为隔着岸。如果大火烧到了家门口，还能袖手旁观？同样，我们能够看灾难片、武打片，也因为那灾难和打斗和我们是没有关系的。事不关己，高高挂起。高高挂起，才能慢慢观赏。大家都说武打片好看，某某大侠一个耳光扇过去，那小子就原地转了三个圈，好看好看！当然好看了，反正挨打的不是你！

　　其实，即便是我们自己遭遇的灾难、痛苦、恐惧、不幸，只要有距离，也可以把它当作审美对象来看待。比方说，一个人在野地里遇到了狼，这是很恐怖的。你想啊，一个人在荒郊野地里走，黑灯瞎火，前不着村后不着店的，突然看见了狼的眼睛，还不把魂都吓掉了？可是，这并不妨碍你在脱险之后眉飞色舞地向朋友们讲述你的"遇险记"。如果你的口才好，讲得绘声绘色惟妙惟肖，让听的人一个个都如同身临其境，那你的讲述实际上就是一件艺术品了，至少是口头文学作品。为什么呢？为什么可以这样呢？因为这时你和那恐怖的事件之间已经有了距离。首先是有了时间的距离——那已经是过去的事情了。其次是有了空间的距离——你已经不在现场了。最重要的是，有了心理的距离——你已经不害怕了。如果你一想起来还是怕得浑身发抖，那你是讲不成的。就算能讲，也一定没有艺术性。所以鲁迅先生说，长歌当哭，要在痛定之后。为什么要在痛定之后呢？因为痛定之后才有距离，也才能长歌。诗，正如华兹华斯所说，是

"在平静中回味到的情感"。

所以呀，距离是审美的前提，审美的条件。美丽的事物，往往都或者有点"遥远"，或者有点"陌生"。原始艺术之所以美，多半因其遥远；异国风光之所以美，则多半因其陌生。比如一个原始工艺品，一个陶罐，可能是很粗糙的，也不是什么大师的作品，还缺了个口子，但我们觉得它很美，因为它很遥远。当然，原始艺术品让我们觉得美，还有别的原因。比方说，它的造型和纹饰表现出一种原始的、野性的生命活力。但是，我们可以做一个实验。我们照着做一个这样的陶罐，同样的造型和纹饰，不过做得崭新崭新的，也没有缺口，我们可能就觉得不那么美了，因为它不那么遥远了。还有，这个陶罐刚刚出土的时候，和一大堆乱七八糟的东西混在一起的时候，除考古学家知道它的价值以外，一般人多半也会不当回事。只有当它被陈列在博物馆里，下面加了底座，上面打着灯光，外面罩着玻璃的时候，我们才会觉得它真是其美无比。因为在这个时候，距离感比考古现场更强了。底座、灯光、玻璃，都在暗示和强调这里陈列的，是十分遥远的东西。

我们还可以设想一下，如果从古到今，我们使用的都是这样的陶罐，我们会不会觉得它美呢？恐怕就很难。我们千里迢迢跑到异国他乡去旅游，一个边远山区的村寨和小镇会使我们激动不已，但对于当地居民来说，这些景观实在是司空见惯，乏善可陈。他们反倒可能会觉得我们这里好看得多。朱光潜先生在《悲剧心理学》一书中说："近而熟悉的事物往往显得平常、庸俗甚至丑陋。但把它们放在一定距离之外，以超然的精神看待它们，则可能变得奇特、动人甚至美丽。"这就是距离的作用。

《悲剧心理学》是朱光潜先生在法国用英文写作的博士论文，斯特拉斯堡大学出版社出版，后由人民文学出版社于1983年出版，张隆溪译。我一直认为，这是朱先生最好的一部美学著作，最近已重版，建议大家阅读。

事实上，我们在进行审美活动之前，不管有意无意，都要设置距离。比如看戏。我们知道，戏剧里面表演的，并不都是美的、愉快的，也有丑的、不愉快的，而且还不少。那我们为什么还能安坐不动地静观其变呢？就因为我们和戏剧中的事件之间有距离。用朱光潜先生的话说，就是当我们走进剧场时，那一张小小的戏票已经剪断了我们和现实之间的联系，距离已经预设好了。另外，舞台、灯光、道具、化装、幕布等，也都在有意无意地设置着距离。我们知道，一般地说，在剧场里，在戏剧演出的时候，舞台总是要高一些，观众席的灯光总是要暗一些，演员们说话也总是拿腔拿调，叫作"舞台腔"。这当然首先是为了便于观看，但同时也起着一种暗示作用，暗示我们看到的一切都是假的，是虚拟的，和我们的现实生活有距离的，别太当真。只有这样，我们才能以一种审美的态度来观赏戏剧。这就是"距离的设置"。

距离是审美的前提，而距离的丧失也就意味着美感的消失。我们在日常生活中常常会看到这样的现象，夫妻两个，谈恋爱时好得难舍难分，一结婚就吵架。为什么呢？因为谈恋爱时，他们两个之间是有距离的。双方都有点神秘感，也都在尽量表现自己，当然是表现自己好的方面啦！一结婚，不要说心理距离，就连生理距离也没有了。所有的缺点毛病，都暴露无遗，还有不吵架的？

可见，距离这个东西，是很容易丧失的，也是会变化的。还说看戏。看戏的时候，一开始大家的头脑还是清楚的，知道是在看戏。但是看着看着，有些人就会激动起来，把审美的距离忘得一干二净。这个时候，就会出问题了。比方说，冲上台去大叫"别打了，血流得够多的了"，或者一斧头把演坏蛋的演员劈死。这在布洛那里，就叫"距离的变化"。

距离会变化，这是没有办法的事，因为这距离毕竟是"心理距离"。心理变了，距离就会变。同样，对象变了，距离也会变。比如开玩笑，如果开过了头，就不好笑了。不但不好笑，还会恼羞成怒，翻脸。当然，如果对方是一个开不起玩笑的人，也一样。可见，距离的丧失，有主客观两个方面的原因。但不管怎么说，也不管怎么变，距离都是不可没有的。丧失距离，即等于丧失美感，这就叫"距离的极限"。

那么，有了距离，是不是就一定有美感呢？也不一定。距离太大，同样没有美感。这也是那些理性太强的人的通病。尤其是我们这些搞文艺理论的人，坐在那里，看戏看电影，一面看一面分析，这个镜头不错，那个是败笔，结果根本不能"入戏"，也就丧失了审美的可能。这就是距离太大造成的后果，布洛称之为"超距"，也叫"距离过度"。前面说的那种把艺术混同于现实，则是距离太小，叫"差距"，也叫"距离不足"。布洛认为，"距离不足"多半由于欣赏者的过失，"距离过度"则多半由于艺术品的缺陷。也就是说，一件艺术品让人觉得太熟悉，固然不行；太陌生，看不懂，一副拒人千里之外的样子，也不行。最好是有几分亲切又有几分新奇，既不太熟悉也不太陌生。总之，审美不但要有距离，还要掌握分寸，太大太小都不合适，这就叫"距离的尺度"。

距离之所以要有尺度、分寸，是因为审美距离本身就是一个矛盾。我们知道，并不是所有和我们有距离的对象都是美的，也不是掌握好分寸就一定美。那些和我们毫不相干的

这个说法似乎和前面说的"事不关己，高高挂起。高高挂起，才能慢慢观赏"相矛盾，其实不然。准确的说法是：审美对象既非毫不相干，又无直接利害。

107

东西，是不会给我们美感的。毫不相干的东西，我们看都不会看它一眼，怎么会觉得它美？事实上，但凡使我们感到美的对象，几乎无不与我们息息相关。大家想想，最能使我们产生美感的是什么？第一是艺术品，其次是自然界。为什么呢？因为艺术品表现的，是人类普遍共同的情感和主题，比如爱与死。自然界则是人类赖以生存的环境。它们都是和我们"切身"的。正因为"切身"我们才会关注，也才有一个判断它们美不美的问题。所以布洛指出，审美距离的设置，绝不意味着"自我与对象之间的联系被打破到与个人无关的程度"。恰恰相反，对象和我们之间的关系，越是切身，越是情感浓烈，越是能引起我们的同情，就越是能产生美感。也就是说，审美主体和审美对象之间的关系，必须是既有距离又切身的，是"有距离的切身"，或者"切身而又有距离"。

这就矛盾。所以布洛把这一条原理，称作"距离的矛盾"。它和"距离的设置""距离的变化""距离的极限""距离的尺度"一起，构成了布洛"心理距离说"的全部内容。其中最有价值的，朱光潜先生认为是"距离的矛盾"。是呀，又要切身，又要有距离，这到底是怎么回事？为什么单单切身还不行，还要有距离？有了距离之后，还能切身吗？切身和距离之间究竟是什么关系？这些都是值得我们思考的问题。但这些问题我就不讲了，请同学们下课以后回去想。

布洛"心理距离说"在西方曾盛极一时，接着就遭到实用主义美学的强烈对抗。请参看本书附录三。

四　格式塔

前面我们讲了"移情说"和"心理距离说"。我们看到，这两种学说在解释审美心理现象的时候，是有一定道理的，可以讲得通，和我们的审美经验也相契合。所以，它们也曾风靡一时。但也有人表示不满意，认为它们不是真正从心理学出发的研究成果，而只是对审美心理的一种直观性的描述或设定，算不上地道的审美心理学。因此，后来一些美学家就不怎么注意它们了。这些主张要有"地道的审美心理学"的美学家喜欢讲的，主要是实验心理学、格式塔心理学和精神分析心理学。

实验心理学，我们在前面已经讲过了，这里先讲格式塔心理学。

格式塔（Gestalt）是一个德文名词。它的含义有两个。一个是"形式"，所以格式塔心理学又叫"形式心理学"。另一个是"完形"，所以格式塔心理学又叫"完形心理学"。不管哪种意义，都是反对冯特心理学的。冯特这个人，我们要稍微讲一下。他是现代心理学的创始人。他创立实验心理学的1862年，或者他在莱比锡建立心理学实验室的1879年，被看作是现代科学心理学的生日。冯特为什么了不起呢？因为他使心理学变成了"科学"。我们知道，在冯特之前，我们对于人类心理的研究，都是猜测性的描述性的。比如我们为什么会觉得一个对象美呢？是因为我们把情感移入了，或者是因为我们和它有距离。这就没什么"科学依据"。冯特却把这个研究搬进了实验室，对人的各种感觉——视觉啦，听觉啦，触觉啦，味觉啦，嗅觉啦，分门别类一一进行实验，然后得出各种数据，再根据这些数据来解

格式塔心理学1912年诞生于德国，代表人物为惠太海默（维台默）、苛勒和考夫卡。格式塔心理学以马哈的"经验批判论"和胡塞尔的"现象学"为哲学基础，引进物理学的"场"概念而建立，强调经验和行为的整体性，反对构造主义和行为主义心理学，认为整体不等于部分之和，意识不等于感觉之和，行为也不等于反射弧之和，主张任何心理现象都是整体，都是完形，都是格式塔。

释心理现象。所以，冯特的心理学，又叫作"元素主义"和"构造主义"心理学。

但是到了1912年前后，就有两个运动起来反对冯特。一个是美国的行为主义，另一个就是格式塔。格式塔把冯特的"元素主义"和"构造主义"讥讽地称为"砖头和灰泥的心理学"。什么意思呢？意思就是说，盖房子当然要用砖头和灰泥，但砖头和灰泥并不等于建筑物。我们要研究一个建筑，光琢磨那砖头和灰泥是不行的，把对砖头和灰泥的研究结果加起来也不行。因为建筑并不简单地等于砖头和灰泥之和。它是一个整体，一个完形。我们只能把它当作一个整体和完形来研究。同样，任何心理现象也都是完形，不能人为地拆分为元素。砖头和灰泥变成建筑物以后就不再是砖头和灰泥了，三条直线结合在一起也不再是线，而是形，三角形。总之，整体不等于部分之和。当许多单个物结合在一起时，便会突然出现一个新的事物，一个新的格式塔。许多单个的音集合在一起就成为乐句，许多乐句集合在一起就成为乐段，许多乐段集合在一起就成为乐曲。我们欣赏音乐，欣赏的是乐曲，而不是单个的音。同样，我们欣赏绘画，欣赏的也是整个画面，而不是单个的色彩和线条。所以，冯特的"元素主义"和"构造主义"是没有意义的。重要的不是"元素"和"构造"，而是完形，是格式塔。

这就是格式塔心理学的基本要义。不过这些，和美学的关系还不是很大。

关系大的是他们的"同构说"。

什么叫"同构说"呢？格式塔心理学认为，任何一个现象都是一个完形（一个格式塔），任何完形都有一个内部张力结构，也叫"力的样式"。当两个现象的内部张力结构或者力的样式相同时，它们之间就存在着一种关系，这个关系就叫"同构对应"，也叫"同形同构""异质同构"。为什么叫"同构"呢？因为内部张力结构相同。那为什么叫"同形同构""异质同构"呢？因为如果内部张力结构相同，就是相同的完形，因此"同形"。但这两个现象的"质"却可以不同。比方说，一个是物理现象，一个是心理现象，因此是"异质"。"异质"也可以"同构"，这是格式塔心理学的重要发现。

那么，这个发现对于我们来说又有什么意义呢？意义就在于格式塔心理学认为，在艺术和艺术作品中，情感和形式在本质上是一种同构关系。比如刘禹锡的诗："晴空一鹤排云上，便引诗情到碧霄。"排云而上的鹤为什么是美的呢？就因为它振翅高举、矫健凌厉的那种姿势，以及冲天而起的那种动态，和诗人昂扬向上、奋发有为的心理结构是相同的。同样，为什么"仁者乐山，智者乐水"呢？就因为山的沉稳结构和仁者的心理结构相同，水的流动结构则和智者的心理结构相同。总之，自然事物也好，艺术形式也好，都是格式塔，都有自己的张力结构，或者说力的样式。这些张力结构或者力的样式，和人类情感的张力结构或者力的样式在本质上没什么不同。因此，一个自然事物，或者一个艺术形式，如果和我们的情感同形同构，我们就会以为它们也具有了人类情感的性质。

这就一下子把"移情说"给颠覆了。原来，"昔我往矣，杨柳依依"，不是因为"移情"，而是因为"同构"。移情，确实是比较难讲的。杨柳又不是人，你怎么把情移给它？同构则有可能。你我不同质，还不能同构吗？比如葡萄藤，是拉拉扯扯的。我的心，也是恋恋不舍的。这就同构。

于是就有了这样的诗："枝枝蔓蔓多情手，拉住我的心儿不让走。"

实际上，这种同构关系早就用在艺术创作中了。比如"撩乱春愁如柳絮"，比如"恰似一江春水向东流"，比如"试问闲愁都几许？一川烟草，满城风絮，梅子黄时雨"，都是。我们知道，情感，是每个人内心深处的东西。它看不见，也摸不着。要想在人与人之间普遍传达，让他人体验到自己的情感，就只有把它表现出来。怎么表现？干巴巴地讲，是不行的。干巴巴地讲，别人并不感动，也不同情，没有共鸣，等于没有表现。再说，也未必讲得清。因为你很可能连自己都不知道"心里是什么滋味"。那又怎么办呢？中国美学主张的办法，是"立象尽意"。也就是说，概念性的语言说不清，那就让形象来说话。你问我这闲情闲愁闲恨有多少？唉，那满地如烟如雾的青草呀，那满城随风飞扬的柳絮呀，那黄梅季节渐渐沥沥下个没完的小雨呀！

在这里，诗人一共用了三个意象来回答：烟草、风絮、梅子黄时雨。为什么要用这三个意象呢？一种解释说，是因为它们"多"。烟草、风絮、梅雨，都是极多之物。另一种解释说，是因为它们"久"。"一川烟草"，是在二三月间；"满城风絮"，是在三四月间；"梅子黄时雨"，则是在四五月间，可不是长久？但我认为这些解释都不得要领。真正的原因还是在于同构。我们先要弄清楚诗人所谓"闲愁"或者"闲情"是个什么东西。是他看见了一个女孩子，惊为天人，一见钟情。原本以为她会向自己走来的，谁知道"凌波不过横塘路"，走着走着那女孩子掉转了头，和他"拜拜"了，诗人也就只好"但目送，芳尘去"。至于这个女孩子姓甚名谁，家住何方，青春年华，谁与同度，也都是不晓得的事。晓得这些事情的，大约只有春光（"只有春知处"）。但尽管如此，诗人还是念念不忘，想入非非，由此而生闲愁闲恨。可见这"闲情"，是一种真实、美丽，带着无比惆怅和淡淡哀愁，又说不清、道不明，无可名状，还有些莫名其妙的爱情。它的同构物，当然也就只能是像烟草、风絮、梅雨这样又多、又小、又轻、又琐细，还如丝如缕、没完没了的东西。因为这些东西的张力结构和诗人情感的张力结构是一样的。张力结构包括方向和强度。"晴空一鹤排云上，便引诗情到碧霄"，主要是方向相同。"一川烟草，满城风絮，梅子黄时雨"，则主要是强度相同。可见，同构现象早就存在于艺术活动之中，但把它揭示出来并建立起一种美学理论，却是格式塔心理学的功劳。

格式塔心理学认为，关注自然事物和艺术形式的张力结构，是艺术家的"天性"和"天职"。艺术家看问题，和科学家、和一般人是不同的。比如松、柳、鹰、莺，这四样东西，怎么分类呢？科学家和一般人肯定会把松和柳归为一类，鹰和莺归为一类，因为松和柳是植物，鹰和莺是动物。但是艺术家却会把松和鹰归为一类，柳和莺归为一类，因为松和鹰表现的都是阳刚之美，柳和莺则都表现了阴柔之美。这个例子朱光潜先生讲过，他用来讲一个道理：主体的态度不同，对象的性质也不同。科学家的态度是认识的，松、柳、鹰、莺就是认识对象；艺术家的态度是审美的，松、柳、鹰、莺就是审美对象。但如果站在格式塔心理学的立场上，我们就可以得出另一种解释：艺术家之所以会把松和鹰归为一类，柳和莺归为一类，就因为松和鹰，或者柳和莺，它们虽不同质，却同构。所以，松柏、雄鹰，还有其他阳刚的美感为一类，杨柳、黄莺，还有其他阴柔的美感为另

格式塔心理学在美学方面的代表人物是阿恩海姆。他认为人类的知觉构成了一个"知觉力场"。它既是生理场，又是心理场。当一个对象的结构在大脑皮层引起了"场效应"，也就是打破了神经系统的平衡、激起了生理场的对抗倾向时，就在知觉力中建立了一个"力的基本结构模式"；而当这一模式达到某种平衡时，就产生美感。

一类。

实际上，艺术家的工作就是为人类情感找到它的同构对应物，欣赏者的任务也只是通过这些同构对应物唤起相应的情感，其他的反应和理解都是多余的，非艺术的。比如我们看一幅画，如果看到的只是一些具体图像和文学故事，说这是鱼，那是虾，这个是基督那个是犹大，这就等于只是看了"热闹"。只有从色彩、线条、笔触中体验到艺术家的情感，才是看了"门道"。从这个角度讲，抽象绘画较之具象绘画，是更纯粹和更直接的艺术。

格式塔心理学在解释艺术现象尤其是解释音乐、舞蹈、建筑、抽象绘画等抽象艺术方面确实有它的独到之处。但是格式塔心理学也不是没有问题的。比方说，尽管他们使用了大量的科学方法和科学名词，张力啦，能量啦，生理短路啦，大脑力场啦，单细胞录音技术啦，等等，但我们对它那个"内部张力结构"还是觉得神秘兮兮，不得要领。艺术和审美毕竟是极其复杂的心理现象，太过简单的解释总是难免会有些问题。就说春风中飘拂的杨柳，它的张力结构应该是一样的吧？但是它既可以对应依依不舍（"昔我往矣，杨柳依依"），又可以对应意气风发（"春风杨柳万千条，六亿神州尽舜尧"），还可以对应万般无奈（"杨柳夜寒犹自舞，鸳鸯风急不成眠"），你说这是什么事？不把这些问题都琢磨透了，美学的难题就还是不能解决。

五　精神分析

如果说格式塔心理学注意到了审美心理的整体性，那么，精神分析心理学则注意到了它的深层性。

说起精神分析心理学，大家可能比较熟悉。不就是弗洛伊德吗！没错，主要是弗洛伊德，但还包括一些别的人。不过创始人是弗洛伊德。那么，有谁知道弗洛伊德和其他西方心理学家有什么区别？有谁知道他们之间最明显的区别是什么？一个很明显也很重要的区别，是其他心理学家都是学院派，都是在大学里当教授的，唯有弗洛伊德不是。他是个医生。这说明什么呢？说明精神分析心理学是在实践中产生，并经过实践检验被证明部分是真理的学说。悬念大师希区柯克的名作《爱德华大夫》，我想大家可能都看过的，讲的就是这样一个故事。

精神分析也是上两个世纪影响最大的心理学派别。很多人可能不知道联想主义、构造主义、机能主义、行为主义，不知道实验心理学、冯特、格式塔，但很少有人不知道精神分析，不知道弗洛伊德。这里面当然有很多原因。比方说，在同时代和不同时代的心理学家中，弗洛伊德是挨骂最多的。挨骂的原因，当然是他的"泛性论"。什么叫作"泛性论"呢？就是把所有的心理和行为，都解释为性。你想，像他这样"胡说八道"，还有不挨骂的？不过，骂他的人很多，拥护他的人也很多。许多艺术家就很拥护他。如果这位艺术家还具有歇斯底里的气质和桀骜不驯的性格，那就更喜欢他了。据说有一位超现实主义画家还拿着自己的作品去给弗洛伊德看，说我画的就是你说的"无意识"。谁知道弗洛伊德却不领情，说无意识就是意识不到的东西。你画都画出来了，还是无意识吗？

由此可见，弗洛伊德其实是很受误解的。但是我们知道，真正深刻的思想家和艺术家往往都要受到误解。"都云

精神分析是现代西方最重要的心理学流派之一，产生于19纪末，创始人弗洛伊德，开始时是关于精神病的一种病理研究和治疗方法，后来扩展到社会生活的各个领域，发展为一种无所不包的心理学体系和人生哲学。

作者痴，谁解其中味？"当然要被误解，也就难免挨骂。不过挨骂也未必是坏事，至少能帮你出名。而且，小骂还不行，得大骂，最好是骂得满世界都知道，这样你就出名了。

当然，弗洛伊德享有盛誉的真正原因，不是因为挨骂，而是因为他在心理学的领域内进行了一场"哥白尼式的革命"。我们知道，西方文化中有一种理性主义的传统，人被定义为"理性的动物"，"一切都必须在理性的法庭面前为自己的存在作辩护或者放弃存在的权利"（恩格斯语）。可是弗洛伊德却通过他的研究告诉我们，人是理性的，也是非理性的。他的思想和行为不但受理性和意识的支配，还受非理性和无意识的支配。而且，意识不过只是露出水面的小小的冰山一角，在水面之下，也就是在"意识阈"以下，还存在着广大而深邃的世界，一个未被阳光照亮的黑暗王国，一个原始冲动、各种本能、被压抑的欲望和过去经验的大仓库，一个贮存心理能量的地方和一口沸腾着本能和欲望的大锅。这就是无意识的领域。

弗洛伊德认为，无意识是人的根，这个根就是人的生命本能，包括他前期提出的"性本能"和他后期提出的"生的本能""死的本能"。本能以及与本能有关的欲望和冲动，由于不能见容于风俗、习惯、道德、法律，就被意识压抑和排挤到意识阈下面去了。可是它们并没有被消灭，而且还在持续活动，只不过是在无意识领域里活动，变成了"情结"。"情结"又叫"情意综"，是精神分析心理学的专用名词，主要有"俄狄浦斯情结"（恋母情结）和"伊莱克特拉情结"（恋父情结）等。实际上，"情结"这个词现在已经被广泛地运用着，只不过主要用来指那些念念不忘、耿耿于怀的记忆和愿望。比如现在许多地方都有俄罗斯餐厅和

弗洛伊德虽然以"非理性"和"无意识"为研究对象，但他的研究本身却是理性和有意识的。而且，他正是从唯科学主义出发，试图给非理性一个理性和科学的严密界定，寻找非理性的客观机制和规律。

116

知青餐厅，就因为许多人有"俄罗斯情结"或者"知青情结"。这也可以看出弗洛伊德的学说是何等深入人心。

弗洛伊德认为，情结，是每个人都有的，只不过表现程度不同，存在方式不同，活动能量不同。它们或者出现在遗忘的状态中，或者出现在笔误和口误中，或者出现在白日的幻想和夜晚的梦寐中，或者出现在各种各样的艺术活动和精神病病态中。其中，表现最强烈的是两种人。一个是艺术家，还有一个就是精神病人。为什么呢？因为他们都是"被过分嚣张的本能需要所驱策前进的人"。他们内心深处无意识的能量特别大。我们要搞清楚，所谓"无意识"，不是什么都没有，只不过是被压抑在艺术阈以下。但压下去了不等于被消灭了。相反，正因为被压在下面，它还特别想冒上来。不是有句话叫"哪里有压迫哪里就有反抗"吗？精神领域也一样。何况，无意识领域里的东西，原本就比意识阈以上的多，哪里压得住？这就只有两个办法。一是找到一个口子，把它放出去，再就是继续憋，然后憋出病来。艺术家就是找到了口子的人，精神病人则是憋出了病来的。或者说，艺术家找到的口子是合适的，精神病人找到的则不合适，是乱开口子。所以前者叫作"升华"，后者则叫"犯病"。二者之间，其实相差无几，只有一步之遥。

不要以为艺术家听了这话会生气。也有不生气的。西班牙超现实主义大师萨尔瓦多·达利就不生气。他曾自豪地宣布："我和疯子的唯一区别就是我不疯。"他当然没有疯啦，他是艺术家嘛！不过，在许多人看来，他不疯其实比疯了还难以接受。

现在我们大体上知道什么是艺术了。什么是艺术呢？在弗洛伊德看来，艺术就是无意识的升华，或者说，就是那些

在弗洛伊德看来，艺术就是人的无意识的象征表现，是人的本能欲望的变相满足和化妆，是人的普遍的"求看和求被看"的本能冲动的升华。

由于弗洛伊德的学说确实易受误解，也确有不妥和可以讨论之处，他的两个得意门生阿德勒和荣格便分别于1911年和1914年离开了他，另立门户。这两个人后来的影响也不亚于弗洛伊德。

乖戾的、被强烈压抑着的欲望、本能和情结在想象中的具体实现。艺术家在艺术品中表现了他的无意识，欣赏者则通过对艺术品的观赏，宣泄了自己的无意识。他们都得到了升华。所以，我们实在要感谢艺术，感谢艺术家。没有艺术和艺术家，我们这个找不到出路的世界，就会变成疯人院了。

艺术是无意识的升华，而且，这个升华和表现本身也是无意识的。这一点往往被论者所忽略，其实同样重要。因为无意识之所以叫无意识，就因为我们意识不到。既意识不到我们有没有无意识，当然也意识不到它的宣泄或者升华。所以，艺术创作一定是无意识的。至于这种无意识的宣泄为什么不是发疯而是艺术，不是犯病而是升华，我们就不得而知了，大约是赶巧了吧！要不就只能归结为个人的气质和天赋。按照个人气质天赋的不同，一些精神分析心理学家把人分为三类：梦幻者、艺术家和精神病人。梦幻者的无意识能量不是很大，他们做梦就行了。精神病人无意识的能量最大，又没有什么宣泄的好办法，所以非发疯不可。还有一点不同的是，梦幻者无法而且也没有把自己的无意识变成他人可以看见的具体现实。精神病人倒是做到了，但他们的做法又不能为人们所接受。只有艺术家，"懂得怎样把他的白日梦幻加以苦心经营，从而使之失去那种刺人耳朵的个人的音调，变得对旁人来说也是可供欣赏的。他也懂得怎样把它们加以充分的改造，以致它们那种来自禁域的根源不容易被人觉察到"。"当他做了这一切，他就给旁人打开了一条路，让他们回到自己舒服而又安适的、快乐的、无意识的根源中去，并从而得到他们的感激和赞赏。"弗洛伊德的这段话，很能代表他的艺术观。

尽管弗洛伊德把艺术家视同精神病人，他的观点还是得到了不少艺术家和艺术理论家的赞同。有些人赞同艺术表现的是无意识，有些人则赞同艺术的表现本身是无意识的。一位作家说，艺术家创作就像母鸡下蛋，连想都不用想。另一位理论家则讲了一个故事来讽刺那些主张理性的人。他说，多脚虫有五十条腿，麻雀只有两条，所以麻雀很嫉妒多脚虫。有一天，麻雀不怀好意地说，请问尊敬的多脚虫先生，当你的第一条腿抬起来的时候，你的第四十九条腿在干什么呢？多脚虫从来没有想过这个问题，就歪着头去想。结果呢？结果大家是知道的——多脚虫不会走路了。

最后我们还要再讲一点，就是弗洛伊德不但研究了艺术创作和艺术欣赏，还研究了艺术批评。结论也很简单，艺术既然是无意识的升华，那么，艺术批评就是对艺术作品中的无意识进行精神分析。在这方面，弗洛伊德倒是身体力行了的。他分析了莎士比亚的名著《哈姆雷特》。哈姆雷特的故事大家很熟悉啦，就是哈姆雷特的叔叔把哈姆雷特的父亲谋杀了，然后娶哈姆雷特的母亲为妻。这个事戏剧一开始就交代了，谁都清楚，剩下的事情就是复仇，所以《哈姆雷特》又叫《王子复仇记》。这事看起来很简单，至少在我们中国人看来很简单。杀父之仇，夺妻之恨，岂能不报？可是，哈姆雷特却几次三番地下不了手。为什么呢？弗洛伊德说，就因为哈姆雷特有"俄狄浦斯情结"，也就是"恋母情结"。他自己在内心深处，也是想杀父娶母的，而他的叔叔帮他把这个愿望实现了。因此哈姆雷特感到的不是仇恨，而是"内疚"。当然这篇文章不是弗洛伊德写的，是一个名叫欧内斯特·琼斯的追随者写的。但却是弗洛伊德提议，由这位琼斯博士执笔的。再说弗洛伊德自己是分析过古希腊名剧《俄狄浦斯王》的。在他看来，剧中"杀父娶母"的所谓"神意"，其实是剧作家索福克勒斯、同时也是我们每个人的欲望，只不过被索福克勒斯拐弯抹角地说了出来而已。请大家想想，这是不是"岂有此理"，我们想过这事吗？

康德以后的审美心理学主要就是这几种。当然，这并不能代表所有的审美研究和主观美学，更不能代表全部西方现代美学。有一些重要的理论，比如表现论、游戏论，我们会在"艺术的研究"一讲中去介绍。还有一些，比如桑塔耶那的"快乐论"，闵斯特堡的"孤立论"，就不讲了。有兴趣的同学，可以自己去看书。下一次课，我们要回到西方古典美学。也就是说，要讲黑格尔。不过我要事先打招呼，黑格尔美学是很枯燥的。恩格斯在1891年写信给斯米特说，为消遣计，我劝你读一读黑格尔的《美学》。不过在我看来，这种消遣，我们可消遣不起。因为读黑格尔的《美学》，其实就是读他的哲学。对哲学没有兴趣的，也可以不听，等我讲完黑格尔再来。

也请参看本书附录三。

第五讲　艺术的研究：黑格尔

一　美学，还是艺术哲学

同学们，我们知道，从毕达哥拉斯起，西方美学沿着"美是什么"这条路，走了两千多年，最后由鲍姆加登在1750年出版的一本*Ästhetik*作了了结。此后，西方美学就开始分岔了，走上了不同的道路。在康德那里，美学的基本问题由"美是什么"变成了"审美是什么"，美的研究也变成了审美的研究；而在黑格尔这里，"美是什么"则变成了"艺术是什么"，美的研究也变成了艺术的研究。

关于这一点，黑格尔自己倒是说得十分清楚。黑格尔在他的《美学》这本书里面，一开始就说"Ästhetik"（埃斯特惕克）这个名称是不准确的，准确的名称应该是Kallistik（卡力斯惕克）。因为"Ästhetik"的意思是"研究感性的科学"，翻译过来就是"感性学"；而kallos在希腊文里面就是"美"，因此研究美的科学就应该叫作Kallistik，翻译过来就是"美学"。但是黑格尔认为这个名称也不对头。为什么呢？因为在黑格尔看来，美学研究的并非一般的美，而只是艺术的美。所以，黑格尔认为，美学的"正当名称"，应该是"艺术哲学"，或者说，"美的艺术的哲学"。

这就等于把美学的研究方向扭过来了。我们知道，艺术和美有着不解之缘，但艺术毕竟不等于美，美也不等于艺术。把美学命名为"艺术哲学"，这不能不说是一个重要的转变。当然，这个转变还是比较好接受的，因为美学的传统中历来就包含艺术的研究。比如在古希腊，毕达哥拉斯、苏格拉底、柏拉图，算是"美的研究"。亚里士多德，就是"艺术的研究"了。亚里士多德的主要美学著作是《诗学》，其实也就是"艺术学"，因为他那个"诗"，是包括

黑格尔的《美学》原本是他在海德堡大学和柏林大学授课的讲义，他去世后由霍托根据作者亲笔所写提纲和听课者的笔记整理出版，国内有朱光潜先生的译本，商务印书馆出版，共三卷四册。黑格尔的这部著作是"艺术哲学"，书名却叫《美学》；丹纳的著作叫《艺术哲学》却其实是艺术社会学。可见名实并不一定相符。

史诗、悲剧等多种艺术成分在内的，和我们现在理解的诗并不一样。这也是古代社会的通例，就是各艺术门类不怎么分家，通用一个名称。比如中国上古时代的"乐"，就不是纯粹的音乐，而是熔文学、音乐、舞蹈于一炉，诗、乐、舞三位一体的东西，也许应该叫作"综艺"。所以中国古代的《乐经》《乐论》《乐记》等，也不是"音乐学"，或者不简单的只是"音乐学"，而是"艺术学"。

希腊有《诗学》，中国有《乐记》，这说明美学一开始就包含着艺术的研究。不过，认真说来，亚里士多德的《诗学》也好，荀子的《乐论》也好，或者《礼记》当中的《乐记》也好，都还只是"一般艺术学"，顶多其中有些哲学意味罢了。黑格尔的美学却是"艺术哲学"。"艺术哲学"这个名称，就把黑格尔美学和其他美学、艺术学区别开来了。第一，它的研究对象不是美，或不是一般的美，而是艺术或艺术的美；第二，它不是一般艺术学，而是艺术哲学。所以，要搞清楚黑格尔的美学，就要先搞清楚他的哲学。

我们知道，黑格尔是德国古典哲学的巨匠。他在历史哲学、法哲学、宗教哲学、哲学史和美学各个领域都起到了划时代的作用。美国有个现代哲学家，叫怀特。他在《分析的时代》一书中说："几乎二十世纪每一种重要的哲学运动都是以攻击那位思想庞杂而声名显赫的德国教授的观点开始的。这实际上是对他加以特别显著的颂扬。"怀特接着说："我这里指的是黑格尔。"

这当然是对黑格尔"特别显著的颂扬"。你想呀，一门学科，或者一种运动，要向前发展，就非得批判某一个人，把他"打倒"，从他身上跨过去，这个人还了得吗？黑格尔就是这样一个人。他是站在一个很高很高的历史高度，站在

朱光潜先生认为，马克思主义之前，最重要的美学著作是亚里士多德的《诗学》和黑格尔的《美学》，这说明朱先生在美学家中是偏重艺术的研究的。

黑格尔认为艺术哲学的任务，是阐明"美一般说来究竟是什么，它如何体现在实际艺术作品里"。

当时时代精神的制高点上来俯瞰整个西方哲学的。结果，就把古典哲学发展到了顶峰。这样，要实现哲学和美学从古典到现代的转变，就非批判黑格尔不可。

那么，黑格尔最大的历史功绩是什么呢？就在于他改变了人们的世界观。什么是世界观呢？就是对世界的看法。我们知道，在黑格尔之前，人们看待世界的观点，基本上是孤立的、静止的、一成不变的。在他们看来，世界是一个一成不变的"事物的集合体"，也就是一大堆事物集合在一起。当然，事物和事物之间是有联系的。但这种联系，不过是一架钟表当中齿轮和齿轮的关系，或者发条、指针和齿轮的关系。自从上帝拧了发条以后，它就这样了，而且一直就是这样准时准点地走着。

可是这个观点到了康德那里就有了变化。康德一开始他的科学生涯，就把这架钟表变成了一个过程，即"由星云团转变成太阳系"的过程。不过康德只讲了太阳系，黑格尔却把整个自然的、历史的和精神的世界都描写为一个过程。在黑格尔看来，世界与其说是"一大堆事物"，不如说是"一系列过程"。它有发生、发展，也有终结、消亡。没有一个东西、一件事情是一成不变的，而是无不处在不断的运动、变化、转变和发展之中。打个比方，在黑格尔之前，世界是一架钟表，过去这样走，现在也这样走；而在黑格尔这里，世界是一棵树，过去是种子，是萌芽，现在枝繁叶茂，将来则要死亡。

更重要的是，黑格尔不但肯定世界是在运动和发展的，而且他还企图揭示这种运动和发展的内在联系。什么联系呢？逻辑的联系。就是说，一个事物之所以要产生，是因为它有这种一定会产生出来的必然性。这种必然性决定了它一

对此，恩格斯在《反杜林论》一书中作了高度评价。恩格斯说："自然界的一切归根到底是辩证地而不是形而上学地发生的。""因此，要精确地描述宇宙、宇宙的发展和人类的发展，以及这种发展在人们头脑中的反映，就只有用辩证的方法。""这种近代德国哲学在黑格尔的体系中达到了顶峰，在这个体系中，黑格尔第一次——这是他的巨大功绩——把整个自然的、历史的和精神的世界描写为一个过程，即把它描写为处在不断的运动、变化、转变和发展中，并试图揭示这种运动和发展的内在联系。"恩格斯甚至在《路德维希·费尔巴哈和德国古典哲学的终结》中把黑格尔的这一思想称为"一个伟大的基本思想"。

定会产生，而且一定会朝某个方向变化，最后变成别的东西。这个必然性就是逻辑，这个发生、发展、终结、消亡的过程就是历史。历史是由逻辑决定的，而且是对应的，这就叫"逻辑与历史相一致"。

于是，黑格尔就在西方哲学史上第一次天才地、创造性地把世界描述成一个"逻辑与历史相一致"的过程。具体地说，就是绝对理念通过自我否定和自我确定实现自我认识的过程。艺术，则是这个过程中的一个环节。所以，我们要弄清楚黑格尔的美学，就要先弄清什么是绝对理念，它又如何通过自我否定和自我确定实现自我认识。

什么是理念？黑格尔对理念有一个定义。他说："一般说来，理念不是别的，就是概念，概念所代表的实在，以及这二者的统一。"这句话一共三个内容。一个是"概念"，一个是"概念所代表的实在"，还有一个是它们的统一。我们不要简单地看待这个定义。他这个定义和一般的定义是不一样的，他这个定义中的三个内容也不是平行并列的。因为他这个定义本身就是一个过程，即肯定、否定、否定之否定，也叫正、反、合。

首先是"正题"，即"概念"。概念是绝对理念的抽象状态。它在理论上、在逻辑上是"有"，或者说，"应该有"，在事实上却又是"无"，是"没有"。因此，它是片面的、不真实的。这就必须否定。用什么来否定呢？用"概念所代表的实在"。"实在"为什么能否定概念呢？因为它和概念刚好相反。概念是理论上"有"，实在是实际上"有"；概念是抽象普遍的，实在则是具体个别的。所以"实在"能够否定"概念"。而且，"实在"也一定要出来否定"概念"。因为概念虽然在事实上是"无"，但在理论上却朱光潜先生在他所译《美学》中对黑格尔的辩证法作了一个长注。朱光潜先生说："概念本身就含有体现它的实际客观存在，单是概念还只是抽象的普遍性，个别客观存在也还是抽象的特殊性，二者统一才成为含有普遍性的具体特殊事物，即否定了原来的抽象的片面的普遍性和特殊性，却又在较高阶段保存了双方的本质，这才是真实，才是理念。这个过程第一步是否定，即事物本身的对立面否定事物本身的片面性。第二步是否定的否定，即双方统一又否定了对立面的片面性，理体现于事，事表现了理，相反相成。黑格尔把这个过程称为Aufheben，含有'弃'与'扬'两层意思。'弃'是否定，'扬'是否定的否定，即'自肯定'。黑格尔又把这过程分为正（事物本身）、反（对立面）、合（统一）三阶段。他又把'合'叫作'矛盾的解决'，又叫作'和解'。"

又是"有"，是"应该有"。因此，只要有某个概念，就一定会有与之相对应的"实在"，这就叫"凡是合理的都是现实的"。"实在"既然是从概念的那个"应该"中产生出来的，那么，它对概念的否定，也就只不过是绝对理念的自我否定。这就是"反题"。

抽象的概念变成具体的实在以后，它的片面性就被克服了。所以，概念变成实在，既是绝对理念的自我否定，也是它的自我确定。但是事情还没有完。因为"实在"也是片面的、不真实的。它只有感性，只有具体，只有个别，所以它还要被再否定一次，把它的片面性否定掉。这就是"否定之否定"，也就是"合题"。合题就是"概念与实在的统一"。它是概念的再次自我否定，同时也是它真正的自我确定。在这个阶段，概念和实在的片面性都被克服了，而它们的特性，比如概念的普遍性和实在的个别性，则得到了肯定。作为"合题"，它既不是片面的抽象，也不是片面的具体，而是"抽象具体"，因此叫作"绝对理念"，也叫"绝对精神"。

在黑格尔看来，世界的本质就是客观存在着的、不断运动着的绝对理念。它在自身的运动中"外化"出各种现象。先是自然界，然后是人类社会，最后是人的精神。这当然很"在理"。因为绝对理念要自我实现，首先就得自我否定。绝对理念既然是精神性的，那么，最能否定它的就只能是最具有物质性的东西，这就是自然界。但是，绝对理念否定自己的目的，是自我认识和自我实现。因此，它还必须向自身复归。而且，它的复归，只能实现于人的精神活动之中。所以，绝对理念自我运动的三个阶段，就只能是自然界、人类社会和人的精神，也只能在人的精神中复归到自身。

不过，绝对理念在人的精神中的复归也不是一蹴而就的。它也经历了三个历史阶段或者说三种形式，这就是艺术、宗教和哲学。为什么首先是艺术呢？因为在一开始，人还不能自由地思考，绝对理念也只能借助一定的物质形式把自己感性地显现出来。在这个时候，人们看到的只是感性事物的形式，我们对绝对理念的认识也还只是一种感性认识。"在这种认识里绝对理念成为观照和感觉的对象"。这就是艺术，也就是美。因为艺术就是用感性的形象把真实呈现于意识，而审美则是对事物的感性形式进行观照。所以，黑格尔便很"顺理成章"地得出了一个结论：美就是绝对理念的感性显现。当然，这里说的美，是"艺术美"，或"美的艺术"，因为自然界是不可能认识绝对理念的。

二 美是绝对理念的感性显现

黑格尔的这个观点很容易被误解。尤其是我们中国人，很容易地就会把这个"绝对理念"想象和理解为一个人格神，一个有意识和意志的存在物。它这样变那样变，先变成自然界，然后变成人类社会，最后变成人的精神，变回它自己，像个"变形金刚"。所以我们得讲清楚，黑格尔不是这个意思。他讲世界是"绝对理念通过自我否定和自我确定实现自我认识的过程"，并不是说有一个什么叫作"绝对理念"的东西在那里变来变去。不是的。他只是想要证明"历史中有一种发展，有一种内在联系"，他只是想把这种联系说出来。我们知道，就像恩格斯所说的那样，黑格尔和其他哲学家有一个很大的不同，就是在他的思维方式当中，有一种"巨大的历史感"作基础。他是"第一个想证明历史中有一种发展、有一种内在联系的人"。作为一个哲学家，他讲的联系，当然只能是一种逻辑的东西。也就是说，世界只不过在逻辑上是"绝对理念自我实现的过程"。他只是在讲逻辑，讲道理，就像毕达哥拉斯他们把世界都最终地归结为数与数的关系一样。世界最终可以归结为数与数的关系，并不等于世界就是上帝在做数学游戏，一不小心算错一道题，就整出个癌症来。

所以，当黑格尔讲到具体的问题，比如讲到艺术的时候，他注重的，就是人和人的主体性、能动性、创造性了。

就说艺术。

人为什么要有艺术呢？黑格尔说："艺术的普遍而绝对的需要是由于人是一种能思考的意识。"这一句话里面其实包含了三个意思。第一，艺术的需要是普遍的。就是说，不是哪一个人或者某些人需要艺术，而是大家都需要。第二，艺术的需要是绝对的。就是说，不是可要可不要，而是一定要。既普遍，又绝对，那就不是偶然的而是必然的了。也就是说，艺术出现在我们这个世界上，有一种必然性。在黑格尔看来，这种必然性不在别的地方，就在人这里，就在于"人是一种能思考的意识"。这是黑格尔这句话的第三个意思。

人是一种能思考的意识，这是什么意思呢？这就是说，人是有意识的，他能够进行思考。所以，他不像自然事物那样只是自然而然地存在着，他还要复现自己，观照自己，认识自己，思考自己。这是人不同于自然的地方。只有人才有这种需要，也只有人才有这种能力，动物就没有。你什么时候看见一只猫或者一条狗思考自己的？它们也不会观照自

黑格尔说："自然界事物只是直接的，一次的，而人作为心灵却复现他自己，因为他首先作为自然物而存在，其次他还为自己而存在，观照自己，认识自己，思考自己。只有通过这种自为的存在，人才是心灵。"

己。所有的动物都不会照镜子。一只猫在镜子里面看见了自己，它会以为那是另一只猫。它会走上前去打招呼，或者扑上去撕咬，要不然就是视而不见，不把那镜子里的形象看作一只猫。当然，也更不会认为那是它自己。这说明动物没有观照和认识自己的需要和能力，当然也更谈不上复现自己和思考自己。

那么，人为什么能观照自己，认识自己，思考自己，复现自己呢？因为人有自我意识。什么是自我意识？简单地说，就是能够把自我当作对象来看待的心理能力。能够把自我当作对象来看待，也就意味着人能够把自己"一分为二"，一个在这边，一个在对面。这样一来，人就可以照镜子了。因为镜子里面的那个"人"无非是另一个"我"，一个可以当作对象来看待的"我"罢了。

人不但能够观照自己，而且还能够复现自己。借用现代术语来说，就是"拷贝"和"克隆"自己。比方说，画一张自画像，或者拍一张照片。其实，也不一定要画自画像或者拍照片。在黑格尔看来，但凡是在一个对象上刻下内心生活烙印的行为，都是人的自我复现。黑格尔举了一个有名的例子。他说，一个小男孩站在河边，把一颗石子扔进河里，河面上就会出现许多圆圈。这时，这个小男孩就会"以惊奇的神色去看水中所现的圆圈，觉得这是一个作品"。为什么会觉得这是一个作品呢？因为"在这作品中他看出他自己活动的结果"。换句话说，这个小男孩用这种最简单的方法在一个对象上复现了自己。

这个例子之所以重要，就因为它实际上把黑格尔哲学的秘密说出来了。黑格尔哲学的核心是绝对理念。对于绝对理念能够通过自我否定和自我确定实现自我认识这一点，我们总是很难想通。但如果把"绝对理念"换成"人"，换成"自我意识"，也许就好懂多了。就说这个小男孩。当他刚刚站在河边什么都还没做的时候，他不过就是一个单纯的"我"而已。他当然有自我意识，但有和没有也没什么两样。因为他这个"我"，他的自我意识，还没有得到确证。不过，他既然已经有了自我意识，这个"我"就一定会要求得到证明。于是，他就把石子扔进河里去了。这个动作如果是无意识的，当然没什么所谓。但如果是有意识的，那就意味着他把自己"对象化"了。对象化就是把自我变成对象，变成一个可以面对面观照的对象。水面上的那些圆圈就是这样一个对象，就是这个小男孩内心生活的对象化。小男孩的内心生活或者自我意识本来是精神的内心深处的，现在变成物质的外部世界了，当然是"自我否定"。小男孩的内心生活或者自我意识本来是无形的没有着落的，现在变成有形有着落的了，因此也是"自我确定"。更重要的是，小男孩感到了惊喜，他把水面上的那些圆圈看作了自己的一个作品，"在这作品中他看出他自己活动的结果"，因此又是他的"自我认识"。而且，在这个"自我认识"中，外部物质世界和内心精神世界得到了统一，因此也是"合题"。请同学们想想，这样讲是不是很通？

所以呀，我说黑格尔举的这个例子真是不可小看。如果我们接受黑格尔的观点和术语，就完全可以说这个小男孩把石子扔进河里，然后把水面上的那些圆圈看作自己的一个作品并感到惊喜的过程，就是他通过自我否定和自我确定来实现自我认识的过程。那么，如果我们把这个事情放大了，放大到整个世界，又如何呢？难道不同样是这样一个过程吗？只不过这个过程的主体就不是小男孩，也不好叫作"自我意识"了，得叫"绝对理念"或者"绝对精神"才行。

因此我认为，黑格尔的这一整套体系，与其说是在讲绝对理念，不如说是在讲人。所谓"世界是绝对理念自我实现的过程"，其实是人自我实现的过程。在这里，人的行为在神的名义下获得了前所未有的深刻而具体的考察。

现在我们可以回答前面一开始提出的那个问题了——为什么艺术的需要对于人来说是普遍而绝对的。黑格尔的回答是因为人有意识。人有了意识怎么就一定要有艺术呢？因为有意识的人就像绝对理念一样，是一定要通过自我否定和自我确定来自我认识的。当然黑格尔没有这么说，是我替他说的。不过黑格尔说了这样一句话，他说"人有一种冲动，要在直接呈现于他面前的外在事物之中实现他自己"。最便当的办法，当然是像那个小男孩那样，把石子扔进河里，然后笑嘻嘻地看着水面上的那些圆圈。太简单了是吧？那就复杂一点。比方说，文身，戴耳环，在陶罐和岩壁上画各种图案花纹等。其实这和往河里扔石子也没什么两样。用黑格尔的话说，它们都是"改变外在事物的形状"，"在这些外在事物上面刻下他自己内心生活的烙印"。其目的，也都是在一个对象上复现自己，只不过这一回把圆圈画到了自己身上而已。

同样，在水面上的那些圆圈，和在陶罐上、岩壁上，以及自己身上的各种图案花纹那里，人们看到的也是同一样东西。用黑格尔的话说，"他欣赏的只是他自己的外在现实"。这一句话里面实际上包括了黑格尔关于美和艺术定义的三个条件，或者说艺术和审美的三个特征。第一，艺术和审美是"欣赏"。如果不是欣赏，比方说是思考，那就不是艺术和审美，而是哲学了。第二，在艺术和审美活动中，人们欣赏

黑格尔认为，人有两种方式获得对自己的意识，一是认识，二是实践。"因为人有一种冲动，要在直接呈现于他面前的外在事物之中实现他自己，而且就在这实践过程中认识他自己。人通过改变外在事物来达到这个目的，在这些外在事物上面刻下他自己内心生活的烙印，而且发现他自己的性格在这些外在事物中复现了。人这样做，目的在于要用自由人的身份，去消除外在世界那种顽强的疏远性，在事物的形状中他欣赏的只是他自己的外在现实。"

的是一个"外在现实"。而且，按照前面的说法，他欣赏的还是一种"直接呈现于他面前的外在事物"。如果这个外在事物不是直接呈现于我们面前的，而是像在哲学中那样作为概念间接地呈现在我们面前，那也不是艺术和审美。第三，这个直接呈现于我们面前的审美对象，表面上看是一个"外在事物"，实际上是我们自己，只不过表象为一个外在事物罢了，因此叫作"他自己的外在现实"。

现在我们清楚了，水面上的那些圆圈，陶罐上、岩壁上，以及自己身上的各种图案花纹，都只不过是人的一种"自我实现"。这是人才有的一种需要。黑格尔说，这种需要贯穿在各种各样的现象里，一直到在艺术作品里进行自我创造。所以，人之所以要有艺术，是因为他有自我意识，只不过黑格尔管它叫"绝对理念"。或者说，被黑格尔改造为绝对理念。

但是，艺术和美又不等于绝对理念。绝对理念是理性的，艺术欣赏却是感性的，"直接呈现于他面前的外在事物"也是感性的，所以，美并不就是绝对理念，而是绝对理念的感性显现。当然，艺术也是。

艺术和美既然是绝对理念的感性显现，那么，绝对理念就是它的内容，感性显现就是它的形式。艺术的任务，就是要把这两个方面调和成为一种"自由的统一的整体"。但是我们知道，这个调和可不是那么容易的。因为绝对理念和感性显现归根结底是矛盾的。这样一来，绝对理念就要做三件事情：要探索最适合它的表现形式，要协调各方面的关系，最后还要超越感性显现的阶段进入自由的思考。所以艺术本身也是发展的。黑格尔说："就是由于这种发展，艺术美才有一整套的特殊的阶段和类型。"

下面我们就来讲艺术的阶段与类型。

三　艺术的阶段与类型

艺术的第一个阶段和第一种类型是象征型。象征型艺术是艺术的开始，所以黑格尔又管它叫"艺术前的艺术"。在这个历史阶段，艺术的内容和形式还都很幼稚。首先是理念本身还不确定，还很含糊，它当然也还没有办法给自己找到一个"正确的艺术表达方式"，也就是只能对付对付了。对付的办法，就是先胡乱找一个说得过去的形式，把自己表达出来再说。这就是"象征"。所以，这个阶段的艺术，就是"象征型艺术"。

最典型的象征型艺术是建筑，尤其是古埃及建筑。它的特点，是形式大于内容。我们知道，在所有的艺术门类中，建筑都是空间体积最大、使用物质材料最多、存在时间最长的。和其他艺术作品，比如雕塑、绘画、舞蹈等相比，再小的建筑都是庞然大物。它高高大大，长时间地矗立在那里，不由分说地强迫我们对它进行观照，可是我们却弄不明白它的内容是什么。有谁能确切地说出一幢建筑物的精神内容呢？即便那些宗教性和纪念性的建筑，比如教堂、庙宇、陵墓等，它们的内容和形式之间也只有一种松散的联系，只不过是一种象征。比如天坛是圆的，象征着"天圆"；地坛是方的，象征着"地方"。又比如赫鲁晓夫的墓碑由黑白两色的石块砌成，象征着"毁誉参半"，等等。所以建筑是一种典型的"象征型艺术"。

象征确实是建筑艺术当中通常使用的手法，尤其是那些

黑格尔说："这第一种艺术类型与其说有真正的表现能力，还不如说只是图解的尝试。理念还没有在它本身找到所要的形式，所以还只是对形式的挣扎和希求。""在这种类型里，抽象的理念所取的形象是外在于理念本身的自然形态的感性材料。"

具有政治性、宗教性、纪念性的建筑，总是自觉不自觉地会这样去做。因为你不弄点"象征意义"出来，你就交不了差。但是我们要清楚，象征这玩意是靠不住的。红色可以象征欢迎（红地毯），也可以象征拒绝（红灯）；牛可以象征开拓（拓荒牛），也可以象征落后（老牛拉破车）。所以黑格尔说"象征在本质上是双关的或模棱两可的"。在象征型艺术中，理念只是"勉强粘附到这个对象上去"。何况在这个历史阶段，人类还刚刚摆脱蒙昧状态，精神还没有达到自觉，理念本身还很含糊。内容既不明确，形式也就很难说是不是符合。总之，象征型艺术的理性内容是不明确的，感性形式是不适合的，它们之间的关系是牵强附会的。迷迷糊糊的绝对理念随随便便地找了个对象把自己稀里糊涂地显现了出来。这当然不行。因此，到了一定的发展阶段，它就要解体，让位于较高类型的艺术。

这个较高类型的艺术就是"古典型艺术"。古典型艺术的特点，是内容与形式的完全统一。既没有未表现出的内容，也没有无内容的形式。用黑格尔的话说，就是"它把理念自由地妥当地体现于在本质上就特别适合这理念的形象，因此理念就可以和形象形成自由而完满的协调"。也就是说，在古典型艺术那里，"内容和完全适合内容的形式达到独立完整的统一，因而形成一种自由的整体"。这就是"艺术的中心"，也就是"真正的艺术"。

最典型的古典型艺术是雕塑，尤其是古希腊雕塑，又尤其是古希腊的人体雕塑。古希腊的雕塑尤其是人体雕塑确实非常完美地表现了那个时代的精神，在这方面也确实达到了内容与形式的统一。所以我必须稍微讲一下古希腊的雕塑。我们知道，西方古代艺术和宗教的关系是十分密切的。古希

黑格尔说："精神作为自由的主体，是由自己确定自己的。由于这种自确定，它在本身的概念里就已具有符合它的外在形象，它就可以把这个形象作为自在自为（绝对）地适合于它的实际存在而与它融为一体。这种内容与形式的完全适合的统一就是第二种艺术类型即古典型的基础。"

134

腊的宗教是一种什么样的宗教呢？是"美和艺术的宗教"。马克思和黑格尔都是这么说的。它的精神，就是"人神合一"，人就是神，神就是人。人和神的区别，只在于神比人更高大，更完美，更长寿。所以，一个古代希腊人在路上遇到一个比自己更年轻、更漂亮、更高大英武的人，就会走上前去问"你是不是神"。你看，人神之间是不是没什么界限？人性就是神性，神性也就是人性，只不过是人性中最理想最美好的部分。也可以说，古希腊的神性就是人的理想，而且是人的艺术和审美的理想。

这种理想表现在艺术中，就是古希腊的人体雕塑。为什么是人体雕塑呢？因为既然神性就是人性，那么，神像也就是人像，但只能是那些最美的人像。什么是最美的人呢？当然是从心灵到肉体、从五官到身材都美的人。只有这样的人，才配得上称之为神。事实上古希腊人也是这样做的。他们特别热衷于体育运动，健美运动，就是希望自己能够和神一样完美。他们在进行体育运动时也往往要裸体。这不仅是为了运动的方便，也是为了展示美。他们在祭神的活动中甚至要举行男女青年的裸体游行。因为他们认为健美的裸体是献给神灵的最好的祭品。当然，这里也可能还要一种意思，就是故意展示给神看，看看，我挺漂亮吧？和你也差不太多吧？

不过人和神比，总是会差一点。所以古希腊人的美的理想，最终还只能靠艺术来实现，而且只能实现于他们的人体雕塑。我们要知道，古希腊的人体雕塑是不用模特的。我们现在到希腊去，会发现希腊人并不像他们的雕塑那么美。你可别以为他们是"今不如昔"。不是的。实际上是古希腊的人体雕塑一开始就是按照美的理想来塑造的。难怪它们会成

黑格尔说："古典型艺术中的内容的特征在于它本身就是具体的理念，唯其如此，也就是具体的心灵性的东西；因为只有心灵性的东西才是真正内在的。"黑格尔认为，符合这一条件的就是"人的形象"。鲍桑葵则说："上帝或宇宙发明了人作为心灵的表现，艺术找到了人，使他的形状适应个别心灵的艺术体现。"

为"不可企及的范本"，因为它确实做到了内容与形式的高度完美的统一。

请大家想想，古希腊人的这样一种观念，这样一种理想，这样一种理念，要把它感性地显现出来，除了健美的裸体外，还有什么更好的艺术形式吗？神，总是要作为人表现出来的。因为只有人才能认识绝对精神。绝对精神或者绝对理念当它表现为人性时，它就只能表现在美丽的人体里。人体绝不是可有可无的"臭皮囊"。它是精神的住所，也是最适合表现精神的形式。在人体雕塑这里，神由普遍性变成了个别的形体，从而实现了"绝对理念的感性显现"。当然，为了保持神的普遍性，古希腊人体雕塑也无不表现出一种"高贵的和谐"乃至"静穆的哀伤"。

从这个角度看，古希腊雕塑就是最完美的艺术，最"像"艺术的艺术。但是，艺术既然是"绝对理念的感性显现"，美的理想既然是绝对精神，它就不会停留在古典型艺术的阶段。因为古典型艺术也是有问题的。什么问题呢？就是绝对精神一旦表现为人体，它就变成了个别的、特殊的心灵，比方说某个人或者某个神的心灵，不再是绝对的永恒的心灵了。精神是无限的、自由的，人体则是有限的、不自由的。有限的、不自由的人体并不能真正表现无限的、自由的精神。因此，古典型艺术也要解体，而让位于"浪漫型艺术"。

如果说古典型艺术是对象征型艺术的否定，那么，浪漫型艺术就是否定之否定。浪漫型艺术又把理念与现实的统一破坏了，在一个更高的层次上回到了象征型艺术的那种状态，也就是内容与形式的矛盾，精神与物质的对立。不过，在浪漫型艺术这里，情况和象征型艺术刚好是相反的。象征型艺术是形式大于内容，物质压倒精神；浪漫型艺术则是内容大于形式，精神溢出物质。我们知道，在黑格尔那里，精神是高于物质，心灵是高于自然的。他在说到艺术美和自然美的时候说过这样一句有名的话："心灵和它的产品比自然和它的现象高多少，艺术美也就比自然美高多少。"黑格尔甚至认为"高于"这两个字都不对，都太"抬举"了自然。在他看来，"只有心灵才是真实的，只有心灵才涵盖一切"。因为心灵是理念的"无限主体性"。黑格尔的理念有主客体两个方面。客体就是它的外在现实，主体就是心灵。所以他认为任何美都只有当它完全出自心灵时，"才真正是美的"。按照这个观点，古典型艺术虽然是最完美的艺术，但艺术发展的最高阶段却还是浪漫型艺术。

　　典型的浪漫型艺术是近代欧洲艺术，而且主要是这个时期的绘画、音乐和诗。这里我们要注意，就是黑格尔讲的"浪漫型艺术"，和一般文艺理论、文学史讲的"浪漫主义"不是一回事。浪漫主义是一种风格和流派，浪漫型艺术则是阶段和类型。黑格尔认为，在这个历史阶段，艺术的对象不再是象征型艺术时期的自然（比如自然的木头、石块、泥土等），也不再是古典型艺术时期的人体，而是心灵，是"自由的具体的心灵生活"。"它应该作为心灵生活向心灵的内在世界显现出来"。这句话听起来很绕口，但意思还是清楚的。就是说，浪漫型的艺术，比如绘画、音乐、诗，尤其是近代的绘画、音乐、诗，它们注重的是人的内心世界，是人的心灵。它表现的是心灵，而且也只在心灵中表现。所以黑格尔把它称作"内在世界对外在世界的胜利"。当然，浪漫型艺术既然还是艺术，它就不能一点外在物质材料都不使用。也多少要用一点的，但不很重要，也不是本质性的东

黑格尔说："古典型艺术的内容只是自在的统一，可以用人体来完满地表现"，浪漫型艺术却"对这种自在的统一有了知识"，因此其媒介不能再是人体，而是"自己意识到的内心生活"。

137

黑格尔指出，从古典型艺术过渡到浪漫型艺术，是"内在世界对外在世界的胜利"。"内在世界庆祝它对外在世界的胜利，而且就在这外在世界本身以内，并且借这外在世界作为媒介，来显现它的胜利"。黑格尔说："由于这种胜利，感性现象就沦为没有价值的东西了。"因此，"浪漫型艺术虽然还属于艺术的领域，还保留了艺术的形式，却是艺术超越了艺术本身"。

西。在浪漫型艺术当中，作为艺术本质的，只是人的心灵。

我们知道，黑格尔所说的心灵，或者精神，其实就是人的自我和自我意识。所以浪漫型艺术的一个特点，就是把"自我"抬到很高的地位。这倒是一个事实。从艺术门类的角度看，从建筑、雕塑，到绘画、音乐、诗，确实是精神性越来越强，这一点我们后面还要讲到。从艺术发展的角度看，从古埃及艺术，到古希腊艺术，再到近代欧洲艺术，也确实是主体性越来越强。古代艺术注重的是普遍的政治、伦理和宗教的理想，近代艺术则更注重个人的情感、意志和内心冲突。它也不像古典型艺术那样崇尚静穆与和谐，而是越来越张扬个性，不在乎心血来潮，也开始不再避讳痛苦、烦恼、丑陋、罪恶和内心分裂。这些在古典型艺术时期都是不可想象的。在古典型艺术那里，即便表现痛苦，也只能是"静穆的哀伤"，比如《拉奥孔》。但是浪漫型艺术却不再那么温文尔雅。如果它要表现痛苦的话，它就痛苦地把它表现出来。这就最终导致了现代派艺术的诞生。

黑格尔当然不知道现代派艺术。现代派艺术的诞生是1863年以后的事情，而黑格尔在1831年便已去世。但是黑格尔似乎已经预见到了这个趋势。至少，他肯定了浪漫型艺术也要解体，只不过他把这个结果归结为艺术自身的内在矛盾和绝对理念的运动过程。艺术作为"绝对理念的感性显现"，它的理想只能是理念与形象的统一。根据统一的程度，艺术就表现为象征型、古典型和浪漫型三种类型。它们也是艺术对于"真正的美的概念"的三种关系。这三种关系用黑格尔的话来说，就是"始而追求，继而实现，终于超越"。

四　艺术的门类与特征

前面我们从历史的角度讲了艺术的阶段和类型，这是纵的方面。现在我们要从横的方面，从各类艺术之间的关系来讲这个问题。我们知道，黑格尔的美学，是一个庞大的完整的严密的体系，自始至终贯穿着"逻辑与历史相一致"的原则。而且他的每一个结论都是从他关于美和艺术的定义出发的，是这个定义的逻辑结论。在黑格尔那里，美是绝对理念的感性显现。因此，美就不仅表现为一般的类型，它还要表现为艺术的门类。类型和门类并不完全一样。类型主要是一个历史的概念，是纵向的，门类却是横向的，是艺术由于物质材料和表现方式的不同而形成的不同种类和类别，比如建筑、雕塑、绘画、音乐、诗。类型和门类这两个概念是交叉的。在同一个类型中，可以有不同的门类。比如在象征型艺术时期，就并不只有建筑，也有雕塑、绘画、音乐和诗。同样，在同一个门类中，也有不同的类型。比如同是建筑，就有象征型建筑、古典型建筑和浪漫型建筑三种。埃及建筑就是象征型建筑，希腊建筑就是古典型建筑，哥特式建筑就是浪漫型建筑。所以类型和门类这两个概念，是你中有我，我中有你的。不过，在黑格尔这里，类型是主要的，门类是次要的。各门类艺术虽然都可以出现在各种艺术类型当中，但必定有一个门类特属于某一种类型，是最适合这种类型的，是这个类型的代表。

最能代表象征型艺术的是建筑。建筑，无论从类型的角度，还是从门类的角度，无论从逻辑的角度，还是从历史的角度，它都是最早的艺术。因为无论绝对理念也好，人的自我意识也好，这时都还处于一种蒙昧初开的状态，还有点摸

黑格尔说，在这一部分我们要研究的，是"艺术美如何在各门艺术及其作品中展开为一个实现了的美的世界"。"这个世界的内容就是美的东西"，而所谓"真正美的东西"，就是"具有具体形象的心灵性的东西"，就是"理想"，就是"绝对心灵"，也就是"真实本身"。"这种为着观照和感受而用艺术方式表现出来的神圣真实的境界就是整个艺术世界的中心，就是独立的自由的神圣的形象"。

139

不着头脑，只能用一大堆的物质材料来表现自己，把绝对理念或者自我意识表现为巨大的空间感，以此作为"心灵凝神观照它的绝对对象的适当场所"。总之，在建筑这里，艺术美主要表现为一个符合审美理想的外在世界，内心世界和外在形式还处于一种不那么和谐统一的状态。用黑格尔的话来说，建筑还只能把心灵当作一个"外来客"来看待。因此，建筑也是"最不完善的艺术"。

雕塑就不一样了。在雕塑这里，心灵得到了很好的安放，内心世界和外在形式契合无间，谁也不压倒谁。所以雕塑以古典型艺术为它的基本类型，古典型艺术也以雕塑为它的代表性门类。在雕塑这里，物质材料已经开始不被看作物质材料，而是看作心灵和心灵的东西来进行处理。我们知道，雕塑的材料主要有泥土、木材、石料、金属等。这些材料是无机的，没有生命的，但正因为如此，它们很适合用来表现神的普遍性，尤其是大理石。于是，心灵便借助大理石之类冷冰冰的物质材料，表现出它永恒的静穆。在这里，内容和形式显然是统一的，它非常符合美的理想。可惜的是，雕塑的这种统一，只是绝对精神和它的肉体机构的统一，而不是和它的内在生活的统一。所以，艺术的发生和发展不会停留在雕塑这里，它还要往前走。

紧跟着雕塑的是绘画。黑格尔认为，绘画的特征是从色彩得到定性。建筑和雕塑的材料虽然也是看得见的、有色彩的，但只有绘画的材料才纯粹是色彩，也只有绘画才是专门给人看的。建筑还可以让人居住，雕塑还可以供人触摸，绘画除了给人看以外，什么用也没有。这就等于说绘画纯粹是供人精神享用的。所以，虽然同为视觉艺术，绘画却比建筑和雕塑更具有精神性。

另外一点也很重要，就是"绘画压缩了三度空间的整体"。绘画和建筑、雕塑虽然同为空间艺术，但建筑和雕塑都是三维的立体的，是真正的空间艺术，绘画却是二维的平面的，是不那么纯粹的空间艺术。所以，绘画的空间比雕塑更抽象。在黑格尔看来，它只是内在精神的一种显现。显然，在绘画这里，精神已经开始溢出物质了。这说明精神已经不满足于它和物质材料的统一，它要向更加自由和无限的方向发展。因此它要寻求一种更加便于表现内心生活的材料。黑格尔说这就是色彩、声音和语言，与之相对应的艺术门类则是绘画、音乐和诗。这就实际上过渡到浪漫型艺术了。前面说过，浪漫型艺术注重的是人的内心世界，是人的心灵。它表现的是心灵，而且也只在心灵中表现。所以，绘画、音乐和诗就以浪漫型为它们的基本类型，浪漫型艺术也以绘画、音乐和诗作为它的代表性门类。

最典型的浪漫型艺术门类是音乐。绘画虽然已经开始把物质性的东西转化为精神性的，但它毕竟还保留了空间（虽然只有二度）。这就多多少少还保留了一点客体性，或者说内容是主体性的，形式则还有一些客体性。音乐却把空间性完全否定和取消了。取消和否定了空间性，也就等于取消和否定了物质性。因为我们一般很难想象和理解一种没有空间性的物质。当然啦，音乐也不是一点物质性都没有。它也要依赖于物质，这就是振动着的空气。不过空气只是充满空间，并不占据空间，也就差不多可以看作没有空间性。事实上音乐也不是空间艺术，而是时间艺术，而且是唯一的时间艺术。

音乐也不是视觉艺术，而是听觉艺术。黑格尔认为，视觉和听觉一样，都是一种认识性的感觉，而不是实践性的感

黑格尔认为，艺术作为绝对理念的感性显现，是一定要"转化为外在存在"的。因此材料和由材料决定的表现方式对于艺术极为重要。正是它们，使类型变成门类，即"分化为一些独立的特殊的表现方式"，黑格尔认为这就是各门类艺术。所以，黑格尔在讲到同为浪漫型艺术的绘画、音乐和诗时，特别注意材料问题，比如绘画的特点就是其材料和媒介"纯粹可视"。

觉。而且，听觉比视觉更是观念性的。这一点我想应该不难理解。人的五种感觉当中，触觉、味觉、嗅觉，都是实践性的。因为它们都要和对象直接发生关系，都要直接接触到对象，比如摸到某个东西，吃到某个东西，闻到某种气体。视觉和听觉却不和对象直接发生关系。在视感觉和听感觉、视知觉和听知觉活动中，主体和对象之间是有距离的。有距离就生美感，这一点我们前面说过。所以只有视觉艺术和听觉艺术，没有什么触觉艺术、味觉艺术、嗅觉艺术。但是视觉和听觉也还有程度的不同。视觉的观念性比听觉又要弱一些。因为眼睛看到的，毕竟都是活生生的或者实实在在的一个个具体的"东西"，耳朵听到的却不是什么"东西"，而是某个"东西"的信号。这就"虚"多了，但同时它的观念性、认识性或者精神性也就强多了。

这样一来，音乐无论内容还是形式，便都是主体性的了。所以黑格尔认为音乐是"浪漫型艺术的中心"。同时他也认为音乐是从绘画到诗之间的转折点。我们要注意黑格尔他的这个体系是很完整很严密的。他的思想方法和思维方式是贯穿始终的。所以无论他怎样划分阶段、类型、门类，都是三个环节：正、反、合，或者肯定、否定、否定之否定。中间的那个环节，就是从第一个环节过渡到第三个环节的桥梁。比如在整个世界中，从自然界过渡到人的精神的桥梁是人类社会；在人的精神中，从艺术过渡到哲学的桥梁是宗教；在艺术中，从象征型艺术（建筑）过渡到浪漫型艺术（绘画）的桥梁是雕塑（古典型艺术）；在浪漫型艺术中，从绘画过渡到诗的就是音乐。

绘画、音乐和诗的共同特点是它们远离物质的抽象性。绘画的物质性比雕塑少，音乐的物质性比绘画少，而诗的物

黑格尔说，音乐把空间观念化为个别的孤立点。对此，鲍桑葵的英译本注解说："否定空间是音乐的一种属性。音阶上各部分是和一个判断的各部分一样不占空间的。"朱光潜的中译本注解说："声音的承续是线性的，每一刻所听到的声音都只占住这条线上的一个点，所以说把空间集中到一个点。"

质性最少，少到几乎等于零。音乐毕竟还要依赖于振动着的空气，诗却连这个也可以不要。比如我们可以默读或者默诵。所以诗的精神性最强。这样岂不是很好？对不起，不好。因为美是"绝对理念的感性显现"。理念和感性、精神与物质，都是缺一不可的。物质压倒精神固然不对，精神溢出物质也终将不成其为艺术。因此，浪漫型艺术发展到诗，它也就要解体了。

显然，在黑格尔这里，艺术不过是绝对理念在人的精神中复归自身的一个阶段，而且它自己也是一个过程，一个由不平衡到平衡再到不平衡的过程。为什么是这样的？因为"绝对理念"和"感性显现"本身就是一对矛盾，所以它一开始肯定不平衡。这就是"象征型艺术"。但如果不能达到平衡，绝对理念就不能很好地得到感性显现，所以还得平衡。这就是"古典型艺术"。但是"感性显现"绝不是绝对理念的目的，它的目的是"自由思考"。所以艺术在达到和实现了平衡以后，还得再走向不平衡。这就是"浪漫型艺术"。到了浪漫型艺术阶段，艺术就无路可走了。不但浪漫型艺术要解体，艺术本身也要解体，而让位于宗教。

在黑格尔那里，宗教和艺术一样，也有三个阶段和类型。第一个是"自然宗教"，这就是古埃及宗教；第二个是"艺术宗教"，这就是古希腊宗教；第三个是"天启宗教"，这就是基督教。宗教的这三个阶段和类型，和艺术的三个阶段和类型正好是一一对应的。自然宗教对应着象征型艺术，艺术宗教对应着古典型艺术，天启宗教对应着浪漫型艺术，它们又同时对应着古埃及、古希腊和欧洲近代三个历史阶段。古埃及既是自然宗教时期，也是象征型艺术时期，古埃及的建筑是典型的象征型建筑。古希腊既是艺术宗教时

黑格尔说："诗的适当的表现因素（媒介），就是诗的想象和心灵性的观照本身，而且由于这个因素是一切类型的艺术所共有的，所以诗在一切艺术中都流注着，在每门艺术中独立发展着。诗是心灵的普遍艺术。"所以，"诗适合美的一切类型，贯穿到一切类型里去，因为诗所特有的因素是创造的想象，而创造的想象对于每一种美的创造都是必要的，不管那种美属于哪一个类型"。

期，也是古典型艺术时期，古希腊的雕塑是典型的古典型雕塑。欧洲近代既是天启宗教时期，也是浪漫型艺术时期，欧洲近代的音乐是典型的浪漫型音乐。大家看看，是不是对得很工整？

宗教不但和艺术一样，也有三个阶段和类型，而且也是绝对理念在人的精神中复归自身的一个阶段，只不过是第二个历史阶段罢了。所以宗教和艺术一样，也要解体，而让位于哲学。只有哲学，才是绝对理念真正自由的思考，也才是它真正的归宿。

哲学当然也有一个这样的过程。这个过程我就不说了。反正，绝对理念到了哲学这里，而且是到了黑格尔哲学这里，才真正认识了自己。不过，这样一来，绝对理念也就没有什么事好做了。按照黑格尔的逻辑，就不光是哲学要解体，就连我们这个世界，只怕也要解体了。难怪黑格尔之后，尼采就大喊了一声："上帝死了！"

五　对黑格尔美学的反思

黑格尔的美学体系，大体上就算讲完了。黑格尔美学的问题，也暴露出来了。不过问题并没有我们想象的那么简单，好像黑格尔的哲学出现以后，世界就当真要解体，我们就都得去自杀。事情当然没有这么简单。就连黑格尔断言的艺术的解体，也没那么简单。所以我们还要对黑格尔的美学进行一番反思。

我们先来把黑格尔的思想再清理一遍。

黑格尔的美学世界观和方法论可以归结为这样三句话：

黑格尔说："只有全体哲学才是对宇宙作为一个有机整体的知识，这整体是从它自己的概念中自生发出来的，并且由于它的自对自的必然性，又还原到它自己而成为一个整体，这样就把自己和自己结在一起，成为一个真实世界。"

世界是一个过程。世界是一个肯定（正）、否定（反）和否定之否定（合）的过程。艺术是世界历史过程中的一个环节，而且它自身也是一个这样的过程。

黑格尔的整个美学体系就是建立在这样一个基础上的。所以他把艺术分为象征型、古典型和浪漫型三个阶段和三种类型。这三种类型，既是历史阶段，又是艺术类别，它们本身就是发展着的，运动着的，是一个动态的结构。它的发展逻辑，是从不平衡到平衡再到不平衡。它的发展方向，则是从物质到精神。因为在黑格尔那里，艺术（美）是绝对理念的感性显现。所以艺术的阶段也好，艺术的类型也好，它们对于"真正的美的概念"，就一定是"始而追求，继而实现，终于超越"。但是，黑格尔的所谓"绝对理念"，其实就是人的自我意识。至少，当它进入"人的精神"这个历史阶段时，它实际上就是人的自我意识了。所以，艺术的发展逻辑，也就一定是从"对象"到"对象与自我的统一"再到"自我"，或者从"客体"到"主客体的统一"再到"主体"。这是我们要把握的第一点。

我们要把握的第二点，就是黑格尔的这个美学体系，是他哲学体系的一个部分。在他的哲学体系中，世界是一个过程，这个过程由三个环节构成，这就是自然界、人类社会和人的精神。人的精神也由三个环节构成，这就是艺术、宗教和哲学。最后，艺术也由三个环节构成，这就是象征型艺术（建筑）、古典型艺术（雕塑）和浪漫型艺术；而浪漫型艺术也由三个环节构成，这就是绘画、音乐和诗。我们也不妨把它列成下面这张表：

绝对理念：概念、概念所代表的实体、二者的统一

辩证关系：肯定、否定、否定之否定

逻辑序列：正题、反题、合题

世界历史：自然界、人类社会、人的精神

人的精神：艺术、宗教、哲学

艺术：象征型艺术、古典型艺术、浪漫型艺术

浪漫型艺术：绘画、音乐、诗

可以说，在黑格尔之前，没有谁像他这样讲艺术的历史，也没有谁像他这样讲艺术的分类，更没有谁像他这样把艺术的发展和类别讲成了一个逻辑与历史相一致的体系，一个浑然一体的历史长河。这实在是空前绝后的。

但是，一个体系太精致了，就不免让人起疑。世界真是像黑格尔讲的那样吗？他真的勘破了那只有上帝才知道的秘密吗？实际上黑格尔的体系也不是没有漏洞的。比方说，在他那张艺术的"元素周期表"当中，就没有舞蹈的一席之地，也无法预见到电影等新艺术门类的诞生。你说舞蹈是该算象征型艺术呢，还是该属于古典型艺术呢？电影是不是该按照时下最流行的方式，叫作"后浪漫型艺术"呢？这些都大成问题。

还有戏剧。戏剧在黑格尔的体系中，是包含在诗里面的。这当然也不是黑格尔一个人的看法，但在黑格尔这里就特别成问题。我们知道，有两种戏剧。一种是作为文学的戏剧，也就是剧本，还有一种是作为艺术的戏剧，这就是舞台演出。把剧本看作文学，或者广义地看作诗，这没有什么问题。但如果把舞台上演出的戏剧也看作"浪漫型艺术"，看作诗，就麻烦大了。因为在黑格尔那里，艺术发展的趋向，是从空间到时间，从物质到精神，从客体到主体。发展到浪

对于黑格尔哲学体系的问题，恩格斯早有评说。恩格斯在《反杜林论》一书中指出，黑格尔的体系包含着不可救药的内在矛盾："一方面，它以历史的观念作为基本前提，即把人类的历史看作一个发展过程，这个过程按其本性来说是不能通过发现所谓绝对真理来达到其智慧的顶峰的；但是另一方面，它又硬说自己是这个绝对真理的全部内容。"何况黑格尔的世界观还是头足倒置的。"世界的现实联系完全被颠倒了"。结果，就连一些细节也"不能不是牵强的、造作的、虚构的，一句话，被歪曲的"。

146

漫型，发展到诗，应该是空间性和物质性减到最少，而精神性和主体性最强。比方说，建筑只有空间性，雕塑表现的人体既有空间性又有时间性，音乐则只有时间性。所以建筑是典型的象征型艺术，雕塑是典型的古典型艺术，音乐则是典型的浪漫型艺术。按照这个逻辑，舞台上演出的戏剧也应该是古典型艺术。还有舞蹈也是。因为戏剧和舞蹈都是用人体做媒介，它们也都是综合时空的艺术。但是黑格尔却把戏剧归入诗，并闭口不谈舞蹈。要知道，舞蹈毕竟也是一个不可忽略的艺术门类，而只有舞台上演出的戏剧才是真正的、严格意义上的戏剧。避而不谈舞蹈，谈戏剧只谈文学，这就难免有削足适履之嫌。

另一点不能让人满意的是，按照黑格尔的描述，我们这个世界好像是这个样子的：一方面，是埃及为希腊做准备，希腊为欧洲做准备；另一方面，艺术为宗教做准备，宗教为哲学做准备。最后加起来就是：东方为西方做准备，西方为德国做准备，德国为德国哲学做准备，而德国哲学为黑格尔做准备。黑格尔哲学是德国哲学的高峰，德国哲学是欧洲哲学的高峰，欧洲哲学是西方文化的高峰，西方文化是人类精神的高峰，人类精神是绝对理念的最高阶段，因此黑格尔哲学是绝对理念的终极目标。因为只是到了黑格尔哲学这里，绝对理念才真正认识和实现了自己。这不是神话吗？

所以，黑格尔的体系，表面上看是运动的、发展的、辩证的，实际上却是封闭的。正是由于它的封闭性，黑格尔无法正确地预见到艺术的未来。我们必须承认，黑格尔关于艺术终将解体的看法是有一定道理的，但不是走向宗教，而是走向"后艺术"。在我看来，电影就是"后艺术"，因为它已不是"作品"，而是"产品"。另外，像设计艺术、网络关于这个问题，请参看易中天《从"前艺术"到"后艺术"》，原载《厦门大学学报》2003年第4期。

艺术、行为艺术等，也都是"后艺术"。它们保留了艺术的某些特征，甚至是本质性的特征，但在很多方面已不像艺术，甚至不是艺术，因此只能称之为"后艺术"。

与之相对应，在纯粹艺术诞生之前，还有一个"前艺术"阶段。它发生在原始时代，而不是古埃及时期。在"前艺术"和"后艺术"之间，就是我们通常所说的"艺术"，也就是黑格尔所讲的"艺术"。它的一个特点，就是创作与欣赏分离。"艺术家"把"艺术品"创作出来，然后由"欣赏者"去欣赏。艺术家是艺术家，艺术品是艺术品，欣赏者是欣赏者。这就和"前艺术"不一样。在"前艺术"阶段，没有什么专门的"艺术家"，也没有纯粹的"艺术品"。艺术与生活是浑然一体的。人人都是艺术家，人人也都是欣赏者。后来，艺术从生活中独立出来了，创作与欣赏也分离了。生活是生活，艺术是艺术，艺术是非生活的，因此又叫"纯艺术"。这样一种艺术当然是要解体的。包括电影艺术和设计艺术在内的"后艺术"将成为现代艺术的主流。"后艺术"的特点是艺术开始重新回到生活，创作与欣赏的界限也开始模糊。这一点我们现在没法细说，以后有机会再讲。

总之，在我看来，黑格尔的辩证法我们可以用，但要改变世界观。世界是一个过程，这并没有错。但是，世界不是什么绝对理念自我实现的过程，而是人类通过自己的实践自我创造和自我实现的过程。实践，是马克思主义科学世界观的核心。马克思在《关于费尔巴哈的提纲》中说过这样一段话。他说："凡是把理论引向神秘主义的神秘的东西，都能在人的实践中以及对这个实践的理解中得到合理的解决。"这就把他和他之前的哲学区分开来了。在马克思之前，西方哲学，特别是黑格尔哲学，虽然研究深入，逻辑严密，体系完整，论述精致，但却是在天上"飘"着的，缺乏一个坚实的基础。只有马克思找到了这个基础，这就是实践。因此，马克思宣布：新唯物主义的立脚点是人类社会或社会化了的人类。人的本质并不是单个人所固有的抽象物。在其现实性上，它是一切社会关系的总和。

这就为美学之谜的最终解决开辟了方向。当然，也只是开辟了方向而已。无论马克思还是恩格斯，都没有来得及构筑一个美学体系。他们要做的事情太多，一时半会还顾不上这个。但这并不要紧，甚至还很好，因为还可以留一些事情让我们来做。我想我们只要记住几条就够了。第一，黑格尔的辩证法是高明的，但他的世界观是头足倒置的。我们的工作，是要把被黑格尔颠倒的世界再颠倒过来。第二，新唯物主义是一种实践唯物主义，因此新美学也应该是一种实践美学。当然，实践美学这个口号已经有了。但过去的那些实践美学，比如李泽厚他们的美学，由于对马克思的实践唯物主义理解不深，因此颇受责难和批评，但这不等于以实践为美学的逻辑起点和历史起点有什么问题，只不过应该代之以"新实践美学"罢了。第三，我们的研究必须脚踏实地，不能再在天上"飘"着。思辨终止的地方，就是真正实证的科学开始的地方。我们不能再纠缠于那些虚玄的命题，而应该做一些实实在在的工作，尤其是要着眼于人类的审美经验和艺术实践。所以，在给大家讲"新实践美学"的观点之前，我们还要先讲讲"一般艺术学"。一般地说，一般艺术学是比艺术哲学要"实在"一些的东西。只讲艺术哲学，不讲一般艺术学，就"实在"讲不过去。等我们把历史上关于美的研究、审美的研究、艺术的研究的各种学说都盘点清楚了，就可以讲自己的美学了。

恩格斯在《路德维希·费尔巴哈和德国古典哲学的终结》中指出，对于马克思和他来说，"黑格尔不是简单地被放在一边"。恰恰相反，黑格尔思想中的革命方面即他的辩证法，"是被当作出发点的"。

第六讲　艺术的研究：一般艺术学

模仿说 / 表现说 / 游戏说

形式说 / 走出美学的迷惘

一 模仿说

和艺术哲学一样，一般艺术学也要回答"艺术是什么"这个问题。当然啦，也不是所有的艺术学都回答这个问题，也有不回答的。不过，如果不回答这个问题，那就不好算是美学了。所以，在这一讲里，我们就只讲那些回答了这个问题的一般艺术学观点。或者说，只讲美学中的艺术学问题。

最古老的一种观点就是"模仿说"。所谓"模仿说"，就是认为艺术的本质是模仿。这个观点有多古老呢？至少在苏格拉底的时代就非常流行了。那个时代的艺术家都认为艺术是模仿。谁模仿得好、像，谁就是最优秀的艺术家。有个故事不知道大家听说过没有。这个故事讲，古希腊的两个画家宙克西斯和巴拉修斯当众比试画艺。宙克西斯先来。当他揭开蒙在画面上的那块布时，全场为之雀跃。因为宙克西斯画的葡萄实在太像、太逼真了，连空中的飞鸟也上当受骗，一只只扑向画面，争相啄食。这时，宙克西斯便得意扬扬地对巴拉修斯说，先生，请掀起你的布帘来，让我们看看你都画了些什么？然而巴拉修斯却向他谦恭地一鞠躬，说：对不起，我画的正是这块布。比赛的结果不言而喻，巴拉修斯成了胜利者。因为宙克西斯的画只不过骗过了鸟儿，巴拉修斯却骗过了画家。

这个故事很能说明古希腊人的艺术观，柏拉图对此却不以为然。在柏拉图看来，这种"模仿的艺术"是不真实的。因为在他那里，真实有三个条件：绝对、唯一、永恒。符合这三个条件的只有一个东西，那就是理式，或者说理念、概念。比方说桌子。有三种"桌子"。一种是桌子的概念，一种是桌子的实体，还有就是桌子的模仿，比如画家画的

在柏拉图那里，诗和艺术其实有两种，诗人和艺术家也有两种。一种是"爱智慧者，爱美者，诗神和爱神的顶礼者"，他们是第一等人；另一种是"诗人和其他模仿的艺术家"，是第六等人（柏拉图把人一共分为九等）。前一种其实是天才的哲学家和艺术家，他们靠灵感通神，说出"神赐的真理"，其作品为"灵感的艺术"。后一种人其实是工匠，靠手艺模仿自然，模仿现实，其作品是"模仿的艺术"。柏拉图鄙视后者，肯定前者。

桌子。这三种"桌子"当中，只有桌子的概念是真实的。因为：第一它绝对，桌子的概念当然绝对是桌子；第二它唯一，桌子当然只有这一个概念；第三它永恒，桌子的概念当然永远是桌子。桌子的实体（某一张具体的桌子）就难讲了。第一它不绝对，你坐上去它就是凳子，睡上去它就是床；第二它不唯一，世界上桌子多了去；第三它也不永恒，一把火就能烧了。

那么我们要问：为什么实体不绝对、不唯一、不永恒？在柏拉图看来，就因为它是对概念的模仿。比如一个木匠，在那里又锯又刨，你问他：师傅，干什么呢？他说，做桌子呐！桌子在哪儿呢？还没做出来呐！桌子还没做出来，木匠就知道他在做桌子，桌子的概念是不是先于桌子的实体存在？木匠在做桌子的时候，是不是在模仿他头脑中桌子的概念或者理式？模仿的东西总是不如模仿的对象真实。比如你和你的画像，哪个真实？当然是你自己。所以，概念是真实的，实体就不那么真实。木匠把桌子做出来以后，画家又照着画了一张。这就更不真实了。因为这是模仿的模仿，影子的影子，按照柏拉图的说法，和真实隔了三层（应该是两层，不知怎么是三层），差远了。

艺术不但不真实，也不道德。因为艺术不但模仿真善美，也模仿假恶丑。这样，我们在欣赏艺术的时候，就也会模仿假恶丑。而且，根据我个人的经验，人们学起坏来，比学好容易多了。记得小时候看电影，一场电影下来，男孩子差不多都变成了"国军"。因为"国军"神气呀！也有变成"鬼子"的，变成"共军"的不多。我们那时候最爱模仿的，是《战上海》当中的一个镜头：全副美式装备的国军军长邵壮穿着马靴，用指挥棒把大盖帽一顶，说：给老头子发报，就说我已经站在共军的阵地上了！想想真是好过瘾！

艺术不但不真实，不道德，还没有用。柏拉图说，画出来的鞋子不能穿，画出来的苹果不能吃，诗人绘声绘色地描写骑术，自己却不会骑马。艺术有什么用？所以，如果一个行吟诗人到了我们国家，我们应该怎么办呢？应该请他吃一顿好饭，然后让他滚蛋。为什么要请他吃一顿好饭？因为他用美丽的歌声使我们愉快。为什么又让他滚蛋？因为艺术归根结底是不真实、不道德、没有用的。当然，这里说的，是"模仿的艺术"，不是"迷狂（灵感）的艺术"，这个我们在第一讲讲过。这就是柏拉图的观点。

亚里士多德却不同意。我们知道，亚里士多德是柏拉图的学生，而这个学生又总是不同意先生的意见。"吾爱吾师，吾更爱真理"这句话，就是亚里士多德说的。亚里士多德认为，艺术是真实的。不但艺术是真实的，而且它模仿的对象——现实，也是真实的。因为任何事物都是理念与现实、概念与实体的统一。没有现实和实体，概念、理念、理式等也就没有意义。如果现实和实体不真实，那么，它们所代表的概念、理念、理式又怎么会真实？既然概念、理念、理式是真实的，现实和实体当然也是真实的；现实和实体是真实的，艺术当然也是真实的，除非它模仿得不真实。也就是说，只要真实地模仿，艺术就真实。真实地模仿一个真实的对象，这就是亚里士多德"模仿说"的核心。

亚里士多德还认为，艺术不但是真实的，而且比现实、比历史都真实。为什么呢？因为艺术直接模仿理念。亚里士多德在《诗学》第二十五章里列举了三种模仿方式：（1）照事物本来的样子去模仿；（2）照事物为人们所说所想的样子去模仿；（3）照事物应当有的样子去模仿。第一种是简单的

一个伟大的历史转折时期往往同时产生两个伟大的人物，一个承前，一个启后。柏拉图和亚里士多德就是这样两个人物。柏拉图总结过去，亚里士多德开创未来。实际上，柏拉图肯定的所谓"灵感的艺术"，其实就是行将就木的、即将成为过去的"贵族的艺术"（神的艺术、高雅的艺术）；亚里士多德肯定的"模仿的艺术"，则是方兴未艾的、已经成为现实的"平民的艺术"（人的艺术、世俗的艺术）。两人立场不同，观点自然各异，但其哲学基础，却又一脉相承。

写实，第二种是神话和幻想，第三种才是真正"真实的模仿"。亚里士多德说："诗人的职责不在描述已发生的事，而在描述可能发生的事，即按照可然律或必然律是可能的事。"什么是"可然"？就是在假定前提和条件下可能发生。什么是"必然"？就是在已定前提和条件下必然发生。亚里士多德认为，描述这样的事情，才是艺术的任务。如果只是描述已经发生的事，那么，有历史学就够了。而且，正因为艺术描述的是可能发生和必然发生的事情，因此，艺术比历史更重要，也更真实。

按照事物应当有的样子去模仿，这其实就是创造了。正是在这个意义上，亚里士多德把握了艺术的本质。亚里士多德认为，科学有三种。第一种是"理论的科学"，这就是自然科学、数学和哲学。第二种是"实践的科学"，这就是伦理学、政治学、经济学、战略学、修辞学。还有一种是"创造的科学"，这就是诗学，也就是艺术学。正因为艺术是创造，所以它不是被动的模仿，更不是拙劣的抄袭，不是反映事物的表面现象，而是揭示其本质规律和内在联系。这就为现实主义和"典型论""写本质论"等，打下了坚实的美学基础。所以，正如车尔尼雪夫斯基所说："他的概念竟雄霸了两千多年。"

不过，亚里士多德的观点也不是没有问题的。我们知道，亚里士多德"模仿说"的核心，是"真实地模仿真实的对象"。这里面就有两个问题。第一个，什么叫"真实的对象"？神话里的人物算不算？当然硬要算也可以，那就是马克思和恩格斯说的"不用想象某种真实的东西而能够真实地想象某种东西"。但这种真实毕竟是"想象的真实"。所谓"真实地想象"，不过是把假的东西想得跟真的一样。

后来在苏联和中国影响极大的"反映论"，便可追溯到亚里士多德的模仿理论。

155

但假的毕竟是假的，不好说是"现实的真实"，也不好算作"模仿的对象"。它们其实不是"模仿的对象"，而应该说是"创造的产物"。当然，在亚里士多德这里，模仿即创造，但不等于创造即模仿。有创造性的模仿，也有创造性的想象。而且，模仿要有创造性，就离不开想象。想象，是不是比模仿更重要？

第二个问题，什么叫"真实地模仿"？照葫芦画瓢算不算？亚里士多德的意思是不算，至少不算最真实。最真实的模仿是直接模仿理念，模仿事物的本质。那么，什么是事物的理念或者本质？这是一个说不清的问题。还有，按照亚里士多德的观点，生活中的事物和现象并不都是真实的。只有那些能够体现可然律或必然律的才算。那么，哪些事物和现象才是能够体现可然律或必然律的"真实的对象"？这又是一个说不清的问题。20世纪60年代的文艺界曾经讨论过一个问题，就是我们现在能不能创作悲剧。结论是不能。社会主义时代人民生活非常幸福，哪来的悲剧？悲剧不行，喜剧呢？也有问题。喜剧总是少不了讽刺的。社会主义时代大家都是同志，有矛盾也是人民内部矛盾，你讽刺谁？最后，创作悲剧，就只好写资本主义国家的事；创作喜剧，就只好讽刺美帝国主义。

其实亚里士多德和我们的理论家都搞错了。艺术的真实既不是"对象的真实"，也不是"模仿的真实"，而是"情感的真实"。即便"想象的真实"，也是为了"情感的真实"，否则他为什么不这样想要那样想？空城计的故事大家都知道吧？很不合逻辑呐！司马懿为什么不敢攻城，还要拔腿就跑？无非是怕城中有埋伏，或者藏着秘密武器。但那么小一座城，能藏多少人？那个冷兵器时代，能有什么秘密

希腊精神是酒神精神（狄俄尼索斯精神）和日神精神（阿波罗精神）的互补结构。柏拉图对狄俄尼索斯精神推崇备至，却又对未经阿波罗精神中和的"甜言蜜语"（即世俗的艺术）深恶痛绝。亚里士多德并不看重狄俄尼索斯冲动，更主张阿波罗式的静观，推崇艺术的"净化"（卡塔西斯）作用，却又肯定快感，并认为正因为美是善，所以产生快感。

武器？就算有，先派一队侦察兵进去看看行不行？把城围起来，围而不打，看他三天，行不行？还有，诸葛亮在城楼上弹琴，你看得见他神色安闲，听得见他琴声不乱，可见距离不远。那么，找个神箭手来，一箭把他射下来行不行？犯得着前军作后军，撒腿就跑吗？这里面又有什么本质的真实呢？有的只是情感的真实，也就是大家都真心希望诸葛亮能够出奇制胜化险为夷，哪怕是想出空城计这么个馊主意，也对付着看下去，马马虎虎啦！

实际上，亚里士多德自己也看到了这一点，他把音乐看作是最典型的模仿艺术就是证明。音乐怎么会是最典型的模仿艺术呢？因为音乐"直接模仿人的情感"。"直接模仿情感"和"直接模仿理念"可是两个概念——理念是客观的，情感是主观的。同样，"写本质"这条路就像客观美学，越来越走不通。于是，慢慢地，人们就不讲模仿了。讲什么呢？讲表现。

二　表现说

"表现说"正式成为一种美学理论，在西方是近代以来的事情。其始作俑者，一般都认为是意大利的美学家克罗齐。他甚至被称为"表现主义大师"。后来，则又有科林伍德和卡里特等人推波助澜。所以这一派的理论，便被叫作"克罗齐—科林伍德表现说"。在西方近代，它曾经是最出风头的理论。相反，那个"雄霸了两千多年"的"模仿说"，则被看作是早已过时和相当可笑的东西。这样一种变化，真可谓"天翻地覆"，所以，法国美学家杜夫海纳，就

尽管科林伍德宣称自己是忠实于克罗齐的，但实际上他在许多方面都偏离了克罗齐的轨道。然而正是这种偏离，科林伍德扩展了"表现说"的领域，并赋予它社会和历史的意义。科林伍德也同意克罗齐的说法：人人都是艺术家，但他同时又认为，只有当欣赏者感受到艺术品所表现的情感时，艺术家才是艺术家。当然，艺术家并不是有意识地这样做，他只是根据直觉和想象去创造而已，只不过一旦创作成功，他就可以将这情感传达给别人，也就客观上有了社会效益。

把这件事情称为"美学革命"。

西方美学界爆发这样一场革命是一点也不奇怪的。因为当时西方的艺术界也在"打土豪，分田地，闹革命"。传统的古典艺术就是土豪，而"模仿说"就是这些土豪的"后台老板"。所以，要"反传统"，就得"重表现"。何况，"打土豪"是为了"分田地"，也就是要张扬个性，强调艺术家作为个体的感性存在和独立存在。所以"表现说"一提出来，现代艺术家们就十分拥护，把它当作旗帜。这也不奇怪。作为一个艺术家，总是要表现自我的。只不过在"模仿说"占统治地位的时代，这种表现总是有些理不直气不壮，吞吞吐吐，扭扭捏捏，躲躲藏藏。现在好了，有"表现说"可以依仗。至于"表现说"的真实含义是什么，是没有太多人去细究的。何况艺术家也没那么多理论耐心。他们要的只是一个说法。只要这个说法合意，他们就会拿来按照自己的理解乱说，准确不准确的，就顾不上啦！

事实上，"表现说"最重要的意义，就在于把个体感性存在的价值提到了前所未有的高度。在个体的自我实现面前，群体不再是神圣的、权威的、不可改变和不可超越的。在主体的自由驰骋面前，客体也不再是高于个体经验因而必须一丝不苟地描摹或仿造的。总之，我们不必再"照抄作业"，而可以"信手涂鸦"了。这可真是让人欢欣雀跃！于是一夜之间，大家都说表现，不说模仿了，谁说谁是土老帽。人人兴高采烈，个个粉墨登场，大家都争相表现自我。

但也有人反对。反对得最起劲的是美国布洛克林学院的教授约翰·豪斯帕斯。豪斯帕斯在他所著《艺术表现的概念》中从创作过程、激发作用、传达现象、作品性质四个方面证明"表现说"不能成立。豪斯帕斯提出的许多问题是很有意思的。比如他说，艺术这东西是早就有了的。如果艺术的本质是情感的表现，那么请问，为什么"表现说"直到现在才被人们所认识和采信？这就让很多人答不上来。因为除非承认自己笨，走了两千多年的弯路才想明白这个道理，这不是智商太低是什么？可惜，西方人并不想认这个账。

其实，这个问题并不难回答。因为我们也可以反问豪斯帕斯一句：在"模仿说"出现之前，艺术也存在了很多年，而且年头比从"模仿说"到"表现说"这段时间还多。如果艺术的本质是模仿，为什么"模仿说"那么晚才出现？还有，"模仿说"之前再无艺术理论，这是不是意味着艺术根本就没什么本质？我想，豪斯帕斯恐怕也回答不上来。人类的认识总有一个过程。如果晚近的观点都不能算数，科学和学术又何必发展？

实际上，"模仿说"和"表现说"并不矛盾，它们是一枚硬币的两面。这枚硬币就是艺术，而它的两面就是情感与形象。"模仿说"看见的是形象，"表现说"看见的是情感。因为在古希腊，最繁荣的恰恰是那些再现性艺术，比如雕塑、戏剧，还有文学当中的史诗。这就不能不使亚里士多德他们特别关注形象问题，也不能不使他们把艺术的本质看作模仿。如果是在中国，情况就会两样了。中国古代最繁荣的是那些表现性艺术，比如音乐、舞蹈，还有文学当中的抒情诗。所以中国美学的艺术观，就大体上是一种表现论。中国美学认为，人之所以要有艺术，是因为他有情感。"情动于中故形于言，言之不足故嗟叹之"，这就是诗；"嗟叹之不足故永歌之"，这就是歌；"永歌之不足，故不知手之舞之足之蹈之"，这就是舞。诗歌舞三位一体，都是情感的表

表现与模仿，其实就是表现与再现。一般地说，艺术总是表现与再现的统一。

159

现。你看，"模仿说"和"表现说"，是不是一枚硬币的两面？既然是一枚硬币的两面，那它们就迟早会掉个儿。因此在西方近代，"表现说"就取代了"模仿说"，而在现代中国，由"模仿说"发展而来的反映论则称霸一时。这就叫"凡是现实的都是合理的，凡是合理的都是现实的"。"模仿说"是现实的，所以是合理的；"表现说"是合理的，所以终将变成现实的。豪斯帕斯的说法没有道理。

　　还有一些问题也不难回答。比如豪斯帕斯问：固然有不少艺术品很感动人，并使我们知道它在表现什么，但也有弄不清的。比方说，就很少有人能说出莫扎特的四重奏或巴赫的赋格曲表现的是什么，但大家还是百听不厌，这又作何解释？其实不难解释。因为知不知道艺术家表现的是什么，和艺术家是不是在表现，这是两回事。不能因为我们不知道艺术家表现的是什么，就说艺术不是表现。表现只是艺术家的事情，跟我们没有关系，我们只要有所感动就行了。如果百听不厌，那就不是有所感动，而是非常感动了。只不过我们说不清为什么感动而已。说不清，也不等于没有。

　　事实上，作为一个欣赏者，根本没有必要弄清楚艺术家表现的是什么，也没有必要确知和确证自己体验到的，是否就是艺术家之所表现。比如"身无彩凤双飞翼，心有灵犀一点通"，什么意思？写给谁的？不知道。但不妨碍我们欣赏。还有，"问君能有几多愁，恰似一江春水向东流"，倒是清楚，是那个"亡国之君"的"亡国之恨"。但也不妨碍我们欣赏，尽管我们不是"亡国之君"，也没有那种"亡国之恨"。也就是说，李煜表现他的，我们欣赏我们的。我们和他的情感是不是完全一样，并没有关系。（学生举手）什么问题？（学生问：我们没有李煜那种"亡国之恨"，为什么能欣赏他的诗？）我们有别的愁别的恨呀！只要我们的愁也像"一江春水向东流"，我们就能产生共鸣。（学生说：不对，我什么愁什么恨都没有，我挺高兴的，可我还是觉得李煜这词写得好，我能欣赏。）你问得好！这说明"表现说"确实有问题，至少单凭"表现"两个字还不足以解释一切艺术现象。事实上，我也并不赞成"表现说"，我只是认为豪斯帕斯提出的这个问题，并不能在理论上逻辑上驳倒"表现说"。至于你的问题，我希望在后面的课程里能得到解释。

倒是他提出的另一个问题问得很是在理。他说，如果艺术即表现，那么，只要表现了情感，就是艺术，就是艺术品，对不对？那好，请问我们又如何评价这些艺术品？谁都知道，有优秀的艺术品，也有低劣的艺术品；有天才的艺术家，也有平庸的艺术家。我们怎样区别呢？要知道，即便低劣和平庸的艺术品，也是表现了情感的呀！当然，我们可以说，这要看它们表现得好不好。表现得好的，优秀；表现得差的，低劣。但是，什么叫表现得好什么叫表现得不好呢？这岂不是在表现之外，又设立了一个标准吗？如果那个标准成立，那就说明艺术虽然不能没有表现，但艺术之为艺术，却不在表现本身。

由此可见，艺术是否表现情感，是一回事；艺术品有没有艺术价值，是另一回事。什么叫表现？顾名思义，表，就是把内在的东西变成外在的；现，就是把看不见的变成看得见的。也就是说，只要把内在的、看不见的东西（比如情感），变成了外在的、看得见或者听得见、可以用感知去把握的，就是表现。艺术当然是表现。因为它把艺术家内心深处不为人知的微妙情感，变成了别人也可以感受的东西。

李斯托威尔甚至认为，就连物质媒介都会对艺术创作产生很大影响。

李斯托威尔指出："恐惧或愤怒，痛苦或快乐，以及其他任何激越的情绪，它们那种自发而又不自觉的表现，肯定地说，其本身既不是美的，也不能说是艺术的。"

但，艺术是表现，表现却不一定是艺术。有艺术的表现，也有非艺术的表现。艺术的表现和非艺术表现的区别，在于表现的艺术性。这才是艺术的价值所在。所以，我们就不能说"艺术即表现"，至少不能这么简单地说。

不过"表现说"最大的麻烦，还在于概念的模糊和理论的混乱。首先，我们得弄清楚，所谓"表现说"，并不是一种单纯的或单一的理论，而是一个共同旗号下的混乱的理论群。也就是说，尽管不少人都异口同声地表示赞同"表现说"，但实际上都是"各拿各的号，各吹各的调"。比方说，什么是表现？表现的定义究竟是什么？就不大讲得清楚。克罗齐说"表现即直觉"，科林伍德说"表现即想象"，艺术家们则多半把它看作是一种情感或情绪的宣泄。又比方说，艺术表现什么，也是各有各的说法。有说表现个性的，有说表现自我的，有说表现无意识的，还有说表现思想观念的，不一而足。一位名叫金蒂雷的美学家甚至认为艺术根本不是什么表现或直觉，"而是情感本身"。那么，什么是情感呢？他的定义是："某种无人能够准确说明的东西。"

平心而论，和"模仿说"相比，"表现说"是比较接近艺术实践尤其是艺术创作的经验的。因为它更注重艺术的精神性质，更注重人的心理活动，更注重个体的自由心灵，更注重对象的情感特征，所以很受艺术家的欢迎。但"表现说"虽然很对大多数艺术家的口味，却未必能够得到哲学家们的普遍赞同。因为"表现说"的概念是含糊不清的，命题是空疏笼统的，理解是五花八门的，体系则是支离破碎的。它更多地是一种经验形态的东西，不像"模仿说"，有一个逻辑严密的理论体系。更重要的是，它仍不能很好地解释和说明艺术的本质，总是给人挂一漏万、以偏概全的感觉。因此，也有人既不同意"模仿说"，又不同意"表现说"。他们主张一些别的理论，比如"游戏说"和"形式说"。

三　游戏说

历史上的"游戏说"有两种。一个叫"康德—席勒游戏说"，一个叫"斯宾塞—谷鲁斯—朗格游戏说"。这两个是不一样的。前一个是一种哲学观点。康德在《判断力批判》中说过一句话："人们把艺术看作仿佛是一种游戏。"诗是"想象力的自由游戏"，其他艺术则是"感觉的游戏"。后来，席勒把康德的这种观点发扬光大了。席勒认为，人有三种冲动：感性冲动、理性冲动和游戏冲动。前两种冲动是矛盾的，只有后一种冲动才能把它们统一起来。打个比方说，感性冲动好比是兽性，理性冲动好比是神性，游戏冲动则是人性。不是有个说法，说人一半是天使一半是魔鬼吗？理性冲动就是天使的那一半，感性冲动就是魔鬼的那一半。但人不可能成为天使，也不能变成魔鬼，这就要把兽性和神性调和统一起来，而能够调和统一感性冲动和理性冲动的就是游戏冲动。

为什么呢？因为游戏有个特点，就是既随心所欲，又严守规则。游戏的规则是很重要的。比如加入WTO以后，就必须遵守世界贸易组织的"游戏规则"。不以规矩无以成方圆嘛！同样，随心所欲也是很重要的。从头到尾规规矩矩，一点自由都没有，那不叫游戏，那叫打工！所以，游戏，或者说，游戏状态，就是既守规矩，又很自由。用孔子的话

康德指出，把多样的直观集合起来的想象力，以及由概念把表象统一起来的理解力的"自由游戏"，对每一种认识都是一个重要的过程。这种"自由游戏"先于审美的快感，是审美快感的根源，并且赋予鉴赏力的判断以普遍性。席勒则在《审美教育书简》中指出，在道德的责任中，在理智的思辨中，以及在快乐的追求中，感性世界和精神世界都是完全分离的，只有艺术能实现它们的协调。请参看李斯托威尔《近代美学史评述》。

说，就是"从心所欲，不逾矩"。这当然很不容易。就连孔子他老人家，也要到七十岁才做得到，我们这些人怕是没有希望了。不过，正因为难，才可以当作理想来设计。要是不难，就不是理想了。总之，这种"从心所欲不逾矩"的游戏状态，是很理想的，因此也是美的、艺术的。达到了这种状态，也就达到了"人格的完整"和"心灵的优美"，达到了社会和人的最高境界——自由境界。实际上，康德和席勒说的游戏，就是自由。所以席勒说："只有当人充分是人的时候，他才游戏；只有当人游戏的时候，他才完全是人。"

很显然，康德和席勒说的游戏，和我们通常说的游戏，并不是一回事。真正的、严格意义上的"游戏说"，不是康德和席勒的那一种，而是"斯宾塞—谷鲁斯—朗格游戏说"。不过我们要说明一下。美学史上有两个朗格。一个叫苏姗·朗格，女的，美国人，是"符号说"的代表人物。还有一个叫康拉德·朗格，男的，德国人。主张"游戏说"的，是后一个。

斯宾塞、谷鲁斯和康拉德·朗格都认为，艺术在本质上和游戏没有什么两样，所以他们的观点都叫"游戏说"。其中斯宾塞和席勒最接近，都认为艺术和游戏一样，是人们过剩精力的宣泄。要说有什么不同，也就是艺术为人类的高级机能提供消遣，游戏为人类的低级机能寻找出路。所以，当狮子不受饥饿的折磨时，它就会让自己的吼叫响彻充满回声的沙漠；人如果酒足饭饱、百无聊赖、精力过剩，就会做游戏或者搞艺术。总之，艺术和游戏一样，都是"吃饱了撑的"。

谷鲁斯部分同意他们的观点，就是艺术和游戏一样，都能给人带来无利害的快乐。但他不认为游戏是什么"过剩精力的宣泄"，而认为是一种必要的学习。小猫玩球是为了练习抓老鼠，女孩抱布娃娃是为了学习当妈妈。这就和艺术一样，是"寓教于乐"。它们都是以欣赏的态度在内心暗暗地模仿自己的对象。这样，游戏和艺术就给我们提供了一个极好的机会，使我们在轻松愉快之中增强了适应社会的能力。所以，你想成为一个有用的人吗？那你就多做游戏，或者多看电影。

康拉德·朗格则认为，艺术和游戏最明显的共同之处，就是它们都有"假想"或"虚拟"的成分。女孩子玩过家家，抱的是布娃娃；画家画苹果画鞋子，却既不能吃也不能穿。所以，艺术和游戏，都是"上当受骗""自欺欺人"。但这种"上当受骗"和"自欺欺人"，又都是心甘情愿的。明知是假，偏要当真，因此是一种"有意识的自我欺骗"。但是，如果没有这种"有意识的自欺"，也就没有游戏的快感和艺术的美感。这正是艺术和游戏最本质的共同之处。如果说它们还有什么区别的话，那就是艺术比游戏需要更成熟的心智和更复杂的技巧。因此，朗格认为，"游戏是儿童时代的艺术，艺术是形式成熟的游戏"。

这种说法看起来似乎很有道理。的确，艺术和游戏都是"无利害而生愉快"，也都只以自身为目的。战争的游戏是为了游戏而不是为了战争，破案的戏剧也只是为了戏剧而不是为了破案，要不然谁肯看悲剧，谁又肯玩"官兵捉强盗"的游戏？除非每次都是赢家。不过那个每次都输的，只怕就不会来了。

正因为艺术和游戏都是超功利的，因此它们都不怕"假"，甚至越假越好。艺术和游戏都宁假勿真，宁远勿近，宁似勿是。女孩子给布娃娃当妈妈是愉快的，如果塞给

康拉德·朗格还认为，人的艺术能力是在后天通过社会生活获得的，因此艺术是社会共同的游戏，游戏则可看作个人自己的艺术。而且，由于艺术具有社会性，因此只限于两种社会性感觉：视觉和听觉。

165

她一个真正的婴儿，你看她干不干？（女同学齐声回答：不干！）同样，艺术作品也不宜太实，最好是虚虚实实，虚实相间。比如你把雕塑作品弄得跟真人似的，站在展览馆大门口一动不动，还不得吓人一跳？"假戏"不能"真做"。一旦"弄假成真"，比如玩战争游戏的孩子把对方打得头破血流，演爱情故事的演员在舞台上忘乎所以，都是对艺术和游戏规则的破坏，那就一点美感和快感都没有了。

艺术和游戏虽然"假"，却又求"真"。它们都是那种"明知是假"，却又"认真去做"的事情。不信你们去看女孩子们过家家，那是非常认真的。给布娃娃打针，一定会"消毒"，会用棉花或者纸团在布娃娃屁股上揉，嘴里还要说："乖，勇敢，不哭。"一个程序都不会漏掉。一个真正在做游戏的人和一个真正在搞艺术的人一样，都是"全力以赴""忘乎所以"的。这个时候你最好不要戳穿他，不然他会跟你急！小孩子们做游戏的时候，最不愿意有大人在场，就是怕大人戳穿他们那"有意的自欺"。所以呀，你要是想和小孩子们交朋友，最好是和他们一样"认真去做"，要你当猫你就当猫，要你扮狗你就扮狗，保证大受欢迎。

搞艺术也一样。比如中国戏曲，虚拟性是很强的。"有酒无菜，有杯无筷"。可是做起动作来，又认真得不得了。穿针引线，一定会在"线"尾挽个疙瘩，其实她手上既没有针，也没有线。这就叫"明知是假，认真去做"。为什么明知是假，却又要认真去做呢？因为只有这样，才能获得真正的情感体验，而艺术和游戏是不是成功，又全在能不能获得这种体验。有体验就愉快，没有体验就不愉快。至于体验什么，则无关紧要。因此，在战争和狩猎的游戏中，胜利的一方固然开心，失败的一方也未必失意；猎人固然洋洋自

和游戏最相似的艺术门类是戏剧，它们也都有一个"戏"字。戏，即虚拟，亦即超功利、无目的。

得，白兔们也未必郁郁寡欢。要不然，很小的小孩子就不会参加游戏，弱小动物也就没有人扮演了。

显然，参加游戏和欣赏艺术，都是作为局外人去充当局中人，在假想中领略"似是而非"的乐趣。"不像"没有乐趣，"太像"也没有乐趣，一定得"似是而非"。因为这种乐趣来自体验，也来自想象，是一种"假设的体验"和"真实的想象"。局中人的身份保证了体验的真实，局外人的身份保证了想象的自由，因此妙不可言，其乐无穷。

这就有点像做梦，因此也有认为艺术是"白日梦"的。但其实不同。梦是一种纯粹的幻想，用不着什么物质媒介或者物质手段。艺术和游戏就不能没有。比如玩"骑马"的游戏，就至少要有一根竹竿。"青梅竹马"嘛，没有竹竿怎么行？实在没有竹竿，扫把当然也对付，不过那容易让人觉得像是巫婆，最好不用。梦又是纯属个人的，不能和他人共享。我们可以邀请别人和自己一起欣赏艺术或者做游戏，但你不能请别人和你一起做梦。啊，你给朋友发一请柬：恭请各位和兄弟我今晚共入梦境，同做一梦？那才真是"做梦"！总之，梦是一种纯属个人的纯粹的幻想。它没有社会价值，也没有游戏规则和艺术技巧。只有傻瓜才把梦当回事，逢人便讲，那叫"痴人说梦"！也只有傻瓜才会这样批评别人："你怎么做这么个梦？太没水平了！"

所以，艺术和游戏，它们两个是很像的。不过差别也更大。首先，游戏只关心快感而不关心内容。游戏者刚刚玩过老鹰捉小鸡的游戏，又可以立刻去玩小羊乖乖。对于他们来说，小鸡或小羊的命运是无所谓的。他们绝不会像艺术家那样关心自己作品中人物的命运，关心自己作品的内容。游戏毕竟只是一种纯粹的享乐。它即便有什么内容，也是无关宏

游戏说中最有价值的观点是"有意识的自我欺骗"。自我欺骗源于自我意识，和自我认识是一对互补结构，也是人之为人的不可或缺。请参看邓晓芒《灵之舞》第一章第一节，东方出版社1995年版；易中天《自我意识与人的确证》，《世纪大讲堂》第5辑，辽宁人民出版社2003年版。

167

旨的。但一个民族的艺术即便在童年期，也会要求一种真实的内容和意义。所以，优秀的艺术品当中往往充满了人生的哲理，闪烁着真理的光芒。请问，有这样的游戏吗？

其次，游戏也不关心形式。布娃娃和小木偶一样可以用来过家家，而且如果没有布娃娃，抱个枕头也凑合。我就亲眼看见一个小女孩抱个枕头走来走去。问她抱的是什么，她说是"小宝宝"。艺术能这样对付吗？一个认真的画家甚至不肯画"错"一根线条。因为艺术品的价值，往往就在于它那独特的、新颖的、不可重复和不可替代的形式。在形式问题上，你不可以和艺术家讨价还价。这个下面我们还要讲到。

第三，艺术和游戏给人的感受也不同。游戏给人的是快感，艺术给人的是美感。美感可以传达，快感却仅仅属于个人。当然，游戏也可以旁观，但"看热闹"和"做游戏"毕竟是两码事。所以那些游戏的酷爱者在充当旁观者时总是忍无可忍。"看看你下的这臭棋！"说着说着他就"出手"了。然而在艺术活动中，却可以一部分人是创作者，另一部分人是欣赏者，这很正常。因为美感是可以传达的。既然可以传达，也就用不着每个人都去当艺术家。所以，游戏只能给游戏者带来愉快，艺术却可能给全人类带来快乐。

最后也是最重要的，艺术是人类文化的精华，标志着一个民族的文明程度。游戏能标志什么呢？顶多也就是富裕程度或闲暇程度。做游戏的条件并不高，或者有钱，或者有闲，搞艺术却要有文化。艺术绝不是人们穷极无聊闲着没事随便弄来玩玩的东西。在那些不朽的艺术珍品下面，往往横卧着人类亘古的苦难；而在那些感人的艺术杰作当中，则往往蕴含着人类前进的动力。这是游戏永远都望尘莫及的。所

艺术和游戏之间确实存在深刻的内在联系，请参看易中天《人的确证》（上海文艺出版社2001年版）第二章第一节第四小节"确证感与游戏"。

以，艺术最终将推动社会历史的进步，促成人的全面自由发展，游戏就不能。

四　形式说

前面我们讲了"模仿说"、"表现说"和"游戏说"，不知大家听了以后，都有什么感觉？反正我自己，还有一些搞艺术的人，是多少有些怀疑的。如果艺术就是模仿，就是表现，就是游戏，那么，一个东西，只要反映了现实，或者表现了情感，或者像游戏一样，做到了"有意识的自我欺骗"，就是艺术吗？不会吧？有一个人问我，说你们理论家总是讲"愤怒出诗人"。我倒是经常愤怒，怎么不是诗人？我就回答——我本来是不想回答的，但我看他问得很认真，我就回答，说这里有两个问题。一个，你的愤怒有没有社会意义？如果你只是到菜市场买菜，付了钱又忘记把菜拿走，自己和自己生气，恐怕就写不成诗，写成了也没人看。第二，就算你的愤怒有社会意义，也还要看你能不能找到一个好的形式。找不到，你也成不了诗人。克罗齐说得好，同一首诗的题材可以存在于一切人的心灵，但正是一种独特的形式，使诗人成其为诗人。比如爱情，这是我们很多人都有的。（同学在下面窃窃私语。）你说你没有？不要紧，以后会有的。所以，在可能的意义上，我们每个人都是诗人。而且，据我所知，很多人在恋爱时都是要写诗的。当然，现在的年轻人还写不写，我就不知道了。也许改成用手机发短信了吧！但是，写爱情诗的人何止万千，为什么只有海涅、普希金、李商隐他们才是诗人呢？世界上的爱情诗又何止万千，为什么只有少数几首才是精品呢？就因为它们有着与众不同的表达方式。海涅有一首"罗曼采曲"，叫《可怜的彼得》，曾经由舒曼谱曲广为传唱。不过它不是写恋爱的，是写失恋的。这首诗说："可怜的彼得摇摇晃晃，慢吞吞，羞怯怯，面色如土。马路上过往的行人，看见他都要停住脚步。姑娘们相互窃窃私语：这个人是不是刚从坟墓里走出？啊，不，你们各位美丽的少女，这个人正向坟墓走去。"是啊，失恋了，就和行尸走肉差不多了！

这是写痛苦的。再说个写愤怒的，北岛的《回答》："卑鄙是卑鄙者的通行证，高尚是高尚者的墓志铭。看吧，在那镀金的天空中，飘满了死者弯曲的身影。"这当然是诗，而且是非常好的诗。因为它不但有一个很好的诗的形式，而且它所传达的情感，是有社会意义的，有普遍性的。情感的普遍性非常重要。只有那些具有社会普遍意义的情感和题材，比如爱情、死亡、生命的价值等，才能成为艺术表现的对象。所以，一个姑娘会歌唱自己失去的爱情，一个守财奴却不会歌唱自己失去的金钱。同样，也只会有人歌唱小河里死去的鱼，不会有人歌唱菜场里忘记带走的鱼。

内容的意义使艺术成为必要，形式的创造则使艺术成为可能。也就是说，正因为许多感受和体验具有社会意义，必须普遍传达，所以我们要有艺术。但这种传达能不能成为艺术，却要看形式。比如"窈窕淑女，寤寐求之。求之不得，辗转反侧"，这就是诗。如果只是说"漂亮妞呀，我想死你了"，这就是嚷嚷了。其实，只要嚷嚷得好，也可能成为艺术。比如有一首西北民歌，叫《叫声哥哥你带我走》，是这样唱的："我为你备好钱粮的搭兜，我为你支开村头的黄狗，我为你打开吱呀后门，我为你点亮满天的星斗满天的星斗。我想你亲亲把嘴儿努起，我想你笑笑把泪儿流，不嫌丢脸不管羞，叫声哥哥你带我走，叫声哥哥你带我走！""叫声哥哥你带我走"，这就是嚷嚷。可是这"嚷嚷"被纳入了一个审美的形式，因此是艺术。

甚至有些艺术作品，我们根本就不知道它表现了什么情感，有什么样的内容，但因为有一个非常好的审美形式，也是艺术。比如《G大调小奏鸣曲》之类。相反，没有这个形式，哪怕内容再好，比如一篇科学论文，我们也不能说它是艺术。其实，即便我们同意艺术是模仿、是表现、是游戏，也得通过一定的艺术形式来模仿、来表现、来游戏，是不是？所以，有一些理论家就认为，艺术的本质，就在艺术的形式。艺术是"形式的创造"，艺术学则是"形式的科学"。

法国的美学家苏里奥就是这么认为的。他认为自然科学（其实也包括社会科学、人文学科）是"内容的科学"。因为它们关心的是事物的内部联系和内部规律，而艺术学则应该更多地关心形式，比如平面或立体构成形式、乐音的运动形式等。另一位英国的美学家赫伯特·里德则说得更明白。他认为美就是"形式上的各种关系在我们的感官知觉之间的一种统一性"，而艺术则是"创造令人喜爱的形式的一种企图"。这样一种观点，我们就称之为"艺术的形式说"。

艺术的形式说也是老早就有了的理论，有人说可以追溯到毕达哥拉斯学派。这个也未免追得太远了一点。比较靠得住的，是中国的嵇康和奥地利的汉斯立克。这两个人虽然远隔千里，也不同时，看法却相当一致。第一，他们讲的都是音乐，也就是主张音乐是一种形式。第二，他们都反对情感美学，也就是不赞成艺术是情感的表现。嵇康说，我们听音

苏里奥被李斯托威尔称为"当代形式主义的先驱"，其古典先驱则是康德美学，虽然他在《判断力批判》的结尾部分把美归结为"善的象征"。

171

乐，有的时候听了高兴，有的时候听了悲哀，这是事实。但如果因此就说音乐里面有情感，则不是事实。因为我们喝酒，也有的时候喝了高兴，有的时候喝了悲哀，难道酒里面也有情感？酒里面没有，音乐里面怎么会有？

汉斯立克则说，同一首乐曲完全可以配上意思相反的歌词，比如奥菲欧的咏叹调"我失去了欧里狄西，我的不幸无与伦比"，就可以换成"我找到了欧里狄西，我的幸福无与伦比"。如果音乐是表现情感的，怎么能换？所以汉斯立克说，音乐就是形式，就是"乐音的运动形式"。嵇康则认为音乐的美只在乐音的和谐，与情感无关："随曲之情，尽于和域；应美之口，绝于甘境。安得哀乐于其间哉！"这可真是"英雄所见略同"。

不过，真正使"形式说"成了气候的，不是音乐美学家，而是一些研究造型艺术的人，这就是克乃夫·贝尔、罗吉尔·弗莱和赫伯特·里德。这三个英国人的观点，颇能代表现代形式主义美学的主张。

克乃夫·贝尔认为，艺术的价值，不在于情感的或理智的内容，而在于线条、色彩或体积的关系。罗吉尔·弗莱也认为，形式是平面艺术最重要的特征，因为绘画本身仅仅只是关于造型和纯粹构图设计的艺术。至于赫伯特·里德的观点，我们前面已经说了，他认为艺术是"创造令人喜爱的形式的一种企图"。我们知道，在此之前，无论音乐美学，还是绘画美学，关注的都是内容。音乐讲情感（其实也就是"表现说"），绘画讲形象（其实也就是"模仿说"），都不怎么讲形式，更少有把形式当作艺术本质的。虽然有嵇康和汉斯立克，但毕竟势单力薄，声音微弱。现在，美术这边也举起了形式主义的大旗，自然今非昔比。

广义的形式主义美学其实有两种。一种是"自然科学的形式主义"，克乃夫·贝尔、罗吉尔·弗莱和赫伯特·里德的"形式说"属于这种。还有一种是"社会科学的形式主义"。请参看本书附录。

贝尔这一观点的提出，在美学史上有十分重要的意义。它意味着形式美学从对形式本身的规定转入到对形式意义的探索。

上面这三个人当中，影响最大的是克乃夫·贝尔。正是他，使"形式说"成为现代美学的主流派别。贝尔之所以名噪一时，是因为他提出了一个口号，叫"有意味的形式"。这就和过去的形式美学大不一样。至少他这个形式不是空洞的，无内容的，而是"有意味的"。马虎一点，也可以理解为"有内容的形式"。这就比单纯只讲形式高明。不过，如果你把它理解为"内容与形式的统一"，那就大错特错了。实际上贝尔所说的"意味"，不是我们通常所谓主题、思想、情感等，而是一种"非一般意味"的意味，"非日常情感"的情感。简单地说，它就是"事物中的上帝，特殊中的普遍，无所不在的韵律"，是一种"终极的存在"，有点类似于中国美学中的道、气、气韵、韵味、神韵一类的东西，不大说得清楚的。

贝尔的"有意味的形式"虽然可以很方便地解释现代艺术的许多现象，但它本身却并没有多少科学的气味，反倒更像一种新的信仰。

不过，这个"非一般意味的意味"虽然说起来神秘兮兮，却大对艺术家尤其是形式主义和表现主义艺术家的胃口。因为这些家伙最喜欢说不清的东西。越是说不清，他们就越是来劲。你要是说得清清楚楚，他们就会觉得没什么了不起了。所以贝尔的学说很快就风行一时，成了人们的口头禅，大家都说自己的作品是"有意味的形式"。至于这神秘的意味究竟是什么，它存在于何处，又是怎样被艺术家所感知，并表现于自己的艺术作品之中，就大约只有上帝知道了。就连艺术家自己，恐怕也不清楚，就算清楚也不会告诉你，要你自己去悟！你说悟不出来？对不起，那是你的不幸！

其实，不但艺术家喜欢"有意味的形式"，理论家也喜欢。过去的美学，包括形式美学，也包括其他美学，往往总是把内容和形式对立起来。艺术的本质要么在于内容，要么事实上，"有意味的形式"已成为西方现代艺术批评和中国当代美学的常用术语，其影响之大可想而知。

在于形式。这就难免偏颇。实际上黑格尔早就说过："内容非他，即形式之转化为内容；形式非他，即内容之转化为形式。"内容和形式并不是势不两立的。但你总不能说艺术就是内容和形式的统一，或者就是内容和形式的转化吧？这就等于什么都没说。再说了，艺术是内容和形式的统一，难道科学和宗教不是？光说内容和形式的统一，如何区别艺术与科学、宗教呢？显然，必须有一个说法，既能突出艺术的特征，又不至于把内容和形式对立起来。"有意味的形式"就是这样一个说法。艺术是"有意味的形式"，这就区别了艺术与科学、宗教，因为科学和宗教可以理解为"有形式的意味"。艺术的形式是"有意味的"，这就统一了形式与内容。至于艺术形式中的意味是什么，它如何成为可能，则可以以后再说。比如李泽厚讲"有意味的形式"，他的意味和贝尔的意味就不是一回事。我们讲"情感的对象化形式"，和贝尔也不相同。但不管怎么说，我们都得感谢贝尔给我们的启迪。

五　走出美学的迷惘

请参看李泽厚《美学的对象与范围》一文。另外，在《美学四讲》一书中，李泽厚把美学分为哲学美学、历史美学和科学美学三大类，或哲学美学、理论美学、实用美学，或哲学美学、马克思主义美学、人类学本体论美学。

同学们，美学的历史，我们大体上就算是讲完了。没有讲全，不可能讲全，也没有必要讲全。我们不是这个专业的学生是不是？掌握了前面讲的这些，也就基本上掌握了美学的问题和历史，可以收摊了。当然，收摊之前，得有些结论。尽管我一再强调，结论并不重要，重要的是过程。可是，没有结论，大家心里会觉得不踏实。

那么，我们可以得出一些什么结论呢？

174

我想，第一点，是我们总算可以知道美学是什么了。是什么呢？就是美的研究、审美的研究和艺术的研究，是这三个部分和这三个方面的总和。这三个部分，李泽厚分别称之为美的哲学、审美心理学和艺术社会学。也就是说，美学，即美的哲学加审美心理学再加艺术社会学。这是很有道理的，话说得也很漂亮。有点问题的，是"艺术社会学"这个说法不太准确。因为美学当中艺术的研究这一部分，实在不好说是社会学的。我曾考虑是不是改成"艺术人类学"或别的什么，但都不准确，只好放弃李先生这种漂亮的说法，不在研究对象后面加一个什么学，老老实实地称之为美的研究、审美的研究、艺术的研究。

这个结论告诉我们什么呢？第一，它告诉我们，美学的对象，是美、审美和艺术。主要就是这三块。当然，也有人不同意，认为应该是美、美感和审美，艺术不算。艺术的研究是艺术学，不是美学。不过这样一来，黑格尔的美学就不是美学了。而且，审美和美感其实是一个问题，只不过一为过程（审美）一为结果（美感）而已，不应该分开来。所以，我同意美学的对象，是美、审美和艺术。

第二，这个结论告诉我们，美学的方法是多学科的。比如美的研究，主要是哲学的。审美的研究，主要是心理学的。艺术的研究，则可以是哲学的（如黑格尔），可以是社会学的（如丹纳），也可以是人类学的（如格罗塞），还可以是其他什么学的。丹纳的著作叫《艺术哲学》，其实是艺术社会学；格罗塞的著作叫《艺术的起源》，其实是艺术人类学；普列汉诺夫的《论艺术》，则既是哲学的，又是人类学和社会学的。审美的研究也一样。移情学派等的方法是心理学的，康德、克罗齐的研究就是哲学的了。只有美的研

李泽厚认为，现在已经没有统一或单一的美学，"美学已成为一张不断增生、相互牵制的游戏之网"。这是有一定道理的。但美学仍应有其基本对象、基本范围和基本方法。

究，基本上是哲学的，其他研究则兼而有之。所以，哲学仍然是美学最主要和最基本的研究方法。

这就是美学的对象和方法。搞清楚了这一点，就不算没有收获。

但我还想多一点收获，就是还想运用黑格尔的辩证法，从中看出一点名堂来。什么名堂呢？那就是：美学的这三个部分，其实也是美学的三个历史阶段。第一个历史阶段，以古希腊罗马美学为代表，是美的研究；第二阶段，以康德为代表，是审美的研究；第三阶段，以黑格尔为代表，是艺术的研究。古希腊罗马美学，其实也可以看作这样三个阶段：毕达哥拉斯，是美的研究；苏格拉底和柏拉图，是审美的研究；亚里士多德，是艺术的研究。苏格拉底和柏拉图，一个讲关系（适当），一个讲途径（迷狂），实际上就是在讲审美了。

这说明什么呢？说明美、审美、艺术之间，有一种逻辑关系。正是这种逻辑关系的展开表现为美学的历史。美的研究，是美学的第一个历史阶段，用黑格尔的话说就是正题。它研究的，是美的客观性问题。审美的研究，是美学的第二个历史阶段，用黑格尔的话说就是反题。它研究的，是美的主观性问题。艺术的研究，是美学的第三个历史阶段，用黑格尔的话说就是合题。它研究的，是美的客观性和主观性统一的问题。所以，三个部分，是缺一不可的；三个阶段，也是必然要出现的。

搞清楚了这一点，又有什么用呢？就是告诉我们，当我们今天站在前人的肩膀上时，已经用不着把这个过程再来一遍了。我们也可以倒过来，从最后一个阶段开始，反攻倒算，追根寻源，从艺术的研究入手，去解开美的秘密。

这样又有什么好处？好处是事情可能会比较顺手。艺术虽然也不容易讲清楚，但比起美来，还是要好讲一些。因为美是一种"性质"，而艺术是一种"东西"。世界上没有"美"这种东西。它是附着在某个"东西"上的。比如美的姑娘、美的陶罐、美的母马。在这里，姑娘、陶罐、母马，是实实在在的，可以弄清楚讲清楚的。附着在姑娘、陶罐、母马身上的"美"，就比较虚玄，讲不清楚了。它就像空气一样，无处不在，无时不有，但如果你想伸出手去"把握"它，就会发现明明知道它在哪里，可就是把握不住。

艺术就好办一些。艺术可以是一种性质（艺术性），也可以是一种东西（艺术品）。性质不好把握，我们还可以去把握东西。当然，美的研究也可以从某个"东西"入手，这就是审美对象。但研究审美对象要比研究艺术品麻烦。因为什么是审美对象，什么不是，也讲不清楚。小石潭在柳宗元眼里是审美对象，在旅游者眼里不是；林妹妹在贾宝玉眼里是审美对象，在焦大眼里不是。你怎么讲？所以，康德以后，大家就不研究美是什么了，研究审美是什么，也就是研究为什么小石潭在柳宗元眼里是审美对象，在我们眼里不是；林妹妹在贾宝玉眼里是审美对象，在焦大眼里不是。但这顶多只能回答我们为什么会认为某一对象美，仍然无法回答美的本质问题。因此美学不能只研究审美过程，还必须研究审美对象，而最便于研究的审美对象就是艺术品。艺术品当然也有争议，但争议要小一点。好歹，比如米开朗琪罗的雕塑，齐白石的画，贝多芬的音乐，莎士比亚的戏剧，总归公认是艺术品。即便有人硬说不是，我们也可以不予理睬。这就好把握多了。

剩下的问题，也就是如何把握。

艺术的研究其实也有三个环节，即本质、功能、特征。过去美学的方法，多半是从本质开始的。这就难免会有问题。什么问题呢？就是美学家们说的这个"本质"，弄不好就是他们的想当然。柏拉图的理念和黑格尔的绝对理念就是想当然。结果讲起艺术来，虽然也头头是道，最后却总是要出问题。

所以，即便从艺术入手，也要倒过来，先讲特征，再讲功能，最后讲本质。

那么，艺术的特征又是什么呢？要回答这个问题，我们不能逐一研究每件艺术品，也不能逐一研究每个艺术门类。这样不但工作量太大，而且很可能劳而无功。因为我们马上就会发现，音乐有音乐的特征，绘画有绘画的特征，每个门类的艺术都有自己的特征，这些特征是不一样的。这也不奇怪。如果一样，就不是特征了，对不对？

因此，如果我们一个门类、一个门类地研究艺术特征，我们就最多只能得到门类艺术学的结论，不可能得到美学的结论。甚至，我们连门类艺术学的结论也得不到。因为我们马上又会发现，不但各个门类的艺术有自己的特征，同一门类当中，不同风格流派的艺术也有自己的特征。比如国画和油画，就差得很远。国画讲笔墨，油画就不讲。另外，古典艺术和现代艺术，差别也很大，甚至更大。比如古典油画和古典国画，虽然很不一样，但好歹都是"绘画"。也就是说，古典绘画艺术家都用笔，都"绘"，都"画"。现代绘画却很可能既不"绘"又不"画"。笔也不用了，用喷枪喷，用剪刀剪，用胶水贴，或者用电脑来制作。这就把绘画艺术最基本的特征（绘和画）都颠覆了，我们还有什么话可说？

不过，现代艺术虽然是个"破坏分子"，却给了我们一个重要的启发，这就是：研究艺术的特征，不能再像过去那样只关注艺术"有什么"，还应该而且更应该关注它"没有什么"。"没有"了之后，又"剩下什么"。比如绘画，你可以不绘不画，不用笔不用纸，但有几点你不能没有。第一，你创造的，必须是可视形象，不管这形象是抽象的还是具象的，是黑白的还是彩色的。第二，这形象一定是二维平面的。如果是三维的、立体的，那就是雕塑、建筑等，不是绘画了。第三，这形象一定是静态的。如果动，就是电影、电视，或者电脑艺术，也不是绘画，哪怕它是画出来的（动画片）。由此，我们就可以给绘画下一个定义：塑造二维平面静态可视形象的艺术。

这就是我们在方法论上要注意的第一点：在研究艺术特征的时候，要用减法，寻找它最不能没有的"底线"。比如研究戏剧，做减法，我们就会发现许多因素是可以没有的。比方说可以没有编剧，没有导演（即兴表演就没有编剧和导演），没有台词（哑剧就没有台词），没有音乐、布景、道具等，但有两个因素不能没有。哪两个因素不能没有呢？一个是动作，一个是观众。没有动作，演员自始至终站在台上一动不动、一声不吭，面无表情，这不叫演出，叫发呆。没有观众，演员自己站在台上手舞足蹈，又说又笑，忙进忙出，这也不叫演出，叫发神经。所以观众也是不能没有的。（同学说：排演时就没有观众。）那是排演，不是演出。何况排演其实也是有观众的，就是导演。导演在这时就充当了观众。（同学说：你刚才说过可以不要导演。）那么演员就相互充当观众。（同学再问：如果是排独角戏呢？）恐怕就只好自己假设一个观众了。"举杯邀明月，对影成三人"，就

格罗塞认为戏剧起源于舞蹈，而舞蹈与戏剧的区别恰在于观众。舞蹈可以自己跳自己体验，戏剧却非有观众不可。

179

像军事演习一样，自己拿自己当敌人。何况严格说来排演也不是戏剧。反正，戏剧不能没有观众，就像战争不能没有敌人。戏剧不能没有动作，就像战争不能没有交锋。戏剧的底线找到了，它的特征也就不难显现出来。这是第一点。

第二点，就是我们美学要寻找的这个特征、这个底线，必须是各门类艺术共有的，不能只是某一种艺术特有的，这样我们得出的结论，才是美学意义上的，不是门类艺术学的。所以我们要对所有的艺术特征做减法。这个过程太长，我就不讲了，只讲结论。结论现在也不能讲，因为该下课了。在下一次课程中，我将回答这个问题，并和同学们一起，走出美学的迷惘。

第七讲　美学问题的历史解答

艺术是情感的对象化形式 / 艺术是情感的传达
艺术是人的确证 / 美感与审美 / 美与丑

一　艺术是情感的对象化形式

同学们，我们前面的课程，虽说弄清楚了什么是美学，实际上也只是解决了一个方法论的问题。这个问题是很重要的，这个结论也是来得很不容易的，花了两千多年的工夫，我们可不能掉以轻心。

所以我得把这个来之不易的结论再说一遍，就是我们寻找艺术的特征和底线，一要做减法二要找共性。如果说还有第三条，那就是要从最不正宗最不标准的例子入手，这样我们才能发现究竟什么特征是艺术最不可或缺的。比如凯奇的《4分33秒》，就是最不像音乐的音乐作品。因为音乐最主要的因素比如乐音、旋律、节奏它都没有，只不过演奏家在钢琴前默坐了4分33秒。按照我们前面的说法，这只能叫"发呆"。但就算这个，也不是什么都没有，完全等于零。还有一样东西，或者说一个因素，它不能没有，这就是时间。这4分33秒的时间它总不能没有。可见再先锋的艺术家，也不是绝对自由的。再现代的艺术，也是可以定义的。凯奇的这个作品就告诉我们：音乐不能没有时间，因此音乐是时间的艺术。从这个结论出发，我们还可以进一步推导出音乐的其他特征，这里就不讲了。

再说一个例子，行为艺术。行为艺术也是最不像艺术的艺术。一不小心，就会出界，不是艺术了。有一篇小说，说一个名叫"飘云"的女孩子，披着一件白色的披风，一身纯白地站在一幢摩天大楼顶上，看上去好像要寻死觅活。大楼下面一片混乱、水泄不通，武警、消防队员和治安警察都跑来抢救。这个时候，这个女孩子就跳下来了，她的头上也升起了一朵降落伞。伞是红白相间的，在黄昏灰白的天空中开放得十分美丽。落地以后,女孩子就对电视台的记者说:我是一个艺术家,今天的事是一次行为艺术,题目叫《白色的飘云》,我的自我感觉非常良好。可是警察的感觉就没有那么良好了。你想他们紧张兮兮地忙了半天,却原来是什么"行为艺术"。他们就毫不客气地把这位"艺术家"带进了拘留所。"艺术家"不干,她理直气壮地抗议说,你们这些警察也太不懂艺术了!你们猜警察说什么?关押她的警官对她说:对不起,小姐,我也是一个艺术家,我也有一件作品,也是行为艺术,题目就叫《送女画家入狱》,谢谢你的配合。这位名叫飘云的"艺术家"沉默了半天,然后说:你的确是一个懂艺术的人。

还可以说一个:北大有个教授,当然是艺术系的教授了,叫朱青生。朱青生给自己的儿子起了个名字,叫"朱元璋"。朱青生很得意,说这是现代艺术。这个"朱元璋"可并不高兴。朱青生就跟他说,你长大了可以改。"朱元璋"就说,我长大了就叫"朱青生",让我爸没名字。这可真是有其父必有其子,青出于蓝而胜于蓝。谁知道朱青生听了以后拍案叫绝,说好呀,这就是现代艺术呀!

好了,一个《4分33秒》,一个《白色的飘云》,还有一个《朱元璋》,这三件"艺术品",它们共同的东西是什么呢?是形式。《4分33秒》,要有一个演奏家在钢琴前默坐4分33秒,要有这个形式。《白色的飘云》,要有一个"艺术家"一身纯白地从天上飘下来,不能没有这个形式。《朱元璋》,也要有"朱元璋"这个符号,或者说这个形式。而且,正因为这些事情这些行为,不过形式而已,当不得真,才是艺术。比如那位"女艺术家"如果不是飘逸潇洒地从天而降,而是一头栽下来,头破血流,粉身碎骨,或者那位

这个故事是朱青生自己讲的,见朱青生的演讲《这是现代艺术》答问部分,《世纪大讲堂》第一辑,辽宁人民出版社2002年版。它也被我用作硕士生入学考试题。

"朱元璋"当真做了皇上，那就一点都不好玩，也不是"行为艺术"了。

最不像艺术的艺术也不能没有形式，或者说因为形式而成其为艺术，这就等于说"艺术即形式"。其实，我们在上一讲已经讲得很清楚，不管你把艺术看作什么，看作模仿也好，表现也好，游戏也好，都得有形式。正是形式，区分开艺术与非艺术，此类艺术与他类艺术，优秀的艺术与平庸的艺术。形式，是艺术的生命线。

这么说，是不是意味着我就赞同"艺术的形式说"呢？不是，至少不完全是。艺术的特征在于形式，难道科学和宗教不在？艺术必须有自己的特定形式，难道科学和宗教不是这样？比如大家写学位论文，就必须有论点、论据、结论、关键词等。引文怎么引，怎么注，脚注、尾注、页边注，也都有一定之规。这些形式规范是不可以不讲究的。有个同学交上来一篇论文，开头一句就是"记得好像哪位名人说过这么一句话"。我说你这样写小说可以，写论文不行。论文就得有论文的样子。概念、名词、术语、引文、数据、图表，这些都要讲究，一应俱全。有没有创见、新意、深度另当别论，反正样子要像。密密加注，一本正经，头头是道，有这三条，就比较容易通过了。

宗教也一样，也有自己的特殊形式，比如画十字，做弥撒，顶礼膜拜。所以不能说只有艺术看重形式。当然，艺术是"有意味的形式"，科学和宗教是"有形式的意味"，这个说法还是可以成立的。因为较之科学与宗教，艺术更偏重形式一些。比如科普作品采取了艺术的形式，本质上仍然是科学。艺术作品如果采取了论文的形式，那就肯定不是艺术。科学和宗教对形式也没有艺术那么执着。没有神像，不

实际上，任何事物都有内容与形式的问题。世界上没有无内容的形式，也没有无形式的内容。

妨望空遥拜；没有蜡烛，不妨撮土为香。但不管怎么说，"有意味的形式"也好，"有形式的意味"也好，总归是内容与形式的统一。

内容与形式既然是统一的，那么，艺术有自己独特的形式，也就意味着它有自己独特的内容。并不是随便什么都可以成为艺术内容的，也不是随便什么换个形式就能成为艺术。哥德巴赫猜想就不能谱成乐曲，就算谱成了也只怕更加不知所云。数学本来就难懂，音乐也不好懂，加在一起，岂不成了"天书"？有个画家画了幅画，两头牛打架，说这是表现原子反应堆里面粒子对撞。我就想，你怎么不画斗蛐蛐？你要画斗蛐蛐，只怕还更像一些！

所以我对什么科学变艺术、艺术变科学的事从来就持怀疑态度。科学、宗教、艺术之别在形式也在内容。科学、宗教、艺术，还有道德，是人类不同心理活动的对应物，满足的是人类不同的精神需求。科学求真，道德求善，艺术求美，宗教求圣。所求不同，所言相异，内容怎么会一样，又怎么可能随随便便换来换去？

那么，艺术的内容又是什么呢？我们再来看前面的例子。《4分33秒》《白色的飘云》《朱元璋》这三件"艺术品"，除了都有形式以外，还有一个要素也是它们都有的，这就是体验。《4分33秒》体验"此时无声胜有声"的感觉，《白色的飘云》体验高空坠落生死之间的感觉，《朱元璋》体验顶着一个名人名字生活的感觉。当然，这是我的说法，未必是始作俑者的本意，甚至肯定不是他们的本意。这说明艺术的体验是因人而异的，欣赏者不必等同和认同艺术家。但有没有体验，却是艺术与非艺术的分水岭。比如这三个例子，如果一点体验都没有，那就是噱头，不是艺术了。

徐迟先生就曾经把陈景润的演算写进他的报告文学作品《哥德巴赫猜想》，几乎没有人看得懂，但对塑造人物形象起到很好的作用。读者惊叹："原来陈景润进行的是这么高深艰难的研究！"不过必须指出，这绝非科学变艺术，因为那些谁也看不懂的数学公式对于读者来说，并没有科学意义。

大型演唱会在我看来应视为"后艺术",请参看易中天《从"前艺术"到"后艺术"》,原载《厦门大学学报》2003年第4期。

我甚至还可以再进一步说,一件原本是作秀的事,如果本人或观众有了体验,也就会因此而有了艺术性。比如大型演唱会,在我看来,基本上就是个作秀的事,没多少艺术性。你想,成千上万的人挤在一个体育场或者大广场上,看也看不清听又听不见,却说是欣赏音乐,不是扯淡吗?顶多也就是感受一下人气。那些帅呆了、酷毙了的歌星,在舞台上蹦蹦跳跳地嚷嚷着"我爱你",就更是作秀。他们才未必爱你呐!他们当中少说也有一半人更爱你兜里的人民币。不信,一分钱出场费没有,你看他们来不来?

不过尽管如此,在场的观众还是很感动。就算没有感动,至少也有感染,要不然都拿着小棒棒在那里晃什么?有病呀?何况还真有热泪盈眶的。请别误会,我丝毫没有嘲笑这些观众的意思。相反,我觉得这很好,很对头,很合情理。因为前面讲的"游戏说"已经告诉我们,艺术是一种"有意识的自我欺骗",是一种"明知是假,认真去做"的事情。因此,哪怕那些歌星的感情是假的(当然我更希望他们是真的,也相信有人是真的),只要认真做了,也行。至于那些热泪盈眶的观众,我相信他们的情感是真的,他们的体验也是真的。正是因为有这些观众的真实体验,大型演唱会这类活动才有了艺术性,甚至马马虎虎可以看作艺术,尽管那些传统的艺术家和理论家都不承认。

形式和体验,正是"后艺术"仍应被视为艺术的底线。"后艺术"不是"非艺术",也许可以说是"非典型艺术"。

这说明什么呢?说明任何艺术都是形式,而这种形式又是为着情感体验的。因此,艺术是情感的对象化形式。这是我们的第一个结论。

请大家注意这个定义的表述:艺术是情感的对象化形式。这就是说,第一,艺术是形式。第二,艺术的形式不是空洞的,而是有内容的,是"有意味的形式"。第三,艺术形式的"意味"不是思维、意志，而是情感。艺术也不是思维的形式、意志的形式，或者思维的对象化形式、意志的对象化形式，而是情感的对象化形式。

那么，为什么我们不说"艺术是有形式的情感"呢？因为对于艺术来说，形式比情感更为重要。这是艺术与科学、道德、宗教相区别的紧要之处。科学、道德、宗教，都是内容重于形式，艺术则是形式重于内容。艺术的内容是可能被湮灭、被遗忘的，但只要其形式还有生命力，则艺术品长存。比如原始艺术，它们的内容哪里讲得清？还有李商隐的许多诗，那内容也是搞不清楚的。"诗家总爱西崑好，只恨无人作郑笺。"就是说大家都喜欢李商隐的诗，只是看不懂。那你喜欢什么呢？还不就是形式？记得前面的课程中有同学问过一个问题，他说，我什么愁什么恨都没有，我挺高兴的，可我还是觉得李煜"一江春水向东流"这诗写得好，我能欣赏。为什么呢？因为你欣赏的是形式啊！这和老外欣赏中国书法是一个道理。他哪认识这些字啊！还有把书法作品都挂倒了的。可他觉得这些龙飞凤舞的字实在是太好看了，就像京剧脸谱一样："美极了，妙极了，简直OK顶呱呱！"

但我们绝不能因此就说艺术是一种无内容无意味无情感的"纯形式"。因为诗也好，书法也好，脸谱也好，其他什么艺术形式也好，归根结底，都是因为情感对象化的需要才产生的。因此，完整准确的表述只能是这样：艺术是情感的对象化形式。

此外还有"误读"的。"野火烧不尽，春风吹又生""沉舟侧畔千帆过，病树前头万木春"便均被"误读""误用"。这是艺术欣赏中的正常现象，所谓"诗无达诂"，即此之谓。

二　艺术是情感的传达

艺术是情感的对象化形式，这种形式是因为情感对象化的需要产生的。这是我们上一节课得出的结论。但这个结论还需要论证，而要论证这个结论，就必须证明三点：一、情感可以对象化；二、情感必须对象化；三、情感对象化的最佳方式是艺术。

先说第一点。情感可以对象化吗？可以。因为情感就是"有对象的情绪"。这是情感和情绪的重要区别。情绪，我们知道，是动物也有的。比如一只狗，得到一根骨头，会很兴奋。一只鸡，下了一个蛋，也很兴奋。又比如天气不好，我们会烦躁；得了奖，会兴奋。这些都是情绪，它们也都只有"原因"，没有"对象"。我们只能说"我烦躁""狗兴奋"，不能说"我烦躁天""狗兴奋骨头""鸡兴奋蛋"，因为情绪是无对象的。情感就不一样了。我们不仅会说"爱"和"恨"，还会说爱谁、恨谁，而且一定要说爱谁、恨谁。你想吧，如果不说对象，只是空洞地喊"我好爱噢""我好恨噢""我喜欢死了"，给人的感觉是不是有病？（同学插话：也有不说出来的。有人对我说"我恨死他了"。问他恨谁，他不说。）不说出具体对象的具体名字，不等于没有对象。他说的那个"他"就是对象。（同学说：也有连"他"这个字也不说的，只说"我恨死了"。）那他心里也有一个对象。（同学说：不见得。他不一定有一个具体的对象，他恨一切。）那就更有对象了。不但有对象，而且有很多对象，一切对象。

显然，情感是有对象的，情绪是没有对象的。情感总是指向某个对象，而且一定要指向某个对象。所以，情绪不

用现象学的术语来说，情感是一种"意向性"的内心体验，它总是要指向某个对象，因为情感在本质上其实是对一个"他人"的体验。

能对象化，也不必对象化；情感则能够对象化，也必须对象化。所谓"移情"，所谓"把自己的情感移入对象"，其实就是情感的对象化。如果情感不能对象化，怎么会"情人眼里出西施，仇人眼里出钟馗"？

可见，如果说审美即移情，那么，我们也可以说审美即情感的对象化。同样，如果说艺术即表现，我们也可以说艺术即情感的对象化。前面说过了，表，就是把内在的变成外在的；现，就是把看不见的变成看得见的，或者说，可以感知。情感就是内在的，看不见的；艺术品则是外在的，看得见的，可以感知的。艺术家把自己的情感表现为艺术品，其实就是把自我变成对象。所以，艺术表现就是情感的对象化。

移情是情感的对象化，表现也是情感的对象化，这就等于说艺术和审美都是情感的对象化。在审美活动中，它对象化为审美对象。在艺术活动中，它对象化为艺术作品。不过这只能证明情感是可以对象化的，并不能证明它是必须对象化的。不解决这个问题，美和艺术的秘密就仍然不能揭开。

这就必须对情感再做分析。情感其实有三个特征，即主观性、对象性和传达性。情感的主观性首先表现在它不讲道理。生活中常常有这样的现象：一男一女两个人，相爱了，大家都觉得奇怪。他们两个怎么会好上了？不般配呀！可是他们偏偏要好，你管得着吗？这个事情原本就没有什么道理好讲。如果要讲道理，或者能够讲道理，这情感的真实性就有了问题。有句话说，世界上没有无缘无故的爱，也没有无缘无故的恨。这话也对也不对。恨，大约不会无缘无故；爱，尤其是男女之间的爱，就不大讲得清楚。一见钟情就是无缘无故的爱。当然，硬要分析，也可以讲出一些原因来，

"移情说"和"表现说"都是有道理的。经过合理改造和重新解释后的"移情说"和"表现说"，均可纳入新实践美学的体系。

实际上，人的一切情感都不是可以用理性来完全解释清楚的。理性总是跟在情感后面进行解释，却又总是解释不清。情感在本质上是自由自发的，而非必然的。人们并不"必然"会产生什么情感，也没有任何一种学说能对情感的"规律性"做出合理的解释。恰恰相反，如果当真做到了这一步，那将是对人的自由本性的不可容忍的限制和扼杀，人们将出于自己的自由本性愤起而打破这"规律"。

比如郎才女貌、青春年少等。但那是分析家的事，不是当事人的事。当事人自己是没有什么道理可讲的，他就是喜欢对方。所以，如果一个女孩子问你"你为什么爱我"，或者"你爱我什么"——女孩子都喜欢这样问啦——如果女孩子这样问她的情郎哥，最好的回答是："哥哥就是喜欢你，没什么道理！"这叫作"爱你没商量"！

情感不讲道理，也不能强迫。你不能强迫一个人爱或者恨另一个人。不能下命令、订合同、讲价钱，也不能做"思想工作"，开"动员大会"。你可以说服或者强迫两个人结婚，不能说服或者强迫他们相爱。（同学说：包办婚姻也有相爱的。）没错，但那是他们后来自己产生的，不是包办来的。情感是不能强迫的，也是不可替代的。我可以帮你介绍男朋友或者女朋友，但我不能替你谈恋爱。我不能说：怎么，我介绍的这个你看不上？那我替你去爱吧！这个不行，对不对？体验情感只能是每个人自己的事，是不是？既然如此，既然情感是每个人自己的内心体验，它也就无法忘记。因为那原本就是你自己的，不是从别人那里克隆或者拷贝来的。我不知道你们是不是都有过恋爱或失恋，但可以肯定，如果也曾有过，只要是你自己真实的情感体验，那就一定刻骨铭心！

情感不讲道理，不能强迫，不可替代，无法忘记，这说明什么呢？说明情感是主观的。主观的情感要想得到他人的同情和共鸣，让他人同感此情，就必须对象化，变成他人也可以感知和接受的东西。所以，一见钟情也好，天长地久也好，都不能只在心里想，得有所表示有所动作，比如写情书啦，送信物啦，至少也得含情脉脉地相互凝望。要不然，你的情郎哥或者美眉他不知道呀！可见，情感因为是主观的，因此必须对象化；因为是有对象的，因此可以对象化。情书，信物，含情脉脉的眼光，等等，就是情感的对象化。

如果只是两个人表达爱情，有情书、信物、含情脉脉的眼光，也就够了。在这里，情书怎么写，信物是什么，都不特别重要。有位诗人给"情话"下了这么个定义，他说情人之间的话就是"不知所云的窃窃私语"。也就是说，他们具体说什么，并不重要，重要的是在一起说。但是，如果你的情感是要让其他人、所有人、全人类同情共鸣的，这个对象化的方式就大有讲究了。

有什么讲究呢？就是它必须能够最好地实现人与人之间情感的普遍传达。请注意，要求有两个，一是普遍，二是传达。什么叫传达？传达就是让不同的人体验到相同的情感，即同情和共鸣。所以，传达和表现是不同的。表现只是将内在的变成外在的，不可感知的变成可感知的，传达则不但要求可以感知，还要求那"感"是相同的。

这就牵涉到情感的第三个特征，即传达性。它包括两个方面，即可以传达和必须传达。情感可以传达吗？可以。一个心中充满爱的人，可以用某种方式把自己的爱传达出去，使他人同感此爱，比如爱情诗、山水画就是。一个心中充满仇恨的人，也可以用某种方式把自己的恨传达出去，使他人同感此恨，比如"控诉会"就是。也就是说，人们能够做到让别人和自己一样爱不释手，或者恨入骨髓。而且，不管他用的是什么方法，只要做到了这一点，就实现了情感的传达。

情感也是必须传达的。一个人心中有了喜悦，总是要把这喜悦传达出去，让他人来分享；一个人心中有了悲痛，也总要找人诉说，请别人来分担。请大家想想，当你接到我们

情感必须对象化，还因为情感虽然"有对象"，但它作为一种精神现象，本身又是"非对象"（无形无象）的，因此只能借助于一个外在对象来获得和实现自己的对象性。

191

情感的传达性也是情感的意向性的本质。也就是说，情感指向一个对象，是为了对象化（移情），而对象化则是为了传达（传情）。情感得不到传达，就会失去自己的本质，异化为失落感和生疏感，变成不可传达的情绪，最终失去自我意识并因此而不再成其为人。

学校的录取通知书的时候，是不是恨不得逢人就说？（一同学说：我没有逢人就说，只告诉了几个人。）总还是告诉人了嘛！（又一同学说：我一个都没告诉。）是无人可说吧？如果有人可说，你会不会说？（同学点头。）大家看过《手机》吗？那个白石头，也就是严守一了，带着嫂子吕桂花到镇上打了个电话，回来的路上还要喊一嗓子呢，何况考上大学这么大的事？同样，你要是遇上了倒霉的事，有了痛苦，也会想找人说说是不是？为什么呢？因为只有在这诉说中，人的欢乐才能得到加强，痛苦才能得到缓解。如果他的欢乐不能传达，他就会怀疑这欢乐还是不是欢乐；如果他的痛苦不能诉说，他就会陷入这痛苦而不能自拔。如果他的诉说不能得到同情，不能让别人体验到同样的欢乐或同样的痛苦，他就会感到沮丧甚至更加痛苦。这就说明，情感是必须传达的。

所以，一个向隅而泣的人是不幸的，一个必须把欢乐深藏于心的人也是痛苦的。你们是赶上了好时代，读大学可以自由恋爱，以前的大学生就只能搞"地下工作"。不过据我所知，保密的不多泄密的不少。而且，泄密的不是别人，正是他们自己。因为他们忍不住，要跟别人说呀！男孩子脸皮厚，在宿舍里大吹大擂。女孩子脸皮薄，也会钻到最要好的同学的被窝里说悄悄话。（同学问：要是没有这样的朋友呢？）那就写日记呗！日记就是对象化了的自我，一个可以看作是"他人"的对象。（同学问：如果不认识字怎么办？）大概也就只好对着小河歌唱了，就像电影里演的那样。世界上为什么会有那么多情歌？世界上各个民族的民歌里面为什么大量的是情歌？就是给逼出来的。

这当然是开玩笑了。实际情况是：艺术是传达情感的最佳方式，唱情歌比写日记能更好地传达情感。为什么呢？因为每个人的情感都是感性具体的，抽象的概念性的语言不足以传达。言之不足故长言之，长言之不足故嗟叹之，嗟叹之不足故咏歌之，咏歌之不足故不知手之舞之足之蹈之。艺术就是因为情感传达的需要产生的。

艺术也能够最好地实现这个目的。因为任何艺术作品和艺术形式，都是感性的、生动的、具体的、形象的，有着自己独特情调即形式感的。比如音乐里面的大调和小调，就是不同的情调。大调的色彩通常比小调明朗。实际上，所有艺术形式都有自己的调子。这就不但能够传达情感，传达出我们的痛苦和欢乐，还能够告诉我们这痛苦是山洪暴发式的，还是满天飞絮般的。也因此，艺术是情感对象化的最佳方式。

现在我们有两个结论了。艺术是情感的对象化形式，这是艺术的特征。艺术是情感的传达，这是艺术的功能。不过，情感之所以要用艺术这个形式来对象化，归根结底又是因为情感必须传达。传达就是让不同的人体验到相同的情感，即同情和共鸣。所以艺术不是情感的宣泄，甚至也不简单地是情感的表现，尽管艺术家更喜欢说宣泄和表现，但我要负责任地告诉大家，"宣泄"和"表现"这两个词都不准确，准确的说法是传达。

> 宣泄只是"发出"，表现只是"送出"，都不是"送达"（传达），都不可能做到"同情"。

三　艺术是人的确证

从上面的分析，我们可以看出，情感的传达是艺术问题的核心。那么，情感为什么必须传达呢？为什么我们每个人自己的主观感受和内心体验，竟然要求别人同情和共鸣呢？

为什么只有在情感的传达中，人的欢乐才能得到加强，痛苦才能得到缓解呢？因为情感在本质上是"同情感"。也就是说，情感在本质上就是要求别人和自己相同的。什么叫"同情"？同情不是怜悯，而是相互之间相同的情感。怜悯之所以叫"同情"，就因为怜悯是以相同情感为前提的。我们必须首先具有体验和他人相同情感的能力，能够"老吾老以及人之老，幼吾幼以及人之幼"，把他人的痛苦看作自己的痛苦，把他人的不幸看作自己的不幸，这才会产生怜悯，这怜悯也才能叫作同情。没有同情，也就没有怜悯。

那么，情感是同情感吗？是。

爱是一种肯定性的同情感。一个产生了爱的人，总是在自己的想象中，把对方看作是和自己一样在爱着，并且可以和自己交流这爱的人。如果你们做过妈妈——当然，你们还没有做过。没有做过也不要紧，养过小狗也行，因为养小狗的人差不多都是把小狗当孩子养的。总之，你只要有诸如此类的经验，就会发现做妈妈的、养小狗的，都会和自己刚刚生下的孩子交谈，和自己的小狗说话。因为她深信这孩子、这小狗和她一样在爱着，是懂得并能够体验她的爱的。孩子的笑声和表情，就是"回爱"的表现。小狗的各种动作，撒欢啦，撒娇啦，也是"回爱"的表现。这是一切爱者的共同心理。而且，一个人爱得越深，就越会坚信对方也在回爱。你看啦，她那一举一动，一颦一笑，不都是在向我示爱吗？结果怎么样呢？结果是"越看越可爱"。

不过我们要讲清楚，这个"回爱"，是"想象中"的，不是"事实上"的。事实上对方可能根本没这意思。比如"唐伯虎点秋香"就是。唐伯虎因为对秋香一见钟情，就认为秋香也如此，要不然她怎么对我笑了三回？其实是唐某

情感可以在想象中体验，也可以在回忆中体验，这正是情感的超越性。正是这种超越性，使艺术的创作和欣赏成为可能。

想当然是艺术和审美的特权。月亮是情人，星星是天使，窦尔敦盗御马，诸葛亮唱空城计，都是想当然。

人自作多情，想当然。但没有这个自作多情，没有这个想当然，也就没有爱。（同学问：单相思怎么讲？）单相思就更是自作多情了。单相思是典型的自作多情。但凡单相思者，是一定要想象对方爱自己的。如果连这点想象都没有，请问，他还爱得下去吗？（众答：爱不下去。）对，爱不下去。

我们再来看恨。爱是一种肯定性的同情感，恨则是一种否定性的同情感。一个充满仇恨的人，总是在自己的想象中把对方看作和自己一样在恨着的人。而且，恨得越深，就越会坚信对方也在恨自己。对方说话，是"恶毒攻击"；闭嘴，是"咬牙切齿"；看你，是"不怀好意"；不看，是"目中无人"；流泪，是"猫哭耗子"；微笑，是"幸灾乐祸"，至少也是"皮笑肉不笑"。反正怎么看怎么不顺眼。结果呢？结果是"越看越可恨"。

甚至我们还可以进一步说，只有在真切地感受到被恨者的回恨时，恨者心里才觉得痛快。电影小说里常有这样的情节：复仇者不肯在背后下手，非得面对面，刺激撩拨对方，让对方恨得咬牙切齿，他才能体验到复仇的快感。如果被恨者竟是一脸的麻木或可怜相，复仇者就会感到气愤和窝囊。王八蛋，居然害得我"恨不起来"，真他妈的太可恨了。（同学举手）什么问题？（同学问：可恨不是恨吗？）此恨非彼恨，其实是窝囊、可气。你想，明明可恨，却又恨不起来，窝囊不窝囊？真恨不得一脚踢死他！结果呢？结果往往是一脚踢过去，说："滚！"因为这时复仇者的心理已经起了变化，已经由仇恨变成厌恶或者蔑视了。当然，如果对方也报之以厌恶或者蔑视，这个架还有得打。但对方既然是个窝囊废，我们也就体验不到仇恨，只能感到窝囊。窝囊就无法下手。你想，镇关西那厮如果一脸的窝囊相，鲁智深的拳

恨甚至不能满足于对方只是"看起来"在恨，而要求对方实实在在体验到恨。因此，恨到极点时，会觉得一枪"结果"了对方是"便宜了他"。

头还打得下去吗？所以他非要惹得镇关西火冒三丈不可。这说明没有对方的回恨，就连复仇者也"恨不起来"。

没有回爱，我们就"爱不下去"；没有回恨，我们就"恨不起来"。这也就等于说，没有同情，没有相同的情感，情感就不成其为情感。因此我们说，情感就是同情感。情感既然就是同情感，它也就可以传达，而且必须传达。

那么，情感又为什么是同情感？因为情感是人的确证。

最深的爱和最深的恨总是发生在最了解的人之间，因为他们已经多次"同情"过了。

人的确证是一个大题目，这里却只能简单地说说。我们知道，人都是有毛病的。但我们对这些毛病的看法和评价却不一样。一个人，如果头脑简单，我们会说他是白痴；如果意志薄弱，我们会说他是懦夫；如果能力低下，我们会说他是笨蛋；如果丧失理智，我们会说他是疯子。但无论如何，我们也不会说他"不是人"。然而，一个人，如果无情无义，铁石心肠，一点情感也没有，我们会说什么呢？会说他"简直不是人"，"真他妈的是畜生"。

这说明什么呢？说明情感是人的确证。没有情感，人就无法证明自己是人。我们不妨设想一下，一个人，如果既不可爱又不可恨，既不会爱又不会恨，既不被爱又不被恨，会怎么样？那就只怕连石头、野草、阿猫、阿狗都不如了。因为即便是石头、野草、阿猫、阿狗，在它们被当作人看待时，也会被爱或者被恨的。

和认识、意志相比，情感更是专属于人的精神领域。因为认识和意志可能是对物的，情感却只对人。即便与物（动物或事物）发生"情感关系"，那些物也其实是被当作人来看待的（比如把宠物看作子女，把山水看作情人）。情感在本质上是对人和人与人之间关系的体验，因此没有情感即不是人。

显然，人必须在情感的体验中证明自己是人，要么被人爱被人恨，要么爱别人恨别人。也就是说，一个人，只有在既能爱能恨，又被爱被恨时，才能被确证为人。

但是，你要想被人爱，首先就得爱别人。你不爱别人，别人怎么会爱你？同样，你被别人恨，说明你恨别人。要不然，别人为什么恨你？（同学说：老师，不对，我没有恨别人，不知道别人为什么要恨我，我是冤枉的。）那我要向你表示祝贺，因为这说明别人很把你当人。大家不要觉得可笑，我们可以举个例子。比方说，你走在路上，被石头绊了一跤，你恨这石头吗？（同学说：不恨。）为什么呢？因为石头不是人，对不对？那么，你得罪了人，虽然是无意的，和石头绊了一跤一样，但因为你是人，结果就可恨了。这说明爱也好恨也好，都是针对人的。只有人，才能爱能恨，才被爱被恨。所以，就连恨，也是人的确证，尽管我们并不希望用这种方式来证明自己是人。

托尔斯泰说过，我们爱一个人是因为我们对他行过善，我们恨一个人是因为我们对他作过恶。因为受我之惠者，我觉得他将报我以回爱；被我所伤者，我会觉得他满腹怨仇。

既然连恨都是人的确证，爱就更是了。你想嘛，当你被一个人或很多人爱着的时候，难道不觉得自己很是一个人吗？问题是为什么会这样？为什么人必须通过情感的体验来证明自己是人？简单地说，主要是两个原因。第一，人必须通过人与人的关系，通过他人来确证自己，而情感恰恰是人与人的关系；第二，人只能通过自己的内心体验来确证自己是否得到了确证，而情感正是一种体验。

先说第一点。一个人，怎样证明自己是人呢？只能通过他人来证明。这话不是我说的，是马克思说的。马克思说，人到世间来，没有带着镜子，他是通过别人来反映和认识自己的。一个名叫彼得的人把自己当作人，是因为他知道一个名叫保罗的人和自己一样。既然保罗是人，彼得当然也是人。这样，保罗就成了彼得的"人的证明"。但保罗如果不是人，又怎么能证明彼得呢？保罗能够证明彼得是人，这就说明保罗是人。保罗证明了彼得，也证明了自己；而彼得在被保罗证明的同时，也证明了保罗。因此，人的确证，也就是人与人之间的"互证"。或者说，人与人之间的相互确证。

原文见《马克思恩格斯全集》第23卷。马克思还说："对于彼得来说，这整个保罗以他保罗的肉体成为人这个物种的表现形式。"

那么，人又怎么知道他得到了确证呢？显然，你不能用数学公式算，不能用测量工具量，只能靠每个人自己去感觉。如果一个人已经得到了证明，他自己却不知道，这就等于没有被证明。这样一来，人的确证，就只能诉诸人的内心体验。实际上，正如人只有在感到自由时才自由，在感到幸福时才幸福，他也只有在感到自己被确证时才被确证。也就是说，人的确证，是要由"确证感"来证明的。确证感，是确证的确证。

情感恰恰在本质上就是人的确证感，就是人在一个对象上体验到自我确证的心理过程。爱是一种肯定性的确证感。一切能够引起人们爱的对象，祖国、家乡、父母、亲人、劳动成果、艺术作品，无不能提供这种证明。恨则是一种否定性的确证感。在生活中，我们最恨的，是那些不把我们当人，不能证明我们是人，或使我们不成其为人的人。对于这样的人，我们往往"恨不得亲手杀了他"。所以社会只会提倡爱，不会也不能提倡恨。恨，作为一种否定性的确证感，是必须解除的，叫"解恨"。解恨就是解除否定性，体验确证感，所以叫"开心"，也就是把心灵敞开了，以便接受一切肯定性的确证感。

现在我们大体上知道情感是怎么回事了。情感是什么呢？就是人与人之间的相互确证的心理体验。既然是相互确证，它在本质上就必须是同情感，就必须在理论上、逻辑上要求每个人的情感都是相同的。所以，尽管你不恨别人，你是冤枉的，别人还是要想象你恨他。当然，如果他爱你，也会想象你爱他，并不管你冤枉不冤枉。总之，只有当你能够想象别人爱你的时候，你才能爱别人；只有当你能够想象别人恨你的时候，你才能恨别人。反过来也一样。如果你从来

但父母如果一贯虐待子女，则子女多半只会仇恨父母，正所谓"君视臣为草芥，则臣视君为寇仇"。因为情感在本质上是人与人之间的相互确证的心理体验。故马克思说："只能用爱来交换爱，只能用信任来交换信任。"

就没有爱过别人，别人也不会爱你；如果你从来就没有恨过别人，别人也不会恨你。我们当然希望只有爱，没有恨，但这往往由不得我们。

情感既然在本质上是同情感，它也就能够传达，必须传达。情感既然能够传达，必须传达，它也就能够对象化，必须对象化。对象化也好，传达也好，目的都是实现人的确证。因此，作为情感对象化形式和情感传达的艺术，在本质上就是人的确证。

因为情感若不能完成传达，它就不能成为情感，至少不能确证自己是情感。

于是，我们得出第三个结论：艺术是人的确证。

我们得出的这三个结论其实是有关联有层次的。情感的对象化形式是艺术的特征，情感的传达是艺术的功能，人的确证则是艺术的本质。而且，正因为艺术是人的确证，所以它是情感的传达；正因为艺术是情感的传达，所以它是情感的对象化形式。艺术最为核心的秘密，是不是都讲清楚了？

那么，美和审美呢？

四　美感与审美

其实，当艺术的秘密被揭开以后，美和审美的秘密也就昭然若揭了。因为美、审美和艺术既然是一个有着内在联系的整体，那么，艺术的秘密便其实就是美和审美的秘密。当然，我还得多少展开来讲一点。一点不讲，你们会有意见。

还是倒过来，先从美感讲起。

前面讲过，美和审美的秘密，其实已经被康德解开了。康德的研究方法，和马克思写《资本论》的方法一样，都是从最简单、最普通、最基本、最常见、最平凡的关系出作为现代哲学人类学的先驱，康德提出的"共通感"不但洞见了审美的秘密，而且洞见了人性的秘密。

严格地说，一次审美活动的结果如果是丑，那么，它虽然也可以被广义地看作审美活动，但这种"审美"在本质上是未完成和不现实的。因为审美不同于认识，它没有什么"客观结论"，反倒有一种"期待"，即要求并相信能够获得美感，否则就根本不会去看。所以，丑，就是对审美期待的拒绝回答，就是对人的拒绝确证；不美，就是对审美期待的不能回答和对人的不能确证。因此，只有美感才是审美活动的唯一确证，也只有在主体感到美时，这活动才在严格意义上是审美的。

发，只不过这个关系在马克思那里是商品交换，在康德这里是鉴赏判断。正是通过对鉴赏判断四个契机的分析，康德揭示了审美最为本质的特征，即"超功利非概念无目的的主观普遍性"。这些都经过了充分的论证，唯一成问题的是他那个"共通感"还来历不明。但这一点现在也不成其为问题，因为所谓"共通感"无非就是"同情感"，就是情感的可以传达性和必须传达性。正因为情感是同情感，是可以传达和必须传达的，因此，作为情感的美感就是可以分享和必须分享的。既可以分享，又必须分享，审美过程就一定存在"一切人对于一个判断的赞同的必然性"。实际上，这个"一切人对于一个判断的赞同的必然性"，就是情感可以传达和必须传达的规定性。这样一来，美和审美的秘密，就实际上已经被解开了。

不过，这样讲，也许还不能完全让人信服。所以，我们还必须再进行分析和论证。而且，就像马克思从商品入手一样，我们也从一个最简单、最普通、最基本、最常见、最平凡的事实和现象出发，这就是美感。

审美活动是一定要有美感的。如果你在这个活动中什么感觉都没有，这个活动就肯定不是审美活动。无动于衷，麻木不仁，毫无感觉，肯定不是审美，这没有问题吧？所以，审美一定是一种有所感受的活动。这是第一点。第二点，这种感受一定是关乎对象美丑的，而非关乎对象真假、善恶的。判断对象真假的活动是认识，它产生的感受是理智感。判断对象善恶的活动是道德，它产生的感受是道德感。判断对象美丑的活动是审美，它产生的是审美感。认识活动的结果（或者说结论）有真伪（或是非、对错），但无论得出何种结果或结论，这个活动都是认识活动，也都能产生理智感。比如对错误产生的怀疑感，就是理智感。道德活动的结果（或者说结论）有善恶（或好坏、对错），但无论得出何种结果或结论，这个活动也都是道德活动，也都能产生道德感。比如对恶行产生的义愤感，就是道德感。同样，审美活动的结果（或者说结论）有美丑，但无论得出何种结果或结论，这个活动也都是审美活动，也都能产生审美感。也就是说，审美感是包括美的感受和丑的感受在内的。因为美的感受和丑的感受都不是认识的感受和道德的感受，而是审美的感受，是审美活动的结果和证明，因此应该广义地称之为审美感，简称美感。

这是广义的美感。狭义的美感则指美的感受。按照西方美学的说法，美的感受又包括两种，即优美感和崇高感，其中优美感又是最狭义的美感。人们说到美感时，通常指的也是优美感。这一点，在中国也是一样的。这说明什么呢？说明优美感是最典型的美感。正因为最典型，才最狭义。所以，一般人讲到的美感，就主要是指优美感。

那么，美感是什么呢？首先，它是一种情感。如果不是情感，就不叫美感了。这一点应该没有问题。其次，它是一种高级情感。这一点也没有问题，许多心理学家就是这么讲的。高级情感包括三种，理智感、道德感、审美感，有的心理学家比如湖南师范大学的陈孝禅教授便把它们合起来称作情操。陈先生认为人的情感可以分为三类，即情绪、情感、情操。情绪是低级情感，情感是一般情感，情操则是高级情感。这是有道理的。只不过情操这个说法不太容易被接受。因为在一般人的概念中，情操往往单指道德感，而且和操守相联系。也就是说，道德情感和道德操守相结合，即为情操。把美感称为情操，容易产生误会。但我们现在也还想不

陈孝禅先生的《普通心理学》曾于1983年由湖南人民出版社出版，不知后来是否重版。这是我很喜欢的一本书。

出一个适当的词,把理智感、道德感和审美感统称起来。我们只要记住美感是一种高级情感,也就行了。

那么,美感为什么是一种高级情感呢?这一点陈先生没有说。其实,这也不是心理学家的任务,而是美学家的任务。在我们看来,美感之所以是一种高级情感,就因为它是经过了传达即对象化的。也就是说,美感,是对象化了的情感。正因为它被对象化,被"加工"和"改造"过了,也就不再是原始的、粗糙的一般情感,而是高级情感了。

不过我们要讲清楚,这里说的"加工"和"改造",是打引号的。也就是说,并不是我们在这情感上面做了什么手脚,把它怎么样了。情感还是情感,只不过先被对象化到一个对象上,然后又从这个对象那里获得共鸣而已。这个过程,古人老早就注意到了。刘勰《文心雕龙》的《物色》篇说"山沓水匝,树杂云合。目既往还,心亦吐纳。春日迟迟,秋风飒飒。情往似赠,兴来如答",讲的就是这样一个过程。"情往似赠",就是情感的对象化;"兴来如答",就是在这个情感的对象那里再获得共鸣,只不过打了个来回。

但是,打不打这个来回,却大不一样。没有这个来回,情就还是"情"(一般情感),变不成"兴"(高级情感)。当然,这里说的"兴",不等于美感。兴,又叫"兴象",是审美情感加审美意象的意思。一个审美情感,一个审美意象,加在一起,就叫"兴象"。可见"兴"又确有美感的意味,也可见在上述过程中,情感和对象都发生了变化。情感因为对象化而由一般情感变成了审美情感,对象在审美主体头脑中的反映则因为情感化而由一般表象变成了审美意象。所以,审美就是情感的对象化过程,美感则是对象化了的情感。

在邓晓芒教授和我合著的《黄与蓝的交响》一书中,我们对美感下了这样一个定义:美感就是人们借一个对象来达到情感的相互共鸣所产生的情感,它是一种经过对象化而被中介了的高级情感,它看起来是"对对象的情感",实质上却是"对情感的情感"。

202

前面说过，情感之所以必须对象化，是因为情感必须传达。因此，审美是情感的对象化过程，美感是对象化了的情感，也就等于说审美是情感的传达，美感是传达了的情感。在这里，对象化是方式，传达才是本质。正是为了传达情感，我们才必须将情感对象化。所以我们这个观点，也可以叫作"审美本质传情说"。

为了说清楚这一点，我们必须把传达的定义再讲一遍。什么叫传达？传达就是让不同的人体验到相同的情感，即同情和共鸣。但是，我们知道，情感在本质上是主观的。每个人的情感体验都不相同。因此，当两个人试图交流情感时，他们很可能是相互指向却又相互错过。比方说，很多父母是很爱子女的，可是他们并不一定能得到子女的回爱。子女对待他们，可能是爱，也可能是冷漠、蔑视，甚至暴戾。这时，这些做父母的，就会非常伤心地说：我们怎么养了个白眼狼？

这说明什么呢？说明情感虽然必须传达，却不一定能够传达。从理论上讲，由于情感在本质上是主观的，因此，任何情感要想得到传达，尤其是要想在人与人之间实现普遍的传达，都必须通过和借助于一个"中介"，我们称之为"传情的媒介"。有一首歌，叫作《草原之夜》的，大家都会唱吧？"美丽的夜色多沉静，草原上只留下我的琴声。想给远方的姑娘写封信，可惜没有邮递员来传情。"你看，这个"中介"很重要吧？中介，就是情感传达的"邮递员"。没有这个"中介"，没有这个"邮递员"，你的情感就不能传达到"远方的姑娘"那里，草原上可就只留下你的琴声了。

（同学举手）什么问题？（同学说：我认为他的情感已经得到了传达，因为他的这首歌引起了我们的共鸣。）说得

这就说明，不通过传情的媒介，不通过情感的对象化，情感就不能得到传达或共鸣。因此，不但传情（情感传达）是审美的本质，而且审美是传情的唯一手段。人类之所以不能没有艺术，不能没有审美，原因即在于此。

对！这个没有"邮递员"的人为自己找了一个"邮递员"，就是这首歌。这是一个不是"邮递员"的"邮递员"。他的情感正是通过这首歌传达的。传没传达到"远方的姑娘"我不知道，但至少传达到我们这里了。

其实所有的艺术品，所有的审美对象，都是这样一个"传情的媒介"，这样一个"邮递员"。当我们唱同一首歌，看同一幅画，为同一部影片所感动时，我们的情感也就得到了传达。我们甚至可以说艺术就是专门为了情感的传达而产生的。因为除了充当"传情的媒介"，我们看不出艺术还有什么用。而且，正因为艺术的目的就是传达情感，所以，艺术和情感一样，也不讲道理。吕本中有一首词，是这样写的："恨君不似江楼月，南北东西，南北东西，只有相随无别离。恨君却似江楼月，暂满还亏，暂满还亏，欲得团团是几时。"读这首词你不能抬死杠，说你到底是要我像月亮还是不像月亮？再说"南北东西"也好，"暂满还亏"也好，那是自然规律！其实这并不关月亮什么事。"长安一片月，万户捣衣声。秋风吹不尽，总是玉关情。"月亮，不过是"传情的媒介"而已。

同学们，不知道大家发现没有，月亮这东西，实在是诗人和艺术家的最爱。古时候有写月亮的："露从今夜白，月是故乡明。"现在也唱月亮："月亮代表我的心。"中国人喜欢月亮，外国人也喜欢，比如《月光奏鸣曲》。为什么呢？因为月亮是"传情媒介"的最佳人选。月亮皎洁、温柔，和爱情的调子、张力正好一致。更重要的是，月亮是人人都看得见的。"海上生明月，天涯共此时""但愿人长久，千里共婵娟"。月亮好就好在这个"共"字。共，就能够传情，就能够共鸣。"十五的月亮，照在家乡照在边关。宁静的夜晚，你也思念我也思念。"关键就在后一句："宁静的夜晚，你也思念我也思念。"你也思念我也思念，这不就是同情，就是同情感，就是情感的传达吗？

所以，月亮不但成为诗人和艺术家的最爱，也成为人类最重要的审美对象之一。从这里，我们也可以看出审美对象的秘密。什么是审美对象？其实就是"传情的媒介"。从这个意义上讲，审美对象即艺术品，艺术品即审美对象，它们都是"传情的媒介"。只不过艺术品的任务，主要是实现人与人之间情感的传达；审美对象的任务，则主要是实现自己和自己情感的传达。在这个时候，审美对象就被看作了另一个人："举杯邀明月，对影成三人"，"相看两不厌，只有敬亭山"，就是这个意思。这个问题，大概用不着多讲了。

因此，一切审美对象都可以被广义地看作艺术品。所谓"江山如画"就是这个意思。也就是说，只有当你有意无意地把自然界也看作艺术品时，自然界对于你来说才是美的。这一点后面还要讲到。

五 美与丑

在前面的课程中，我想大家可能已经看出美和艺术之间深刻的联系：艺术是情感的对象化形式，美感则是对象化了的情感；艺术是情感的传达，审美则是借助一个对象来传达情感的活动和过程。美和艺术既然有如此深刻的内在联系，那么，下面一个结论也就是顺理成章的：艺术是人的确证，美则是能够确证人之为人的东西。

这一点，我想从反面，也就是从丑来证明。

在说丑之前，我想有几个问题先要明确。第一点，就是我在讲康德美学时讲过的，美和丑都是审美的，美的问题和丑的问题也都是美学问题，正如真与伪都是逻辑学问题，善与恶都是伦理学问题。美和丑之外，还有一个"非审美"。

非审美就是不美不丑，非美非丑，更准确一点说，就是无所谓美丑。无所谓美丑，就不是审美对象，也不是美学研究的对象了。当然，非审美和美学也不是一点关系都没有。美学至少要回答两个问题：第一，何谓审美何谓非审美，也就是要把审美和非审美区别开来。第二，它必须回答，非审美如何变成审美。我们知道，世界上原本是无所谓美丑的，正如世界上原本无所谓真伪。自然界从不作假，自然界所有的现象和东西都是真的。自然界也无所谓善恶。说狼吃羊是恶，这是人的看法，不是自然界的看法，自然界也没有什么"看法"。没有"看法"，也就没有真伪、善恶、美丑。所以，自然界也是非逻辑，非道德，非审美的。

那么，世界上为什么后来又有了真伪、善恶、美丑呢？简单地说，是因为有了人。真伪、善恶、美丑，都是人对事物的评价，是人的价值判断，而且是以人为中心来设立评价标准的。就说吃羊这件事。人说，狼是恶的，叫恶狼，因为它吃羊。但是，狼吃羊，人也吃，而且不少吃。如果当真统计一下，人吃的羊，恐怕不会比狼少。狼只不过吃野生的羊，羊们在被吃之前还能够在草原上自由自在地生活。人却把羊圈在一起，专门供自己吃。人和狼比起来，到底哪个更可恶一些？那为什么同样是吃羊，人就善，狼就恶呢？就因为善恶的标准是人制定的，并且是为了人而制定的。是人在说狼恶，羊善。当然，我们也不能反过来，说羊恶，狼善，羊本来就该死，狼吃羊是"替天行道"。不能这么说吧？准确的说法，是狼和羊都无所谓善恶。螳螂捕蝉，黄雀在后，我们不能说一个比一个坏，它们其实都不过是为了自己的生存。这就是我们要明确的第二点：真伪、善恶、美丑，都是对于人而言的。

根据这个观点，所谓自然美是否在人类诞生之前就"客观存在"的问题，其实已不成其为问题。

第三点，正因为真伪、善恶、美丑都是对于人而言的，因此它们也都是相对的，可以相互转化的。真可以变成伪，善可以变成恶，美可以变成丑，反过来也一样。庄子有句名言："神奇复化为臭腐，臭腐复化为神奇"，讲的就是这个道理。真和伪，善和恶，美和丑，都是在不断变化着的。比如双眼皮，以前是认为美的。在西藏，谁家生个孩子是双眼皮，可以免交人头税。现在呢？现在大家都说单眼皮更好，因为单眼皮"酷"呀！你们看，变了吧？不但价值标准变了，审美取向也变了，从"美"变成"酷"了。

实际上，什么是美，什么是丑，什么是审美，什么是非审美，这些问题的结论都一直是在变化着的。非审美复化为审美，审美复化为非审美，美复化为丑，丑复化为美。而且，审美起源于非审美，美则往往由丑而来。比如花，现在是美的。但是你去看原始人的雕塑、绘画，一朵花的影子都找不到。因为在原始人那里，花呀，草呀，树呀，还有许多被我们称为自然美的东西，都不是审美对象，都是非审美的。不是原始人看不见，而是视而不见，熟视无睹，置若罔闻。儿童也一样。小女孩可能对花花草草的特别敏感，男孩子就多半没有兴趣。男孩子也不会认为花草是丑的，他只是不屑一顾而已，因此是非审美。但这丝毫不妨碍他将来成为一个著名的花鸟画家。这是非审美变成审美。

丑变成美的例子也很多。比如荒漠，在以前是丑的。除非万不得已，没有人会愿意到戈壁荒滩上去闲逛。但是现在，荒漠已成为许多艺术家尤其是摄影艺术家的最爱。在他们看来，荒漠是比青山绿水更耐看的审美对象。其实许多"美"都是由"丑"变来的，比如残荷败柳，乱石险滩。"当年鏖战急，弹洞前村壁。装点此关山，今朝更好看。"

酷其实也是美。比如一个人"出手"很快，就叫"酷"。它引起的也是赞赏，即确证感。

在原始造型艺术中，只有动物和人的形象。绘画作品以动物形象为主，人的形象后来才出现，雕塑作品则以人的形象为主，动物形象比较少见。

这就是丑变成美。

那么，有没有不变的？有。有些东西，恐怕永远也变不成美，比如垃圾。谁要认为垃圾是美的，那恐怕真的是有病。如果我们把这些东西列一个名单，我们就会发现，它们几乎无一例外的都是不能证明人是人的对象。它们或者是人要抛弃的，比如粪便；或者是人要避免的，比如病态；或者是使人不成其为人的，比如死亡；或者是这些东西的象征物，比如尸体。动物当中，最难被看作"美"的是猴子。猴子为什么往往被看作是"丑类"呢？就因为它像人又不是人，很容易让人看出"不是人"的特征。其他动物和人差别太大，反倒不会引起这种比较。有了距离，反倒可能美了。所以，人很少会说猴子美，只会把它当作耍弄、嘲笑、鄙视的对象。这也是有说法的，叫作"耍猴"。如果猴子是美眉，你会耍它吗？这说明什么呢？这说明，人越是意识到自己是人，就越是反感自己的非人形象；而越是对自己的非人形象反感，就越是肯定自己的属人本质。因此，我们可以得出结论：美，就是能够确证人之为人的东西；丑，则是人的不能确证。

（同学问：你说病态不美，病西施怎么讲？）这个问题要搞清楚逻辑关系，是西施因病态而美，还是病态因西施而美？恐怕是后者。病西施之所以美，只因为生病的是西施。如果是东施，只怕越病越难看，要不然怎么说"东施效颦"？可能你又要说了：东施越病越丑，西施越病越美，可见美丑和病不病，还是有点关系的。是有点关系。什么关系呢？作料的关系。病西施为什么美呢？就因为她原本人见人爱。一生病，更让人心疼，也就觉得更美了。这就好比做甜食，放一点点盐，更甜。但你不能说盐是甜的，对不对？所以你也不能说病态是美的。如果病态即美，那选美大会就该到医院开了。谁的病最重，快进太平间了，把谁评为冠军就是！

（又一同学问：你说猴子不美，但画家也有画猴子的。）我可以补充一句，还有画死人的。可惜这并不能证明猴子或死尸是美的。因为任何对象一旦进入艺术领域，无论美丑善恶，都一律变成美。为什么呢？因为艺术无丑。一件"艺术品"如果居然很"丑"，比方说，一幅画画得很"脏"或很"俗"，一首歌被一个嗓子很"破"又"五音不全"的人唱得"难听死了"，那就根本不能叫"艺术"或"艺术品"。这就等于说，只有"艺术美"，没有"艺术丑"；只有"美的艺术"，没有"丑的艺术"。表现丑，或者说，表现现实丑的艺术不是"丑的艺术"。因为它表现的对象虽然是丑的，它自己却是美的。所以，猴子如果被真正的画家画了出来，它就肯定是美的了，是"美猴王"。你们看六小龄童演的孙悟空，最美的部分是什么？（同学说：是眼睛。）对，是眼睛。但你们想想，那是猴子的眼睛吗？（不是。）对，不是。那绝不是猴子的眼睛，那是人的眼睛！

所以，古希腊哲学家赫拉克利特说：最美丽的猴子和人比起来也是丑的。这句名言其实揭示了一个道理：美就是能够确证人之为人的东西。艺术之所以无丑，就因为艺术是人的确证。正因为艺术是人的确证，因此，一旦一件艺术品被认为是丑的，人们就宁愿说它"不是艺术"，而不愿意说它是"丑的艺术"。说一件艺术品是"丑的艺术"，就像说一个人是"胆小的勇士""坚强的懦夫"一样，怎么想怎么别扭。（同学说：可是我们可以说一个人"平凡而又伟大"。）平凡和伟大都是正面的评价，不是负面的评价。和伟大相反

以丑和丑的事物为描写对象的艺术并非"丑的艺术"，因为其目的不是实现或展现现实生活中的"自然丑"，而是实现或展现艺术家的"心灵美"。艺术家通过描写丑，体现出他对丑的情感和情调，并引起共鸣。这种经过了对象化和传达的情感和情调就是美感。因此描写丑的艺术也是"美的艺术"，如果它确实是艺术的话。

的是渺小。我们不能说一个人"伟大而又渺小"吧？我们也不能说"艺术而又丑陋"。

好了，我们现在其实又回答了另一个问题，即艺术与美的关系问题。这也是一个历史上争论不休的问题。许多美学家是反对将美和艺术画等号的。在他们看来，美是美，艺术是艺术。比方说，自然美就不是艺术，艺术中也有丑。但我想这一点在我们这里应该不成问题。艺术中的丑是怎么回事，我们已经讲清楚了。至于自然美，则无妨广义地看作艺术美。所谓"江山如画"，就是这个意思。实际上，自然界原本无所谓美丑。只有当我们以看待艺术品的眼光去看待自然时，自然界才会表现出自己的美来。这正是柳宗元看出了小石潭的美而许多旅游者看不出来的原因之一。所以，古希腊的美学家几乎都把自然界看作艺术品，只不过认为那是神的艺术而已。

实际上，美和艺术只有方式和形态的区别，没有本质的区别。在武汉大学哲学系邓晓芒教授和我合著的《黄与蓝的交响》这本书中，我们对美和艺术的关系做了这样的表述：作为过程，情感的对象化就是艺术，即美的创造；作为结果，对象化了的情感就是美，即艺术品。艺术是给情感的内容以对象化的形式，美是以对象化形式体现着的内容。因此，美就是凝固了的艺术，艺术则是展开着的美。这就基本上把话都说清楚了。同学们如果有兴趣，可以去读这本书。

另外，还有两本书也自我推荐一下。一本是我的《艺术人类学》，还有一本是《人的确证》。我的美学观点，就都包含在这三本书里面了。这次课程中没有讲到的，这三本书里面也都有。但我只是推荐，不强求大家读。但要声明一点，我们的美学观点，这里只讲了一部分，不全。如果要批判，还得把这三本书都读了。

最后，我要感谢大家耐心听完了全课程，多谢合作！

附录一　西方古典美学史纲

总论

公元前1世纪，安德罗尼柯把亚里士多德论"存在的存在"或"原因的原因"即研究事物本质规律、终极原因、抽象范畴等问题的著作共十四卷编为一册，放在亚氏的《物理学》后面，称为ta meta ta physica（拉丁文和英文为metaphysica），意即"在物理学之后"，中文译作"形而上学"。

西方古典美学始于古希腊美学，古希腊美学含于古希腊哲学，而古希腊哲学则源自古希腊科学（自然科学），它是作为"物理学之后"的"形而上学"。"形而上者谓之道，形而下者谓之器"，物理学（自然科学）就是关于"器"的学问，"物理学之后"（哲学）则是对于"道"的思考。古希腊美学也一样。它要回答的，是关于"美"这个课题的最根本的问题，即美的本质和美的规律（道）。

因此西方美学的第一阶段必是美的研究，必是美的客观性研究，必是客观美学，必是美的哲学，这是它含于哲学又源自科学所使然。但美学毕竟不是科学（自然科学），也不等于哲学（形而上学），它终究要回到较为具体的问题上来。这就是艺术，而把美和艺术联系起来的则是审美。因此几乎所有的美学都会包括美、审美和艺术这三个内容，比如柏拉图的"理念说"便是美的研究，"迷狂说"便是审美的研究，"模仿说"则是艺术的研究。事实上整个西方古典美学便正是从美的研究到审美的研究再到艺术的研究的历程，它的三座高峰正好体现了这三个主题：希腊美学是美的研究，康德美学是审美的研究，黑格尔美学则是艺术的研究。

不过这一逻辑关系在古希腊时期还只是朦胧状态。它是若隐若现，需要分析的，比如毕达哥拉斯纯粹是美的研究（把美看作属性），苏格拉底其实是审美的研究（把美看作关系），柏拉图则无妨看作艺术的研究（把美看作理念）。实际上，我们也不难看出毕达哥拉斯与近代认识论美学、苏格拉底与康德美学、柏拉图与黑格尔美学之间的联系。但无论如何，美的研究毕竟是古希腊罗马美学的主题，美的客观性研究也毕竟是它的基调，因此它的对象只可能主要是美和艺术，因为只有美和艺术才可能被看作是客观的。而且，作为美的客观性研究，对美和艺术的研究最终还要统一起来。于是，古希腊罗马客观美学便表现为三个阶段，即美的研究（毕达哥拉斯、苏格拉底、柏拉图）、艺术的研究（亚里士多德）、美和艺术的研究（普罗提诺）。在这里，柏拉图美学虽然无妨看作艺术的研究，但相对亚里士多德，则仍是美的研究。

正是由于这种统一（把美和艺术归结为神或神的目的），古希腊罗马美学有了自己的神学版，即中世纪神学美学。其中，奥古斯丁是柏拉图美学的神学版（美的研究），托马斯·阿奎那是亚里士多德美学的神学版（艺术的研究），但丁则是普罗提诺美学的"负片"或"人学版"（美和艺术的研究）——普罗提诺通过"太一"把美学变成神学，但丁则通过《神曲》把神学变成人学。

但丁的出现，意味着西方美学将从神学重新回到人学。实际上，古希腊罗马美学除毕达哥拉斯和普罗提诺外，都是以人为中心的。因为希腊宗教是艺术宗教，希腊精神是人文精神。这一精神通过"文艺复兴"终于回到西方世界，并由此进入第三个历史阶段，即近代人文美学阶段。其中，前康德认识论美学（包括英国经验派和大陆理性派）是美的研究，康德美学是审美的研究，黑格尔美学是艺术的研究，西方美学在更高的层次上回到了它的逻辑起点。

在某种意义上，黑格尔美学和柏拉图、普罗提诺是一脉相承的。柏拉图把美归结为理念（理式）和对理念世界的"回忆"，普罗提诺把美归结为太一和太一的"流溢"，黑格尔则把美归结为绝对理念和它的"感性显现"，因此这三种美学都有可能走向神学，只不过最后真正走向神学的只有普罗提诺而已。

把柏拉图美学从走向神学的歧路上拉回来的是亚里士多德。亚里士多德使美学从理念的天国回到世俗的人间，使艺术赢得了存在的理由和权利，自己却最终走向神学目的论。黑格尔美学同样面临这样的危险，因为费尔巴哈的"自然的人"并不能挽狂澜于既倒。黑格尔以后，西方美学四分五裂，甚至走向"美学取消主义"，就是证明。

真正解除了西方美学中这一"魔法"的是马克思和恩格斯。正是马克思和恩格斯的实践唯物主义，为解决作为美学前提的人的本质问题奠定了坚实的基础，为实践美学的诞生提供了科学的世界观和方法论，并因此而终结了西方古典美学。

黑格尔以后的西方现代美学我们将另文介绍。

西方古典美学的提纲如下：

（一）古希腊罗马客观美学

1. 美的研究

A. 美的合规律性研究（毕达哥拉斯）

B. 美的合目的性研究（苏格拉底）

C. 美的合规律性与合目的性研究（柏拉图）

关于西方古典美学的内在逻辑与历史环节，请参看邓晓芒、易中天《黄与蓝的交响》第二章。该书把这一过程称为"从自然到人的逻辑进展"。

214

2.艺术的研究（亚里士多德）

3.美和艺术的研究（贺拉斯、朗吉弩斯、普罗提诺）

（二）中世纪神学美学

1.忏悔的美学（奥古斯丁）

2.感性的美学（托马斯·阿奎那）

3.行动的美学（但丁）

（三）近代人文美学

1.认识论美学

A.先驱（笛卡儿）

B.英国经验派（夏夫兹伯里和哈奇生、博克、休谟）

C.大陆理性派（狄德罗、莱布尼茨、沃尔夫、鲍姆加登）

2.人本主义美学

A.审美心理学（康德）

B.艺术社会学（席勒）

C.艺术哲学（黑格尔）

3.人类学美学观

A.神秘的人（谢林）

B.自然的人（费尔巴哈）

C.实践的人（马克思和恩格斯）

一 古希腊罗马客观美学

1.美的研究

A.美的合规律性研究

毕达哥拉斯（古希腊，约前580—约前500）

美是数与数的和谐

请参看

鲍桑葵《美学史》（商务印书馆1985年版，以下简称B）页61—62

朱光潜《西方美学史》（人民文学出版社2002年版，以下简称Z）

邓晓芒、易中天《黄与蓝的交响》（人民文学出版社1999年版，以下简称D）页101—104

本书页37—39

毕达哥拉斯是西方美学第一人，古希腊罗马客观美学第一人，也是使科学精神从感性世界转向理性思维的第一人。他提出的"美是数与数的和谐"是古希腊时代第一个美学命题，也是一个奠基性的命题。这已经不是盲目的选择，而是科学的认识，一种对规律性和本质性的把握。于是，宇宙的规律性第一次被说出来了（恩格斯语），美的规律性也第一次被说了出来。美被规定为自然界所固有的规律性。美学的任务就是去发现它们。

毕达哥拉斯美学是历史上从哲学角度对美的本质进行探索的第一次尝试，也是西方"科学美学"的源头。

关键词：和谐说　客观美学　数学美学　合规律性

学　说：数的和谐说

B.美的合目的性研究

B 页60—61

Z页36—38

D页104—108

本书页39—41

苏格拉底（古希腊，前469—前399）

美是合适

如果说毕达哥拉斯提出了美的合规律性，那么苏格拉底就提出了美的合目的性。苏格拉底首次不把美看作属性，而是看作关系，即客观事物对人的效用关系。在他看来，万事万物都有目的，它们之间的相互适合体现了神的意旨，而人则是神最得意的作品。美不是自然事物"数"的关系，而是它们与神之间的目的关系。体现了神的目的就是美，也就是善，即"合适"。因此，"任何美的东西，从同一角度看来，也是善的"，"每一件东西对于它的目的服务得很好，就是善的和美的，服务得不好，则是恶的和丑的"。

苏格拉底的另一重要贡献是第一次使"灵感说"成为一种文艺理论，鲍桑葵认为这是后来"表现说"的"重要先声"。

苏格拉底第一次使美学的目光由自然转向人。

关键词：合目的性　客观美学　目的论美学

学　说：效用说　灵感说　美善同一说

C. 美的合规律性与合目的性研究

柏拉图（古希腊，前429—前347）

美是理念（理式）

美感是灵魂在迷狂状态中对美的理念的回忆

客观美学的原则在柏拉图这里得到了一个确定的形式——理念（或美的理念）。依靠这个确定的形式，客观美学在西方美学史上雄霸两千多年。柏拉图认为真正的美就是理念（或美的理念）。"这种美是永恒的，无始无终，不生不灭，不增不减"；"它只是永恒地自存自在，以形式的整一永与它自身同一"；"一切美的事物都以它为源泉，有了它一切美的事物才成其为美"。在这个最高等级上，美和真、善

B页63—73
Z页39—65
D页109—114
本书页32—37、41—42

是同一的，它就是"本原自在的绝对正义，绝对美德，和绝对真知"。

柏拉图认为，这种真正的美不可能通过艺术的模仿获得，它只能是灵魂在迷狂状态中对美的理念的回忆。因此，模仿的艺术是不真实的，不道德的，没有用的，应该将诗人赶出理想国。

柏拉图在西方美学史上的又一个重要意义是他第一次提出了美学的基本问题（美是什么），确立了美学的基本研究方法（哲学的抽象的方法），从而为整个西方美学奠定了基础。

关键词：理念（理式）客观美学　艺术否定论

代表作：《文艺对话集》

学　说：理念（理式）说　迷狂说　回忆说

2. 艺术的研究

亚里士多德（古希腊，前384—前322）

艺术是模仿

B页74—101
Z页66—95
D页114—123
本书页50—52、
152—157

亚里士多德在美学史上被称为"欧洲美学思想的奠基人"，车尔尼雪夫斯基说他是"第一个以独立体系阐明美学概念的人，他的概念竟雄霸了两千余年"。

亚里士多德的概念就是模仿。"艺术模仿说"是亚里士多德美学思想的核心，神学目的论则是他建立"艺术模仿说"的基础和前提。亚里士多德认为，宇宙万物都是神的艺术品，人则是这些艺术品当中最优秀的。因此，美，就是神的目的，或者说，是实现了神的目的的东西。正因为它们实现了神的目的，才美，也才是艺术，是艺术品。

人的艺术是对神的艺术的模仿，而且是对神的目的的直接模仿，因此艺术比历史更真实。因为"历史家描述已发生的事，诗人却描述可能发生的事"。诗人（艺术家）按照可然律和必然律进行描述，模仿"事物应当有的样子"，在个别性中见出必然性和普遍性，所以更真实。

这样的艺术既是善的，又是美的。因为"人对于模仿的作品总是感到快感"，这正是美的特征，而美之所以引起快感"正因为它是善"。由于是善，因此能够"净化"人的心灵。所以，"画家所画的人物应比原来的人更美"，"具有净化作用的歌曲可以产生一种无害的快感"。

这样一种模仿也就是创造。因此亚里士多德把艺术看作"创造的科学"，以区别于"理论的科学"（数学、物理学）和"实践的科学"（政治学、伦理学）。艺术既然是科学，它也就是认识。

关键词：模仿说　神的目的　艺术真实　净化　创造认识

代表作：《诗学》

学　说：模仿说　净化说

3. 美和艺术的研究

贺拉斯（古罗马，前65—前8）

一首诗仅仅具有美是不够的，还必须有魅力

贺拉斯的观点中已有"表现说"的苗头，他的另一重要观点是强调艺术应该"寓教于乐"。

Z页100—107
D页124

关键词：魅力

代表作：《论诗艺》

学　说：寓教于乐说

朗吉弩斯（古罗马，213—273）

就真正的意义来说，美的文词就是思想的光辉

（左栏）Z页108—115
D页125

艺术中情感和想象的意义在朗吉弩斯这里得到了综合的强调，并第一次产生了"崇高"的概念，人物艺术的目的不是模仿，而是在情感和想象的作用下使人"惊心动魄""如醉如狂""心醉神迷"。这一过于超前的思想在当时并未产生足够的影响。

关键词：情感　想象　崇高

代表作：《论崇高》

普罗提诺（又译普罗丁，古罗马，约205—约270）

美是第一眼就可以感觉到的一种特质

它们之所以美，是因为分享得一种理式（太一）

B页148—158
Z页116—121
D页126—121

普罗提诺是西方美学史上第一个成功地把美和艺术统一在一个美学体系里的人。普罗提诺认为，至高无上的是"太一"，太一的运动是"流溢"（放射）。由于太一的流溢，心智、灵魂、感性和物质逐级"分有"（分享）了太一的美，而创造美的活动就是艺术。一切艺术都是为了表现心灵的美，一切美又都由心灵的艺术所造成。于是艺术和美统一起来了，它们统一于美，而最高的美则是太一。

观照太一的途径是"出神"。

普罗提诺的"太一说"是中世纪基督教神学美学的源头。

关键词：太一　流溢（放射）分有（分享）

代表作：《九卷书·论美》

学　说：流溢分有说

二　中世纪神学美学

1.忏悔的美学

圣·奥古斯丁（罗马，354—430）

美在上帝

奥古斯丁美学是柏拉图美学的神学版。他在基督教一神论的名义下，克服了理念和现象的对立，用"三位一体"的神秘主义代替了普罗提诺"太一说"，认为最高的、真正的美在上帝，只能通过"信仰"来感受。上帝之外的其他事物只有"次要的美"，不信仰上帝而追求"次要的美"就是犯罪，应该忏悔。

B页177—179
Z页128—130
D页134—139

关键词：上帝　信仰　忏悔　次要的美

代表作：《忏悔录》

2.感性的美学

圣·托马斯·阿奎那（意大利，1225—1274）

凡是一眼见到就使人愉快的东西才叫作美

一切自然的东西都由神的艺术所创造，可以称之为上帝的艺术作品

托马斯·阿奎那美学是亚里士多德美学的神学版。他恢复了亚里士多德的模仿论，认为艺术模仿自然，就是模仿上帝的作品。但更重要的，还是模仿上帝如何创造，即不但模仿"上帝的作品"，而且模仿"上帝的艺术"。

B页193—198
Z页131—134
D页140—144

关键词：模仿　上帝的作品　上帝的艺术

代表作:《神学大全》

3. 行动的美学

但丁（意大利，1265—1321）

主题是人

神学是诗

B页199—218

Z页136—145

D页144—150

但丁不是纯粹的哲学家和真正的美学家，是"诗人神学家"。他的意义，是将中世纪神学美学变成艺术实践，创造出一种"诗即神学，神学即诗"（薄伽丘语）的奇迹，并明确宣布自己的作品"主题是人"，从而使美学从神那里回到人，为西方美学从神学美学过渡到人文美学做好了准备。

关键词：神　人　诗

代表作:《神曲》

三　近代人文美学

1. 认识论美学

A. 先驱

笛卡儿（法国，1596—1650）

美是判断和对象之间的一种关系

Z页182—186

笛卡儿在美学史上的意义在于他以其著名的"怀疑论"（我思故我在），奠定了西方近代哲学和近代美学的一个基础："一切都必须在理性的法庭面前为自己的存在做辩护或者放弃存在的权利。"（恩格斯语）因此我们应该把他看作近代人文美学的先驱。

关键词：关系　理性

代表作：《给麦尔生神父的信》

B.英国经验派：作为感性认识的美感论

夏夫兹伯里（英国，1671—1713）

美是靠内在的眼睛来辨别的

真正的美是美化者而不是被美化者

哈奇生（英国，1694—1747）

美感能力是天生的，叫"内在感官"

夏夫兹伯里和哈奇生把洛克的方法论用到美学中，认为美就是"第二性的质"，要靠"心眼"（夏夫兹伯里）或"第六感觉"（哈奇生）去感受。这标志着客观美学向主观美学的转变。

B页233—234
Z页211—224
D页153—155
本书页45—46、48

关键词：第二性的质　内在感官　心眼　第六感觉

代表作：《论特征》（夏夫兹伯里）

　　　　《论美与德行两个概念的根源》（哈奇生）

学　说：内在感官说

博克（英国，1729—1797）

美是物体中能够引起爱或类似情感的某一性质和某些性质

美的特征是可爱性，崇高的特征是可怖性

博克不同意"第六感觉"的说法，认为美感的根源应该到社会情感（他称之为"一般社会生活的情感"）中去寻

B页264—268
Z页235—249
D页156—158
本书页45—48

找，这就是爱，也就是同情。因此美就是"物体中能够引起爱或类似情感的某一性质和某些性质"。博克美学是客观美学名义下的主观美学。

关键词：爱　情感　社会情感

代表作：《论崇高与美》

学　说：社会情感说

休谟（英国，1711—1776）

美不是事物本身的属性，它只存在于观赏者的心里

B页234—236
Z页225—235
D页159—162
本书页48

休谟不像博克那样在"美是客观性质"和"美是主观感觉"之间徘徊。相反，他努力促成的是从一种主观（主观认识）到另一种主观（主观情感）的过渡，明确宣布"美不是事物本身的属性，它只存在于观赏者的心里"，从而在一个更为彻底的认识论基础上颠覆了客观美学。

关键词：属性　心灵　情感　主观美学

代表作：《论人性》《论审美趣味的标准》

学　说：美在心灵说

C.大陆理性派：作为理性认识的美的概念论

狄德罗（法国，1713—1784）

美在关系

美是在我们心里引起对愉快关系的知觉的效力或能力

真正的美，即寓于关系的感觉中的美

Z页259—284
D页165—169

大陆理性派包括德国美学家和法国美学家。前者的代表人物是莱布尼茨、沃尔夫和鲍姆加登，后者的代表人物就是狄德罗。狄德罗属大陆理性派，但受英国经验派影响很大，实际上是两派之间的过渡人物，因此我们打破时间顺序，将其置于莱布尼茨、沃尔夫之前。

狄德罗美学的核心是"对关系的感觉"。他指出："对关系的感觉创造了美这个字眼"，"对关系的感觉就是美的基础"，"真正的美，即寓于关系的感觉中的美"，因此应该"把美归结为对关系的感觉"。这一观点，可称之为"美在关系"（而非许多美学书误解的"美是关系"）。它包括三个环节，即美、美的基础（关系），以及二者之间的中介（感觉）。

狄德罗美学预示着近代以人为中心的表现论的崛起。在狄德罗这里，理性主义美学的一般原则被特殊化了。在后来的鲍姆加登那里，这种特殊原则又被个别化，并达到前两个阶段的辩证统一。

关键词：关系　对关系的感觉

代表作：《关于美的根源及其本质的哲学探讨》

学　说：美在关系说

莱布尼茨（德国，1646—1716）

美是明晰的混乱的认识

莱布尼茨认为，美就是事物的秩序，多样的统一，就是宇宙的和谐与完善。这种和谐与完善是由上帝"前定"的，只有上帝才知道它的来龙去脉，但人可以去认识和把握。审美就是人凭借自己的先验理性认识（一般概念）去把握宇宙天然理性结构（前定和谐）的活动。较之无意识，这种认识是明晰的；较之理性认识，则又是混乱的。因此是"明晰的混乱的认识"。

B页232—233
Z页294—295
D页162—164
本书页63

关键词：认识　认识论　一般概念　前定和谐

代表作：《人类理智新论》

学　说：混乱认识说

沃尔夫（德国，1679—1754）

产生快感的叫作美，产生不快感的叫作丑

美是感性认识到的完善

B页247—248

Z页296

D页164

本书页64

沃尔夫的功绩是将莱布尼茨的学说通俗化和系统化，提出"美在于一件事物的完善，只要那件事物容易凭它的完善来引起我们的快感"。也就是说，美，是感性认识到的完善，而那"完善"则是对象自己的。

关键词：感性认识　完善

代表作：《经验的心理学》

学　说：有快感的完善说

鲍姆加登（德国，1714—1762）

美是感性认识的完善

B页239—245

Z页296—302

D页170—173

本书页62、64—65

鲍姆加登的说法（美是感性认识的完善）和沃尔夫的说法（美是感性认识到的完善）区别在于：感性认识到的完善，是事物固有的完善，是属于客体的，只不过要靠感性去认识；感性认识的完善，却是认识自身的完善，是属于主体的。因此，在莱布尼茨和沃尔夫那里，美都是客观的；而在鲍姆加登这里，却变成主观的了。更重要的是，把美看作事物的完善，就是把美学看作关于物的学问；把美看作认识的完善，则是把美看作关于人的学问。因此，鲍姆加登是一个划时代的路标。何况他还为美学起了名字。因此，学术界一般都把鲍姆加登出版*Ästhetik*的1750年看作美学的生日，把鲍姆加登称为"美学之父"。

关键词：感性认识　完善

代表作：《美学》

学　说：感性认识的完善说

2.人本主义美学

A.审美心理学

康德（德国，1724—1804）

鉴赏是通过不带任何利害的愉悦或不悦而对一个对象或
一个表象方式做评判的能力。一个这样的愉悦的对象就叫
作美

美是那没有概念而普遍令人喜欢的东西

美是一个对象的合目的性形式，如果这形式是没有一个
目的的表象而在对象上被知觉到的话

在鉴赏判断里假设的普遍赞同的必然性是一种主观的必
然性，它在共通感的前提下作为客观的东西被表象着

B页332—370
Z页351—409
D页174—183
本书页65—89

康德在西方美学史上是一个划时代的人物。他是真正
的"近代美学之父"，鲍姆加登则只是"教父"。康德的意
义，在于他进行了一场"哥白尼式的革命"，把美学的基本
问题由传统的"美是什么"变成了"审美是什么"，从而开
启了近代审美心理学的先河。

康德指出，审美（他称之为鉴赏判断）的一个明显的
特征就是生愉快，但这种愉快不牵涉任何利害关系，这就叫
"无利害而生愉快"。正因为无利害，因此可以普遍地使人
愉快，但这种普遍性的对象又不是概念，审美的普遍性也不
是概念的普遍性，这就叫"非概念而又有普遍性"。这就说

明审美是无目的的（否则就有利害，或没有普遍性），却又无不合目的（否则就不会生愉快）。因此，审美的目的是一种"主观合目的性"（因为它生愉快），一个"涉及形式的规定"（因为它非概念），一种"单纯形式"（因为它无利害）。它不是某个具体的客观目的，也不以某个具体的客观目的的形式出现（因为它具有普遍性），康德把它叫作"没有具体目的的一般目的"，也叫"形式的合目的性"，也叫"无目的的合目的形式"。这就叫"无目的而合目的性"。美无利害而生愉快，非概念而又有普遍性，无目的却又无不合目的，这都说明在审美判断中有一种必然性。但这种必然性既不是理论的（像逻辑判断那样），也不是实践的（像道德判断那样），更不是没有必然性（像感官判断那样），而只是心理上的一种"范式"，即"共通感"。它就是"一切人对于一个判断的赞同的必然性"。

通过对鉴赏判断（审美）四个契机的分析，康德成功地揭示了美和审美的秘密："在鉴赏判断里假设的普遍赞同的必然性是一种主观的必然性，它在共通感的前提下作为客观的东西被表象着"。也就是说，美既不是客观的，也不是主观的，也不是主客观的统一，而是"主观表象为客观"，是"以客观表象的形式表现出来的主观的东西"。它最为本质的特征，就是"超功利非概念无目的的主观普遍性"。

康德美学的内容极为丰富。除"美的分析"外，还有"崇高的分析"，对诸如艺术、天才、美的理想、审美意象等问题也发表了极为精辟的见解，对后世影响很大。近代美学盛行的许多观点，如"游戏说""表现说""形式说"等，都可以在康德美学那里找到源头。

关键词：审美 鉴赏判断 契机 主观普遍性共通感

代表作：《判断力批判》

学　说：共通感说　游戏说

B. 艺术社会学

席勒（德国，1759—1805）

美是活的形象，是人性的完满实现

美是游戏冲动的对象，艺术是想象力在游戏中的自由活动

要使感性的人变成理性的人，唯一的途径是先使他成为审美的人

如果说康德是现代哲学人类学的先驱，那么，席勒便第一次为美学的人类学进行了勘察。席勒认为，人的纯粹概念具有二重性，正是这种二重性使人产生两种冲动，即感性冲动和理性冲动。它们对于个人来说都具有强制性，因而单独看都是片面的。把这两种冲动统一起来并使人进入自由境界的是游戏冲动。因为"只有当人充分是人的时候他才游戏，只有当人游戏的时候他才完全是人"。这也就是艺术，就是美。美是游戏冲动的对象，艺术则是想象力在游戏中的自由活动。正是游戏冲动导致了自由艺术的诞生。所以自由是艺术的基本品质，美则是"活的形象"，是"人性的完满实现"。

B页271—393
Z页437—469
D页183—189
本书页163—164

因此，"要使感性的人变成理性的人，唯一的途径是先使他成为审美的人"。这就是艺术教育，也就是审美教育。审美教育不但可以救治社会的弊病，而且可以拯救全人类，让大家一起走向真正自由的社会。席勒把这个社会称为"审美的王国"。在这个王国里，人只作为自由游戏的对象而与

人对立。因为这个王国的"基本法律"，就是"通过自由去给予自由"。

席勒的这一观点可以说是创造性地发展了康德的美学。康德在《判断力批判》中说过："人们把艺术看作仿佛是一种游戏。"诗是"想象力的自由游戏"，其他艺术则是"感觉的游戏"。因此后人将这种观点称为"康德—席勒游戏说"。

  关键词：感性冲动 理性冲动 游戏冲动

      自由艺术审美教育

  代表作：《审美教育书简》

  学 说：游戏说 活的形象说

C.艺术哲学

黑格尔（德国，1770—1831）

美是绝对理念的感性显现

B页430—465
Z页470—512
D页189—201
本书页122—149

黑格尔美学是他哲学体系的一个部分。这个哲学体系的核心是理念（或绝对理念，或绝对精神），而"理念不是别的，就是概念，概念所代表的实在，以及这二者的统一"。这个定义本身就是一个过程，即肯定、否定、否定之否定，也叫正、反、合。因此，理念或绝对理念一定要运动，运动的结果就是我们这个世界。

于是，黑格尔就在西方哲学史上第一次天才地、创造性地把世界描述成一个"逻辑与历史相一致"的过程。具体地说，就是绝对理念通过自我否定和自我确定实现自我认识的过程。这个过程由三个环节构成，这就是自然界、人类社会和人的精神。人的精神也由三个环节构成，这就是艺术、宗教和哲学。最后，艺术也由三个环节构成，这就是象征型艺术（建筑）、古典型艺术（雕塑）和浪漫型艺术；而浪漫型艺术也由三个环节构成，这就是绘画、音乐和诗。

显然，在黑格尔那里，世界是一个过程，一个肯定（正）、否定（反）和否定之否定（合）的过程。艺术是世界历史过程中的一个环节，即自然界、人类社会和人的精神这三个环节中人的精神这一环节。在人的精神这个环节中，艺术又是精神表现为感性（物质形态）这一环节。因此，艺术是"绝对理念的感性显现"。由于在黑格尔那里，美就是艺术，就是艺术美，所以，美也是"绝对理念的感性显现"。

然而，"绝对理念"和"感性显现"本身就是一对矛盾，所以它一开始肯定不平衡。这就是"象征型艺术"。但如果不能达到平衡，绝对理念就不能很好地得到感性显现，所以还得平衡。这就是"古典型艺术"。但是"感性显现"绝不是绝对理念的目的，它的目的是"自由思考"。所以艺术在达到和实现了平衡以后，还得再走向不平衡。这就是"浪漫型艺术"。这是艺术的类型，也是艺术的阶段。除此之外，由于物质材料和表现方式的不同，艺术还要表现为不同的门类（种类和类别），比如建筑、雕塑、绘画、音乐、诗。各门类艺术虽然都可以出现在各种艺术类型当中，但必定有一个门类特属于某一种类型，是最适合这种类型的，是这个类型的代表。

因此，艺术和我们这个世界一样，也是一个过程。其发展逻辑，是从不平衡到平衡再到不平衡；其发展方向，则是从物质到精神；它们对于"真正的美的概念"，则是"始而追求，继而实现，终于超越"。到了浪漫型艺术阶段，艺术已无路可走。不但浪漫型艺术要解体，艺术本身也要解体，而让位于宗教。宗教和艺术一样，也有三个阶段和类型，即自然宗教（古埃及宗教）、艺术宗教（古希腊宗教）和天启宗教（基督教）。但宗教也不过是绝对理念在人的精神中复归自身的一个阶段，所以宗教和艺术一样，也要解体，而让位于哲学。只有哲学，才是绝对理念真正自由的思考，也才是它真正的归宿。

黑格尔的艺术哲学体系精密而庞杂，其中蕴含着许多宝贵的思想财富。在他那里，美作为"绝对理念的感性显现"，实际上被描述为"人的感性表现"，而艺术则被看作时代精神的反映。因为他实际上是从人的能动的实践来理解人的本性的。这在西方美学史上是一个巨大的贡献。但由于他"只知道并且只承认一种劳动，即抽象的精神的劳动"（马克思语），结果"人学"变成了"神学"（所谓绝对理念不过是神），"美学"变成了"反美学"，"艺术哲学"也变成了宣告艺术灭亡的"反艺术哲学"。黑格尔留下的难题，只有马克思主义的实践美学才能解决。

关键词：艺术哲学　绝对理念　感性显现
　　　　　艺术类型艺术门类

代表作：《美学》

学　说：绝对理念的感性显现说

3. 人类学美学观

A. 神秘的人

谢林（德国，1775—1854）

艺术是有意识活动与无意识活动的统一

艺术作品的根本特点是无意识的无限性

以有限形式表现出来的无限就是美

谢林是黑格尔同时代的人，他的哲学和美学在逻辑上处

B页409—430
D页189—192

于黑格尔之前，亦非实践美学观。本书这样编排是为了更好地看清西方美学史的逻辑关系和历史环节。

谢林哲学的核心是自我意识。自我意识在自然界经历了无意识的潜在阶段，在人的身上达到了自觉。哲学与自我意识的这一客观历程并行，表现为自然哲学和先验哲学。先验哲学包括理论哲学（相当于康德的纯粹理性）和实践哲学（相当于康德的实践理性），它们统一于艺术哲学（相当于康德的判断力）。艺术哲学的任务是研究"以艺术形象出现的宇宙"，把握宇宙背后神秘莫测的"绝对"。"绝对"首先实现于哲学家的"理智直观"（为少数人所把握），然后实现于艺术家和欣赏者的"艺术直观"（为多数人所把握）。艺术家和哲学家能够"直观"那个神秘的"绝对"都靠天才。天才只能在艺术中出现，也只有天才能够创造奇迹。因此艺术冲动是"不可抗拒"和"不可理解"的，艺术活动也表现为有意识（技巧）与无意识（诗意）的统一，但无意识更重要，因为只有无意识才能把握"绝对"。所以，"艺术作品的根本特点是无意识的无限性"，而"以有限形式表现出来的无限就是美"。

关键词：艺术哲学　绝对　直观　有意识　无意识

代表作：《艺术哲学》

学　说：有意识活动与无意识活动的统一说

B. 自然的人

费尔巴哈（德国，1804—1872）

美和艺术是真正的人的本质的现象或显示

在黑格尔之后，马克思之前，还有费尔巴哈。费尔巴哈使德国哲学从天国回到人间。他不认为美是什么"绝对理念的感性显现"，而认为它是"人的本质的感性显现"。作为自然界一部分的人在精神活动中把自己的本质对象化，从而在对象中认识自己和欣赏自己。因此，美和艺术是"真正的人的本质的现象或显示"。这个本质是天生的，是自然界赋予人的。自然界不仅给予人头脑和肠胃，还给了人"专门欣赏音乐"的耳朵和"专门欣赏那无私的发光的天体"的眼睛。自然界是人的本质的源泉，也是美和艺术本质的源泉。

关键词：人的本质　对象化

代表作：无（没有系统的美学论著）

学　说：人的本质的显示说

C. 实践的人

马克思（德国，1818—1883）

恩格斯（德国，1820—1895）

凡是把理论导致神秘主义方面去的神秘东西，都能在人的实践中以及对这个实践的理解中得到合理的解决从康德、黑格尔，到谢林、费尔巴哈，近代德国哲学一以贯之的主题是人。几乎所有的大师都在试图解开人的本质这个"司芬克斯之谜"，并以此为前提揭开美和艺术的秘密。但在康德那里，人和客观事物一样，也被看作一个不可认识只可假设的"物自体"；在黑格尔这里，人和人的本质、人的精神、人的自我意识则被异化为外在于人的"绝对理念"。谢林和费尔巴哈虽然把人看作人，但在谢林那里，人的本质表现为神秘的无意识；而在费尔巴哈这里，人的本质则来自无意识的自然界。人在这两位哲学家那里实际上都是无意识的，只不过一个是"神秘的人"（谢林），一个是"自然的人"（费尔巴哈）。

马克思和恩格斯的人是"实践的人"。实践是人的有意识、有目的、有情感的自由自觉活动。因此，"实践的人"是"有意识的人"（区别于谢林和费尔巴哈），同时又是"现实的人"（区别于康德和黑格尔）。"有意识的生命活动把人同动物的生命活动直接区别开来。正是由于这一点，人才是类的存在物"（马克思）。人的意识（包括自我意识和对象意识）不是从天上掉下来的，不是上帝赋予的，也不是莫名其妙生来就有的，它是实践的产物。因此，"凡是把理论导致神秘主义方面去的神秘东西，都能在人的实践中以及对这个实践的理解中得到合理的解决"（马克思）。马克思宣布：新唯物主义的立脚点是人类社会或社会化了的人类。人的本质并不是单个人所固有的抽象物。在其现实性上，它是一切社会关系的总和。

于是"历史破天荒第一次被安置在它的真正基础上"（恩格斯），美学也破天荒第一次被安置在它的真正基础上。这就是实践美学观的诞生。尽管马克思和恩格斯并没有

235

来得及建立一个历史唯物主义的实践美学体系，但他们实践唯物主义的创立却为解决作为美学前提的人的本质问题奠定了坚实的基础，并为实践美学的诞生提供了科学的世界观和方法论。这是马克思和恩格斯对人类美学的巨大贡献。

关键词：实践　历史唯物主义

代表作：《1844年经济学—哲学手稿》《德意志意识形态》

本史纲逻辑关系据邓晓芒、易中天《黄与蓝的交响》

附录二　中国古典美学史纲

总论

　　和西方古典美学一样，中国古典美学一开始也含于哲学，而且也是对于"道"的思考。不同之处在于，古希腊哲学源自科学（自然科学），是"物理学之后"；中国先秦哲学则源自社会政治学，是"伦理学之后"。它们是两种不同的"形而上学"。这就决定了中国和西方有两种不同的美学，也决定了这两种美学有不同的道路。如果说西方美学是从对美的研究开始的，那么，中国美学的目光则首先投向了艺术。"美"这个字，在中国美学这里并不占很重的分量。它往往意味着漂亮，或感官的愉悦（美色、美声、美味），是一种低层次的美。有分量的是艺术。在中国人看来，艺术的美才是具有创造性的高层次的美。一个谈艺术，一个论美，起步于人类历史同一时期（公元前6—前5世纪）、产生于我们星球同一纬度（北纬30°—40°）的中西美学，正好分别从两个不同的方向照亮了人类思想的漫长历程。

　　这里面无疑有着两种文化及其思想内核的差异。西方文化的思想内核是个体意识，它通过人与物的关系来实现人与人的关系。中国文化的思想内核是群体意识，它通过人与人的关系来实现人与物的关系。所以，在西方人那里，人与人的关系都是契约关系（法律关系）。在中国人这里，人与自

关于总论部分的论述，请参看易中天《中国美学史的内在逻辑与历史环节》，原载《武汉大学学报》1990年第1期。

请参看邓晓芒、易中天《黄与蓝的交响》第一章。

然的关系也是血缘关系（父天母地）。通过人与物的关系来实现人与人的关系，就关注美（审美对象）；通过人与人的关系来实现人与物的关系，就关注艺术（审美关系）。而在先秦，所谓"艺术"，也就是"乐"（读如悦）。"乐"并不仅仅是音乐，而是包括音乐在内的多种艺术的综合，甚至包括审美快乐（这个时候它读如勒）。对"乐"的研究也不仅仅是音乐学，而是艺术学，或艺术美学。

与"乐"并存的是"礼"，合称"礼乐"。礼和乐要处理和实现的都是人际关系。礼是人与人之间的行为规范，乐是人与人之间的情感交流。礼即伦理，它同时也是善；乐即艺术，它同时也是美。在礼乐制度和礼乐文化的创立者看来，不受道德规范的美非"真美"，没有情感体验的善是"伪善"。故无善则不美，无美则不善。美善既然合一，则伦理学就是艺术学，艺术学就是伦理学，它们也都是美学。只不过当这种美学是哲学或具有哲学意味、哲学性质时，它就是"伦理学之后"。

事实上，先秦哲学和先秦美学无不是对礼乐制度和礼乐文化的反思（批判或维护）。批判者有墨、法、道诸家，维护者则为儒家。但无论批判或维护，当他们的研究和论证上升到哲学高度时，均为"伦理学之后"。所以中国古典美学的第一阶段必是艺术社会学，其第一环节则为儒家美学。这里说的次序是逻辑上的，而非时间上的。在逻辑上，儒家美学应为先秦两汉美学的正题，非儒家美学（墨、法、道）为反题，两汉美学则为合题。以儒道互补的先秦杂家为前导，两汉美学也有三条线索，即从巫术到艺术，从道家到儒家，从儒学到经学，最后归于儒。但两汉儒学已非先秦儒学，它实际上已将先秦非儒家思想（主要是道家思想）作

美善合一，是中国文化三大精神之一，即"天人合一合于人""知行合一合于行""美善合一合于善"。请参看易中天《论中国文化精神》，原载《中华文化研究》，厦门大学出版社1994年版。

为一个被扬弃的环节包含于自身之中，因此是合题。

不过两汉美学的"合"并非合于哲学。虽然两汉美学（也包括先秦美学）号称哲学，实际上却是政治伦理学；而美学如果不是哲学，或不曾达到哲学的高度，就不是严格意义上的美学。同样，对艺术的研究如果仍然停留在政治伦理学或艺术社会学阶段，这种艺术学就不会是真正的艺术学，与之相对应的艺术也不会是真正的艺术。因此中国古典美学必须走向哲学，中国艺术学也必须走向对纯粹艺术的研究。

这就是魏晋南北朝的艺术哲学。这是中国古典美学的第二个历史阶段。在这个历史阶段，哲学是真正的哲学（纯思辨），艺术是真正的艺术（纯形式）。哲学不再是"经世济民"的"经学"，而是"玄思妙想"的"玄学"；艺术（文学）也不再以"立意为宗"（注重社会功能），而是以"能文为本"（注重审美形式）。由此产生了"哲学的艺术"和"艺术的哲学"。哲学的艺术也经历了三个历史阶段，即神超形越的品评（人物）、但陈要妙的说理（玄言）和澄怀味象的欣赏（山水）。艺术的哲学则在经过了曹丕、陆机等人的理论准备后，在刘勰的《文心雕龙》那里达到了顶峰。这是一个"文学的自觉时代"（鲁迅），也是一个文艺理论和美学的自觉时代。中国历朝历代几乎都有自己标志性的艺术样式（诗经、楚辞、汉赋、唐诗、宋词、元曲、明清小说），唯独魏晋南北朝是以美学和文艺理论为里程碑的。它当之无愧地是一个艺术哲学时代。

请参看易中天《〈文心雕龙〉美学思想论稿》，上海文艺出版社1988年版。

如果说刘勰的出现标志着中国古典艺术哲学的登峰造极，那么，钟嵘的《诗品》则意味着这一历史阶段的终结。实际上，当艺术"为什么"（社会功能）和"是什么"（哲学本质）这两个问题都已解决后，剩下的就是"怎么办"

（如何创作与如何欣赏）了。借用孔子的表述方式来说，先秦两汉是中国古典美学的"知之"阶段。其主要特征，是思想家们为了社会的政治理想，强调艺术"应该"是什么。魏晋南北朝是"好之"阶段。其主要特征，是理论家们本着文学的自觉精神，反思艺术"可能"是什么。唐宋元明清则是"乐之"阶段。其主要特征，是鉴赏家们根据自己的审美经验，描述艺术"实际"是什么。"知之者不如好之者，好之者不如乐之者"，虽然核心问题都是"艺术是什么"（舍此则不成其为美学），但性质和分量殊为不同。

因此中国美学无可避免地要走向艺术心理学，而推波助澜者则为禅宗。禅宗（或禅学）是中国化的佛学，其特征是"不立文字，道体心传，见性成佛"，讲究"心心相印""立竿见影""回头是岸"，强调"慧根"与"顿悟"。这和中国古典美学走向艺术心理学的内在要求可谓正相一致。事实上这一时期的重镇人物几乎无不以禅喻诗，以佛说法，心领神会。于是有严羽的"妙悟"、李贽的"童心"、王夫之的"现量"，均以"他山之石"为"攻玉之器"。可以这么说，先秦两汉艺术社会学是"儒学阶段"（始于反儒，归于尊儒），魏晋南北朝艺术哲学是"玄学阶段"（始于谈玄，归于玄谈），唐宋元明清艺术心理学则是"禅学阶段"（始于悟禅，归于禅悟），三阶段之特征判然。

唐宋元明清艺术心理学也可以分为三个阶段，即以严羽为代表的审美心理学、以李贽为代表的个性心理学和以王夫之为代表的创作心理学。如果说严羽的意义在于从心理学的角度区分了文学与非文学，李贽的意义在于呵佛骂祖的批判精神和离经叛道的异端色彩，那么，王夫之就是中国古典美学的集大成者。王夫之的意义不在或不完全在于他的博大精深和深思熟虑，更在于他娴熟地运用佛学的工具使中国古典美学成功地回到了儒家的起点。

在这里我们不难清楚地看到中国古典美学的发展轨迹。这是一种循环式的进程。首先是从儒家推崇和维护的礼乐制度、礼乐文化出发，经过墨、法、道诸家的批判，在两汉回到儒家，其标志性成果是体现荀子学派思想的《礼记·乐记》；然后是经过魏晋玄学的冲击，在南北朝回到儒家，其标志性成果是刘勰的《文心雕龙》；最后是经过唐宋禅学的改造，在明清之际回到儒家，其标志性成果是王夫之美学。百家争鸣归于儒，中国古典美学总是走不出这个"怪圈"。

打破这个怪圈是在西学东渐之后。梁启超以小说兴革命，王国维以悲剧说人生，蔡元培以美育代宗教，均以中西杂糅的方式，为中国美学注入新鲜血液，由此构成中国近代美学。

20世纪40年代开始的中国现代美学则几乎重新经历了西方美学的发展过程。从1944年到1966年，相当于西方的古希腊罗马时期。蔡仪主张"自然属性说"，认为"美是客观事物显现其本质真理的典型"，是"种类的普遍性和必然性"，并以自然科学的分类方式为审美对象开列清单，颇似于古希腊的毕达哥拉斯学派。1949年以后的朱光潜主张"生产劳动说"，由此得出"美是主客观的统一"的观点（因为生产劳动正是"主客观的统一"）。但由于他把艺术简单地等同于物质生产，因此他的"主客观统一说"其实是"主观统一于客观"。李泽厚主张"社会属性说"，认为社会存在既然是客观的，则作为一种社会属性的美当然就是"客观性和社会性的统一"。这其实同样是"统一于客观"，而且较之朱光潜的观点，更是不折不扣的"客观派"，和蔡仪并

请参看邓晓芒、易中天《黄与蓝的交响》第四章第二节。

无本质区别。只不过在蔡仪那里，美的客观性是自然的；而在李泽厚这里，美的客观性是社会的。实际上无论在李泽厚那里，还是在朱光潜那里，我们都不难看到古希腊美学（苏格拉底或柏拉图）的影子。至于当时影响极大的"反映论"和"社会主义现实主义"理论，也完全可以追溯到亚里士多德的"模仿论"。明确主张"主观论"的（吕荧、高尔泰）则屡受批判，不成气候。客观论，是这个时期美学的主调。是为"客观美学"阶段。

1966年至1976年相当于西方的中世纪。但认真说来，这个时期没有美学只有教条（"三突出"），没有艺术只有政治（样板戏），没有审美只有闹剧（忠字舞），没有神学只有巫术（早请示，晚汇报），简直无以名之。它是前段客观美学的延续（典型变样板），也是客观美学的反动（客观变主观），个别人的主观意志变成了"客观真理"。由于这两个方面的原因，这一页很快就被历史翻了过去。

1978年以后，中国美学进入"人文美学"阶段。其间有认识论美学，也有审美心理学、艺术社会学和艺术哲学，但主流派别是"实践美学"。《1844年经济学—哲学手稿》（它至少有三个译本）和"三个费尔巴哈"（即马克思《关于费尔巴哈的提纲》、马克思和恩格斯《德意志意识形态·费尔巴哈》、恩格斯《路德维希·费尔巴哈和德国古典哲学的终结》），被看作引导我们走出美学迷惘的路灯。美学界发表了大量的研究论文，还出版了马克思晚年的最后手稿（人类学手稿），希望通过马克思开创的哲学人类学，找到建立新美学的契机。

遗憾的是，中国美学界还没有来得及理清自己的思路，就匆忙宣布已经"超越"实践美学，迫不及待地奔向"现

在《黄与蓝的交响》一书中，我们把这一阶段称为"神学·巫术的现代闹剧"，指出它根本称不上严格意义上的美学，而是一种"反美学"，但不意味着这一阶段的艺术是不可研究和没有价值的。

代"甚至"后现代"。这当然可以理解，甚至也可以说是一种必然。只不过这样一来，中国美学的前途就更是难测了。因此，本书提供的史纲，将仅限于古典美学。

中国古典美学的提纲如下：

（一）先秦两汉艺术社会学

　　1.儒家美学

　　　　A.仁爱之心（孔子）

　　　　B.义理之气（孟子）

　　　　C.礼乐之伪（荀子）

　　2.非儒家美学

　　　　A.功利主义美学（墨子、韩非）

　　　　B.超功利主义美学（老子、庄子）

　　　　C.儒道互补的端倪（屈原、吕不韦）

　　3.两汉美学

　　　　A.从巫术到艺术（《周易》）

　　　　B.从道家到儒家（刘安、司马迁、刘向、扬雄、王充）

　　　　C.从儒学到经学（《礼记·乐记》、董仲舒、《毛诗序》）

（二）魏晋南北朝艺术哲学

　　1.先导者

　　　　A.哲学的前导（王弼、葛洪、《世说新语》）

　　　　B.文学的自觉（曹丕、嵇康、陆机）

关于中国古典美学的内在逻辑与历史环节，请参看邓晓芒、易中天《黄与蓝的交响》第三章。该书把这一过程称为"从社会到心灵的历史变迁"。

C.审美的超越（顾恺之、宗炳、谢赫）

2．集成者

艺术哲学（刘勰）

3．终结者

A.文学与音乐（沈约）

B.文学与美感（钟嵘）

C.文学与非文学（萧统）

（三）唐宋元明清艺术心理学

1．审美心理学

A.儒学的坚持（孔颖达、白居易、周敦颐）

B.禅宗的影响（司空图、苏轼、严羽）

C.艺术的追求

C-1审美关系（孙过庭、张璪、荆浩）

C-2审美品位（黄休复）

C-3审美趣味（张彦远、郭熙、范温）

2．艺术心理学

A.诗画合一（王履、祝允明、王廷相）

B.雅俗共赏（李贽、汤显祖、公安派）

C.南北分野（董其昌）

3．创作心理学

A.艺术的经验

A-1明清小说美学（叶昼、金圣叹、毛宗岗）

A-2明清戏剧美学（李渔）

A-3明清园林与绘画美学（计成）

B.学者的思考（王夫之）

C.最后的余音（叶燮、石涛、刘熙载）

一 先秦两汉艺术社会学

1.儒家美学

A.仁爱之心

孔子（春秋，前551—前479）

里仁为美

诗可以兴，可以观，可以群，可以怨

兴于诗，立于礼，成于乐

以孔子为代表的先秦儒家，是礼乐制度和礼乐文化的维护者、继承者和弘扬者，而孔子的创造性发展则在于他为这种制度和这种文化贡献了"仁"这个范畴。所谓"人而不仁如礼何，人而不仁如乐何"，就是要将礼乐制度和礼乐文化建立在"仁"（仁爱之心）的基础上。从这一点出发，孔子提出了一整套建立在人际关系之上的伦理哲学和伦理美学。他的美学是伦理学的，他的伦理学也是有美学意味的。所谓"里仁为美"，虽非美学命题，却也因此具有美学意义。

把美的伦理学和伦理的美学联系起来的是伦理情感，即"亲亲"（亲爱自己的亲人）。这是一种建立在血缘关系基础之上的血亲之爱。孔子认为，这种爱是天然的、自然的、当然的、不证自明和不可还原的，因此可以作为一切理论的出发点。从"亲亲"出发，而"仁民"，而"泛爱众"，而"爱物"，也就是推己及人，由人及物，就可以让世界充满爱，实现"四海之内皆兄弟也"的社会理想。这个理想的

请参看李泽厚、刘纲纪《中国美学史》（中国社会科学出版社1984年版，以下简称L）第一卷页113—160
叶朗《中国美学史大纲》（上海人民出版社1985年版，以下简称Y）页42—58
邓晓芒、易中天《黄与蓝的交响》（人民文学出版社1999年版，以下简称D）页215—220

245

社会就是伦理的社会，就是爱的社会，也是美的社会。

因此美学问题也就是伦理学问题，艺术标准也就是伦理标准。从"贫而乐，富而好礼"的道德修养联想到"如切如磋，如琢如磨"的诗句就是会谈诗，从"绘事后素"（绘画要先打白色的底子）想到"礼后"（礼在仁之后，学礼要先修仁）就是懂艺术。因为诗和艺术归根结底是为社会政治伦理服务的。诗之所以有存在的价值，是因为它"可以兴，可以观，可以群，可以怨"，而且"乐而不淫，哀而不伤"，"思无邪"。如果违背了这一道德标准，则在批判和排斥之列（恶紫之夺朱也，恶郑声之乱雅乐也，恶利口之覆邦家者），就像柏拉图要把不真实、不道德、没有用的模仿艺术逐出理想国一样。倘若公然与伦理道德秩序作对（八佾舞于庭），则"是可忍也，孰不可忍也"。

诗和艺术是实现社会理想的手段，也是塑造理想人格的手段。一个"君子"，应该"志于道，据于德，依于仁，游于艺"，既学礼，又学诗，而且"兴于诗，立于礼，成于乐"。这里说的"乐"，既是音乐（艺术），又是快乐（审美），即音乐般既有节奏感又有主旋律的多样统一的和谐状态。这也就是"中"，就是"和"，就是"文质彬彬"。"彬彬"即"相半之貌"，也就是既不过分修饰（文胜质则史），又不过分质直（质胜文则野），这才是既"尽善"，又"尽美"，也才是真正的"君子"。人和艺术一样，也是道德内容和审美形式的统一。有道德内容（修养、情操），即必有审美形式（气质，风度），反之亦然，正如虎豹（君子）必有花纹而犬羊（小人）一定没有。美和善，在孔子这里是高度统一的。

关键词：仁　爱　人际关系　美善合一

246

代表作：《论语》

学　说：兴观群怨说

B. 义理之气

孟子（战国，约前390—前305）

充实之谓美

仁言不如仁声之入人深也

L页174—199

Y页60—63

D页221—224

如果说孔子的意义，是为礼乐制度和礼乐文化贡献了"仁"这个范畴，那么，孟子的意义则在于他用"义"构成了"仁学"的对立面和补结构。仁讲人际（恻隐之心），义讲人格（羞恶之心），因此孟子的美学就是关于人格的美学。所谓"充实之谓美"云云，即是说：当一个人的内心充满了"浩然之气"（正气）的时候，就是"美"；当这种"美"极为壮观，灿烂辉煌，像尧舜一样"巍巍""荡荡""焕乎其有文章"时，就是"大"（充实而有光辉之谓大）；如果大得能够泽被万物，化成天下，影响整个社会，就是"圣"（大而化之之谓圣）；而当这种影响和教育是潜移默化、不知不觉、近于天成，看似非人力所为时，就是"神"（圣而不可知之之谓神）。美、大、圣、神，是孟子人格美的四个等级，实际上已开后世审美鉴赏品位品级之先河。

孟子的"义"虽然着眼于个体的人格修养，其价值判断却是指向群体生存的，即为了群体的利益牺牲个体才是"义"（舍生取义或大义灭亲）。因此孟子强调美感的普遍性和艺术的社会性，认为"口之于味也，有同嗜焉；耳之于声也，有同听焉；目之于色也，有同美焉"，主张统治者"与民同乐"并以艺术教育为统治手段，因为"仁言不如仁声之入人深也，善政不如善教之得民也"。只要以"仁声善教"（艺术教育）化成天下，做到"老吾老以及人之老，幼吾幼以及人之幼"，则"天下可运于掌"。这一观点，已上承孔子下启荀子。

孟子对后世的影响主要不在他的美学观点，而在他的美学倾向，即"天将降大任于斯人也"的社会责任感，"我何畏彼哉"的大无畏精神，"人皆可为尧舜"的崇高理想，"大人者不失其赤子之心"的纯真情感，"我善养吾浩然之气"的高度自信，"尽信书则不如无书"的批判态度，"富贵不能淫，贫贱不能移，威武不能屈"的铮铮铁骨，以及其文章江河直下、气势磅礴、所向披靡的美学风格。故后人云，读孟子书如听军中号角，催人奋进。

　　关键词：义　气　人格修养　美感普遍性
　　代表作：《孟子》
　　学　说：充实说　养气说

C.礼乐之伪

L页317—339
Y页134—147
D页224—226

荀子（战国，约前313—前238）

无伪则性不能自美

孔子讲人际，孟子讲人格，荀子讲人性。荀子认为，人之"性"（天性）本恶，"其善者伪也"。也就是说，人性本来是恶的，向善是后天改造（伪）的结果。没有后天的人工改造（伪），先天的恶（性）不可能自己变成善，先天的丑（情）也不可能自己变成美，这就叫"无伪则性不能自美"；而使丑和恶变成美和善的工作则叫"化性起伪"（改造世界观）。荀子，是中国提出"改造世界观"的第一人。

改造的手段是礼乐。礼改造性，乐改造情。性和情，有联系也有区别。"生之所以然者谓之性""性之好恶喜怒哀乐谓之情"，合称"性情"。性无礼之伪则争乱。"先王恶其乱也，故制礼义以分之"。情无乐之伪则淫乱。"先王恶其乱也，故制雅颂之声以道之"。显然，在荀子这里，礼（政治伦理）和乐（艺术审美）在本质上没有区别，不同之处仅在于改造对象（性或情），而且就连改造对象原本也是一回事（情由性起）。因此，荀子之主张"文艺为政治伦理服务"（移风易俗，天下皆宁，美善相乐），也就不足为奇了。

荀子不但主张"文艺为政治伦理服务"，而且强调统治者（先王及其后继者）牢牢把握艺术教育和思想改造的主动权。如果说，在孔子那里，思想改造和道德修养还是每个人自己的事（为仁由己，而由人乎哉），那么，荀子这里，它就不过是一种统治的手段（治人之盛者）。唯其如此，他的学生韩非和李斯，才把荀子思想这根"儒学尾巴"轻而易举地改造成彻头彻尾专制主义的法家学说，先秦儒学至此终结。

关键词：礼　乐　人性改造　文艺为政治伦理服务

代表作：《荀子》

学　说：化性起伪说

2. 非儒家美学

A. 功利主义美学

墨子（春秋，约前480—前420）

L页161—173
Y页58—59
D页227—228

食必常饱然后求美，衣必常暖然后求丽，居必常安然后求乐

为乐非也

最先起而反对礼乐（包括艺术和审美）的是墨子，墨子是中国美学史上提出美与功利关系的第一人，也是彻底的功利主义者。他认为较之人类的肉体生存和物质需求，艺术和审美是远非重要的。人只有在满足了物质需要之后，才有可能考虑艺术和审美的问题（食必常饱然后求美，衣必常暖然后求丽，居必常安然后求乐），而现在显然还为时尚早。相反，由于艺术和审美需要耗费大量的人力、物力、财力，极大地妨碍了社会物质生产，有弊无利，祸国殃民，因此应予取缔（为乐非也）。这种功利主义和实用主义显然是狭隘的，故荀子批评墨子是"蔽于用而不知文"（蔽于实用而不懂艺术和审美）。

关键词：非乐　艺术取消论　功利主义美学

代表作：《墨子》

学　说：非乐说

韩非（战国，约前280—前233）

L页387—410
D页229—231

糟糠不饱者不务粱肉，短褐不完者不待文绣

物之待饰而后行者，其质不美也

墨子美学其实是一种"反美学"，在中国历史上影响甚微，只有法家或多或少对其表示欣赏和同情。韩非说："糟糠不饱者不务粱肉，短褐不完者不待文绣"，这一观点和墨子简直如出一辙。实际上，韩非也是功利主义和实用主义者。而且，他还以大量的故事（楚人鬻珠、秦伯嫁女、周君画荚）来说明"以文害用"的道理。

但韩非是一个有哲学头脑和哲学修养的实用主义者，他批判的武器就是"矛盾论"。在发明了"矛盾"一词的韩非看来，内容与形式、实用与审美、道德与艺术，就像矛和盾一样不可兼容，正所谓"冰炭不同器而久，寒暑不兼时而至"。实用的，就是不美的；美的，就一定不实用。因此，为了实用，必须取消审美。

按照这一观点，文与质也是一对矛盾，也是不兼容的。文就是文饰，质就是质地、本质，即被文饰者。在韩非看来，一个事物的本质如果是足够美的，就不需要文饰。韩非说："和氏之璧不饰以五彩，隋侯之珠不饰以银黄。其质至美，物不足以饰之。夫物之待饰而后行者，其质不美也。"礼乐，就是社会之"饰"。需要礼乐的社会，就是不美好的社会。因此，一个美好的社会是不需要礼乐的。它需要的是王法，而鼓吹艺术审美的儒和主张暴力武斗的侠都是社会的公害（儒以文乱法，侠以武犯禁）。韩非就这样批判了礼乐制度和礼乐文化，并因此而提出了他实用主义或艺术取消论的"反美学"。

韩非和法家的影响较大。

关键词：实用主义　文质　反美学

代表作：《韩非子》

学　说：质美不饰说

B．超功利主义美学

老子（春秋，不详）

天下皆知美之为美，斯恶已；皆知善之为善，斯不善已

五色令人目盲，五音令人耳聋，五味令人口爽

大音希声，大象无形

庄子（战国，约前369—前286）
天地有大美而不言
至乐无乐，至誉无誉
其所美者为神奇，其所恶者为臭腐
真者，精诚之至也。不精不诚，不能动人
言者所以在意，得意而忘言

L页200—284
Y页19—41
Y页106—133
D页231—238

　　作为中国古代最杰出的哲学和哲学家，儒、道、法三家都有自己的"矛盾论"，即都承认世界是由矛盾对立的双方构成的（实际上，中国哲学的"阴阳观"即"矛盾论"）。不同之处在于，儒家强调的是它们的同一，法家强调的是它们的斗争，而道家强调的是它们的转化。所谓"福兮祸之所倚，祸兮福之所伏"，就是说矛盾对立的双方无不处在相互的依存之中，也无不在一定的条件下相互转化。美和丑，也如此，故"天下皆知美之为美，斯恶已；皆知善之为善，斯不善已"。

　　美丑转化的条件是主体的态度和主观的情感，即"其所美者为神奇，其所恶者为臭腐"。这里说的"美"，是动词，即肯定、欣赏；恶（读如务），也是动词，即否定、厌恶。也就是说，一个对象，如果你肯定它、欣赏它，它对于你来说就是美的。相反，如果你否定它、厌恶它，它对于你来说就是丑的。当然，如果主体的态度和主观的情感变了，美和丑也会变，这就叫"臭腐复化为神奇，神奇复化为臭腐"。

　　既然美和丑都是相对的、可以转化的，那么，执着于现实生活中的美和艺术，就不但是可笑的，而且是有害的（生之害），因为"五色令人目盲，五音令人耳聋，五味令人口爽"。因此应该"擢乱六律，铄绝竽瑟，塞瞽旷之耳"，天下人才会耳聪；"灭文章，散五彩，胶离朱之目"，天下人才会目明（这是庄子的主张）。总之，必须否定艺术。

表面上看，这和墨、韩的观点一样，也是"艺术取消论"和"反美学"。但墨、韩之反对艺术，是因为他们认为艺术没有用；而老、庄反对艺术，则因为他们认为艺术太有用。正如墨、韩是彻底的功利主义者，老、庄也很彻底，是彻底的超功利主义者。一切可以诉诸人的感官的美都在他们的排斥之列。他们要追求的，是超越了声色嗅味物质形态的"大美"。这个"大美"是绝对的、无限的、永恒的和唯一的。它是至真至善至美，是毋庸置疑和不可转化的美。这个美，就是道。

作为"伦理学之后"，道家的"道"同样来自对礼乐制度和礼乐文化的批判，即礼乐制度诞生之前原始社会的基本法则，亦即"大道之行也，天下为公"的"道"。这可由老子"失道而后德，失德而后仁，失仁而后义，失义而后礼"以及庄子的相关论述推出。但这种社会理想和政治主张在老、庄那里已上升到哲学高度，成为一种无声无色、无味无形、超言绝象、虚静恬淡、不可摹写、难以言表的生命本体，因此"素朴而天下莫能与之争美"。所谓"天地有大美而不言"，所谓"大音希声，大象无形"，所谓"至乐无乐，至誉无誉"，讲的都是"道"和道这种"大美"的特征——混沌、自然、无为。它也是在老、庄眼里原始氏族社会的特征。

真正的审美就是对"道"的把握和观照（从这个意

庄子也说："道德不废，安取仁义；性情不离，安用礼乐"。都是主张回到原始社会的淳朴状态。

上讲，道家并不反对审美。如果把自然界和理想社会看作"道"的作品，道家也不反对艺术）。这是一种超时空、泯物我、一死生的"与道同一"。它不能诉诸眼耳口鼻的感觉知觉，只能诉诸"超感经验"和"理性直观"。

获得超感经验的方法是"得意忘言"，而获得理性直观的途径是"涤除玄览"。所谓"得意忘言"，就是要观于物而不滞于物。之所以要观于物，是因为"大音希声，大象无形"，不观于物则无从把握。之所以要不滞于物，则因为滞于物即必失于道。故不可无形，亦不可有形（把形看作形）。所谓"涤除玄览"，即摒弃妄见，超越物象，除尘涤垢，远照深观，达于极览，与道同一。它包括"心斋"（无听之以耳而听之以心，无听之以心而听之以气）、"坐忘"（堕肢体，黜聪明，离形去知，同于大通），最后达到无己、无功、无名的境界。

参看柏拉图的"迷狂"和普罗提诺的"出神"。

道家美学是实际上对中国艺术影响最大的一家。尽管先秦诸子的思想都是对礼乐制度和礼乐文化的反思，但墨家毋宁说是"伦理学之前"，儒家和法家是"伦理学之中"，只有道家才真正是"伦理学之后"。因为只有道家思想才做到了反思礼乐文化又超越礼乐文化。它是最具有哲学意味的美学，也是最具有艺术性和诗意的美学，还是具有心理学内容的美学。中国古典美学的后两个阶段（艺术哲学和艺术心理学），都将表现出它的影响。

关键词：道　美的哲学　主观美学　审美心理学

代表作：《老子》《庄子》

学　说：美丑转化说　大音希声说　至乐无乐说
　　　　　得意忘言说

C.儒道互补的端倪

屈原（战国，约前340—前278）

纷吾既有此内美兮，又重之以修能

作为中国古代社会的正统思想（儒）和最具有哲学意味、艺术气质的学说（道），儒道两家的影响都将超出一般，所谓"儒道互补"亦必是中国美学史的题中应有之义，而在先秦后期表现出这一倾向的，就是屈原和吕不韦。

屈原是中国古代第一位明确以个人名义进行创作的作家，也是一个集诗人与哲学家于一身的人。他的思想杂取各家兼容诸子，比如仁民爱物似孔，以天下为己任似孟，主张修明法度似荀，实施改革似商（商鞅），追寻世界本源似老，逍遥天地之间似庄，以身殉道又似墨。但老寡情而屈钟情，孟善辩而屈多疑，庄超脱而屈执着，孔现实而屈浪漫，屈原的思想又有自己的个性。

屈原主张的，是一种内美与外秀相统一的人格美（纷吾既有此内美兮，又重之以修能）。所谓"内美"，主要指天赋高贵的品质、素质和气质；而所谓"修能"，即包括容貌、身材、冠戴、服饰在内的仪表风度。显然，屈原的美，是一种"天（内美）人（修能）合一"的美，但"天人合一"合于"天"（与天地兮同寿，与日月兮齐光）。

关键词：天人合一　儒道互补　人格美

代表作：《离骚》

学　说：内美外秀说

吕不韦（战国，前290—前235）

音乐之所由来者远矣

儒道互补最先由李泽厚提出。他认为这是两千年来中国美学史的一条基本线索。请参看李泽厚《美的历程》第49页，文物出版社1981年版。

L页364—386

255

吕不韦是一个商人兼政治野心家，《吕氏春秋》（又称《吕览》）是他主编的杂家著作，明显地表现出以儒为主、兼容百家、儒道互补、天人合一的倾向，是对先秦诸子学说积极、审慎而又相对合理的总结。

L页411—435

　　《吕氏春秋》的美学价值，在于提出了艺术的本体论和发生学。所谓"音乐之所由来者远矣"，就包括这两个方面的内容。一是认为音乐（艺术）"生于度量，本于太一"，这是本体论；二是将艺术（乐舞）的起源追溯到原始氏族社会，得出"乐之所由来者尚矣，非独为一世之所造也"的结论，这是发生学（或艺术史）。由此得出音乐（乐舞、艺术）的三大社会功能，即定群生（巫术功能）、祭上帝（宗教功能）、康帝德（政治功能）；由此也得出它的艺术心理学规律，即心平、气和、行适、乐乐，认为"成乐有具，必节嗜欲""务乐有术，必由平出"，故"乐之务在于和心，和心在于行适"。但由于"平出于公，公出于道"，因此"惟得道之人"才能"乐乐"（享受音乐带来的快乐）。这是一种典型的杂糅儒道的思想。

　　《吕氏春秋》对后世有一定影响，实际上已开两汉美学之先河。

　　关键词：本体论　发生学　儒道互补　天人合一

　　代表作：《吕氏春秋》

　　学　说：和心行适说

3.两汉美学

A.从巫术到艺术

周易

一阴一阳之谓道

我们现在看到的《周易》一书，包括经、传两个部分。《易经》的成书年代当在周初，原为卜筮之书，是巫术；《易传》则似为战国末年至西汉初期某些研究《易经》的儒生共同完成，其世界观和方法论近于荀子学派，且表现出明显的"究天人之际"的倾向，是哲学。这种哲学对中国艺术影响很大，而且《周易》一书从经到传的过程，也正与中国艺术从巫术到艺术的过程相同步，故将其美学思想归于两汉美学，以为这一线索之代表。

《周易》哲学的特点，是试图用抽象简易的符号和符号系统，对包括自然、社会、人事在内的整个世界进行高度概括和理性把握，全面周到地掌握那不断变化着的现象背后永恒不变的本质规律，并提供一个合儒道、一天人、究本源、说人事的宇宙图式或世界模式。所谓"易"有三义，曰简易，曰变易，曰不易（不变）；"周"有三义，曰周代，曰周遍，曰周而复始，即此之谓。这就叫"易简而天下之理得矣"。这是典型的汉代思想。

《周易》哲学认为，世界的本体或本源是"道"（易有太极，是生两仪，两仪生四象，四象生八卦），道的本质是"阴阳"（一阴一阳之谓道），而道的功能是"生育"（天地之大德曰生，生生之谓易）。它表现为阴阳、刚柔、仁义三对范畴。阴阳是"天道"（立天之道曰阴与阳），刚柔是

按照传统的说法，上古卜筮之书凡三，夏曰连山，殷曰归藏，周曰周易。《易经》包括卦、卦辞、爻辞，《易传》包括彖传、象传、系辞、文言、序卦、说卦、杂卦，其中彖、象、系又各分上下，共十篇，汉儒称为"十翼"。

这一思想对刘勰影响极大，请参看《文心雕龙》之"原道""通变""序志"诸篇。

257

"地道"（立地之道曰刚与柔），仁义是"人道"（立人之道曰仁与义）。因此，我们这个世界是有生命的、有节奏的、不断运动又秩序井然且万变不离其宗的（尊卑有序，刚柔有体，动静有常），故有"变"也有"通"（一阖一辟谓之变，往来无穷谓之通；化而裁之谓之变，推而行之谓之通）。世界如此，审美亦然。因此美有刚柔（阳刚之美与阴柔之美），艺术有变通（继承与发展）。这是《周易》哲学影响中国艺术和中国美学的第一个范畴——道。

第二个范畴就是"象"。《周易》哲学认为："形而上者谓之道，形而下者谓之器"，处于二者之间且能沟通上下的是"象"，故圣人"立象以尽意"。"象"也有三种，即现象、表象、意象。现象来自形器。所谓"器"，就是物质对象。作为实体，它是"器"；作为形式，它是"形"。合起来就叫"形器"（形乃谓之器）。"形器"既然是一种物质存在，则必然有所表现、呈现，这就叫"现"（《周易》原文作"见"，读如"现"，意思也是"现"），而"现"出来的东西就叫"象"（见乃谓之象），合称"现象"。"现象"反映到人们的头脑中，是"表象"；"表象"与人们的认识、体验、思想、感情相结合，再表现出去，就是"意象"。《周易》的所谓"卦象"，就是"意象"；艺术家创造的形象，也是"意象"。因为它们都是"立象以尽意"。中国美学和中国艺术不讲重客观的"模仿论"，也不讲重主观的"表现论"，而讲主客观统一的"意象论"（赋比兴），就是《周易》的影响。

第三个重要范畴是"神"。《周易》一书中多有说"神"之处，如"阴阳不测之谓神""神无方而易无体"。什么是"神"？《周易》认为是"妙万物而为言者也"，

《大戴礼记》则说"阳之精气日神，阴之精气日灵"。可见"神"来自"气"（因此叫"神气"），是"气"中之"精"（因此也叫"精神"）。精、气、神、灵，是生命之本，也是艺术之本。中国艺术不求"形似"求"神似"，讲究"传神写照""神采奕奕""神完气足""神闲气定""气韵生动""一气呵成"，正是参透了"一阴一阳之谓道"的哲理，力求"变而通之以尽利，鼓之舞之以尽神"。

第四个重要范畴是"文"。"文"在中国美学中有"美"的意思（主要指形式美），而且涵盖自然、社会、艺术各领域，如"天文""人文""鸟兽之文"。"文"又称"文章"。文是形式（文采），章是规则（章法）。无文即无章，无章亦无文。总的规律，是"多样统一"（物相杂故曰文）。这也就是"道"（一阴一阳，生生不已，变化无穷）。所谓"观乎天文以察时变，观乎人文以化成天下"，就是要求不但要"立象尽意"，而且要"观文得道"。正是这一思想，直接导引出《文心雕龙》关于自然美和艺术美都是"道之文"的观点。

关键词：道　象　神　文　阴阳　通变　艺术哲学
学　说：立象尽意说

B. 从道家到儒家

刘安（西汉，前179—前122）

求美则不得美，不求美则美矣

西汉淮南王刘安（刘邦之孙）主持编纂的《淮南子》（《淮南鸿烈》）一书主要持道家观点，杂糅各家。如认为"五色乱目，使目不明；五声哗耳，使耳不聪；五味乱口，

L页452—483
Y页159—171

使口爽伤",就明显的是照抄老子（但增加了"趣舍滑心,使行飞扬"一条）。又如认为"万物固以自然,圣人又何事焉",认为"德衰然后仁生,行沮然后义立,和失然后声调,礼淫然后容饰",也与道家观点同。此外如认为"乐听其音则知其俗,见其俗则知其化"则近儒,认为"人之所以生者,衣与食也"近墨,至于认为"白玉不琢,美珠不文,质有余也",又是照抄韩非。

《淮南子》一书值得注意的有以下几点:一、不但认为美丑可以转化,而且提出了非审美问题（求美则不得美,不求美则美矣。求丑则不得丑,不求丑则有丑矣。不求美又不求丑,则无美无丑矣。是谓玄同）。二、认为审美既有主观性（载哀者闻歌声而泣,载乐者见哭者而笑）又有普遍性（秦楚燕魏之歌也,异转而皆乐;九夷八狄之哭也,殊声而皆悲）。三、认为审美能力赖于神气（气为之充,而神为之使也）。四、认为劳动创造美（清醯之美,始于耒耜;黼黻之美,在于杼轴）。

关键词:美　丑　审美　非审美

代表作:《淮南子》

学　说:求美无美说

司马迁（西汉,约前145—? ）

诗三百篇,大抵贤圣发愤之所为作也

L页497—514

司马迁的父亲司马谈是一个推崇道家的人,司马迁的思想却已由道入儒,但并不"独尊儒术"。他对中国美学史的意义,除贡献了被称为"无韵之离骚"的《史记》外,还在于认为历史上的优秀作品都是作者"意有所郁结"而"发愤之所为作",从而突破了儒家"温柔敦厚"的"诗教"

框架，对后世文人如韩愈（主张"不平则鸣"）、李贽（主张"不愤不作"）有直接影响。

关键词：愤

代表作：《太史公自序》

学　说：发愤说

刘向（西汉，前77—前6）

乐者德之风

刘向的思想已基本上纯是儒家，如认为"乐者德之风"，其美学也主要是在阐述和发挥孔子的观点，但论文质关系部分值得注意，尤其是借孔子之口说出"质有余者不受饰也"，耐人寻味。

关键词：儒家美学

代表作：《说苑》

学　说：德之风说

扬雄（西汉，前53—公元18）

圣人，文质者也

扬雄以正统儒家自居，其美学思想的中心是美善统一问 L页515—536
题，具体表现为对文质关系的论述，并据此提出"诗人之赋丽以则（美丽而合于圣人之道），辞人之赋丽以淫（华丽而无度）"的著名观点。另一重要观点是"心声心画说"，即认为言为心声，书为心画，"声画形，君子小人见（现）矣"。

关键词：文　质　儒家美学　美善合一

代表作：《法言》

学　说：心声心画说

王充（东汉，27—97）

实诚在胸臆，文墨著竹帛

为世用者，百篇无害；不为用者，一章无补

如果说以正统自居的扬雄强调的是美与善的统一，那么，王充关注的则是美与真的关系。他的美学思想，可以概括为十二个字，即疾虚妄、立实诚、求真美、为世用，认为"文人之笔，劝善惩恶"，因此应该诚心实事，严禁哗众取宠，华而不实。这一思想可谓儒兼墨法，在两汉是一个异类。王充的出现，意味着已成为经学的儒学必将受到冲击和批判。

关键词：真　美　实用

代表作：《论衡》

学　说：真美世用说

C.从儒学到经学

礼记·乐记

大乐与天地同和

和《易传》一样，《礼记》也非一时一人之作，可以说是完成于西汉的一部儒家论文集，其思想明显受到荀子学派和《易传》的影响。《礼记》中与美学关系最大的是《乐记》。它是中国历史上第一部音乐理论著作，也是第一部专门的文艺理论和美学著作，明显带有总结儒家美学思想的性质，而且第一次提出了区分艺术与非艺术的标准，意义重大。

作为艺术社会学阶段的标志性成果，《礼记·乐记》是从艺术审美（乐）与政治伦理（礼）的区别来阐述"乐"（即包括文学、音乐、舞蹈在内的综合艺术）的本质特征的，因此关于礼乐之别的说法被反复提及，不厌其烦，如"乐统同，礼辨异""乐至则无怨，礼至则不争"等。重要的是，既然"乐由中出，礼自外作"，那么，艺术就应该被看作内在的心理需求。正是从这一点出发，《礼记·乐记》反复阐述了音乐的特征，提出了关于音乐本质的结论性意见："凡音者，生人心者也。情动于中，故形于声。声成文，谓之音"。

这是一个极其深刻的美学命题。按照这一观点，艺术起源于而且本质上也是情感的表现（情动于中，故形于声）。音乐如此，其他艺术也是（诗，言其志也；歌，咏其声也；舞，动其容也。三者本于心，然后乐气从之，是故情深而文明）。但是，情感的表现只有当其纳入审美的形式之中时，才是艺术（声成文，谓之音）。也就是说，艺术是"有形式的表现"，或"情感的形式化"。因为是表现，所以"情深"；因为有形式，所以"文明"（文明即显示出审美价值）。这就叫"情深而文明"。

更重要的是，作为儒家美学的总结，《礼记·乐记》认为艺术不但要有情感和形式，而且还要有伦理内容。即不但要有心理意义和审美意义，还要有伦理意义（乐者，所以象德也）。只有心理意义的是"声"，同时还有审美意义的是"音"，三者兼备的才是"乐"。因此，"知声而不知音者，禽兽是也；知音而不知乐者，众庶是也；惟君子为能知乐"。因为只有君子才能把艺术变成政治，把审美变成伦理，这就叫"审声以知音，审音以知乐，审乐以知政，而治道备矣"。

如果说这还只是将儒家美学系统化，那么，《礼记·乐记》不同于先秦儒学的紧要之处，则在于它将这一系统上升到了宇宙模式的高度（《礼记·乐记》中有一大段话几乎照抄《易传》），得出一系列"天人合一"的结论："大乐与天地同和，大礼与天地同节""乐者天地之和也，礼者天地之序也""乐由天作，礼以地制""乐者敦和，率神而从天，礼者别宜，居鬼而从地"。这是典型的汉代思想。

关键词：礼　乐　艺术本质　艺术特征　儒家美学

学　说：表现说　和谐说　乐通伦理说

董仲舒（西汉，前179—前104）

仁之美者在于天

L页484—496
D页238—240

以"罢黜百家，独尊儒术"的建议而名存史册的董仲舒，也是系统阐述"天人合一"思想的第一人。所谓"天人合一"，是包括天人同构（人副天数）、天人感应（同类相动）和天人相通（为人者天）三个环节在内的系统。这个系统和中国审美意识的"移情"传统相结合，就形成了中国艺术独特的自然观，即认为自然界是有生命、有道德、有情感的（天亦有喜怒之气，哀乐之心）："喜，春之答也；怒，秋之答也；乐，夏之答也；哀，冬之答也。"后世所谓"春山淡冶而如笑，夏山苍翠而如滴，秋山明净而如妆，冬山惨淡而如睡"（郭熙《林泉高致》），所谓"山于春如庆，于夏如竞，于秋如病，于冬如定"（沈灏《画麈》），便是董仲舒的影响。

董仲舒的另一重要观点是"诗无达诂"（《诗》无达诂，《易》无达占，《春秋》无达辞）。这是对儒家阐释学的理论总结。

董仲舒的出现意味着儒家学说开始由民间思想变成官方哲学，即由儒学变成经学。

关键词：天人合一

代表作：《春秋繁露》

学　说：仁美在天说　诗无达诂说

毛诗序

诗，志之所之也

《毛诗序》可以说是一篇较为系统完整而又简明扼要的儒家诗学论文。作者主张"言志说"（诗，志之所之也。在心为志，发言为诗。情动于中而形于言，言之不足故嗟叹之，嗟叹之不足故咏歌之，咏歌之不足，不知手之舞之足之蹈之也），认为诗的价值在于"正得失，动天地，感鬼神"，功能在于"经夫妇，成孝敬，厚人伦，美教化，移风俗"。因此诗的创作应该"发乎情，止乎礼义"，这才能够做到"上以风化下，下以风刺上"。这些美学观点，都为后世耳熟能详。此外，"诗有六义"（风、雅、颂、赋、比、兴）也是《毛诗序》的重要内容。

关键词：诗学　诗言志　儒家美学

学　说：诗教风化说

关于《毛诗序》的时代与作者，刘纲纪主张为东汉卫宏所作，本书从刘说。L页570—584

265

二 魏晋南北朝艺术哲学

1.先导者

A.哲学的前导

王弼（三国，魏，226—249）

得意在忘象，得象在忘言

L第二卷页106—153
Y页190—194

魏晋南北朝艺术哲学的前导是魏晋玄学，王弼是魏晋玄学的重要代表人物。王弼对中国美学的意义，是综合《庄子》的"得意忘言"和《易传》的"立象尽意"，提出了"得意忘象"的命题。王弼认为，言的目的是"明象"，象的目的是"出意"。"意以象尽，象以言著"，"尽意莫若象，尽象莫若言"。但手段不能高于目的，因此"立象以尽意，而象可忘也；重画以尽情，而画可忘也"。

这无疑是一种超越，即超越有限的物象去把握无限的本体。这也是哲学和艺术的相通之处。因此，王弼这个并非美学的命题却对中国美学产生了深远的影响。

关键词：意　象　超越

代表作：《周易略例》

学　说：得意忘象说

葛洪（东晋，284—363）

文章虽为德行之弟，未可呼为余事也

L页309—328

如果说王弼追求的是"无限"，那么葛洪追求的便是"不朽"。他炼丹，是追求肉体的不朽；著书，则是追求精神的不朽。因此葛洪反对"德行者本也，文章者末也"的说法，认为即便有"本末"之别，也"本不必皆珍，末不必悉薄"。何况著文并不比行善容易，因为德粗文精。"德行为有事，优劣易见；文章微妙，其体难识"，艺术鉴赏比道德判断更难，完全用不着厚此薄彼。显然，这里体现的，正是"文学的自觉"这样一种时代精神。

关键词：德行　文章　不朽

代表作：《抱朴子》

学　说：德粗文精说

世说新语（南朝，宋）

会心处不必在远

南朝刘义庆所编《世说新语》不是一部理论著作，也没有提出什么美学观点，但在中国美学史上却有着但丁《神曲》的意义和地位。它记录了人的心灵怎样从官方意识形态（经学）的束缚、禁锢和压抑下解放出来，又怎样投射到自然界去。它是"魏晋风度"最感性的记录，也是魏晋玄学最唯美的艺术化。它提出的一系列诸如风骨、风韵、情致等审美范畴，对后世产生了深远的影响。 D页256—258

关键词：审美　魏晋风度

B.文学的自觉

曹丕（三国，魏，187—226）

文以气为主

鲁迅先生说："曹丕的一个时代可说是'文学的自觉时代'，或如近代所说是为艺术而艺术的一派。"作为这个时代的代表人物，曹丕在《典论·论文》中给予文学以极高的 语见《魏晋风度及文章与药及酒之关系》。L页25—57

地位，宣称文学是"经国之大业，不朽之盛事"，认为"年寿有时而尽，荣华止乎其身，二者必至之常期，未若文章之无穷"。也许，这正是鲁迅先生要把魏晋这个"文学自觉时代"称为"曹丕时代"的原因。

关键词：文学的自觉

代表作：《典论·论文》

学　说：文气说

嵇康（三国，魏，224—263）

音声有自然之和，而无系于人情

L页200—237
D页250—252

如果说曹丕的《典论·论文》是文学从经学中脱离出来的"独立宣言"，那么嵇康的《声无哀乐论》便是艺术王国的"建国纲领"。在这篇不朽的论著中，嵇康第一次从艺术自身的规律出发对儒家美学进行了有力的批判，从而颠覆了《礼记·乐记》奠基的传统音乐理论，成为中国形式美学的第一人。其时间，比奥地利的汉斯立克早了一千六百年。

嵇康认为，音乐有着自己独立的意义和价值，根本就不是政治伦理的附庸。它之所以是"感人之最深者"，是因为它具有一种特殊的形式（宫商集化，声音克谐）。这种形式"成于金石"，"得于管弦"，而"无系于人情"。如果硬要追根寻源，那也只能说是得之于自然规律（天地合德，万物贵生；寒暑代往，五行以成；故章为五色，发为五音）。也就是说，音乐的美，是自然界固有的（在于天地之间）、永恒不变的（虽遭遇浊乱，其体自若）、不以主观情感为转移的（岂以爱憎易操、哀乐改度哉）。这是一种客观的美。

美既然是这样一种"自然之和"，音乐当然也就既不是什么社会生活的反映，也不是什么伦理道德的表现。音乐只有美丑（原文为"声音自当以善恶为主"，但此"善恶"非今之伦理学意义的"善恶"，而是美学意义上的"美丑"），而"无关于哀乐"；哀乐是情感的事（哀乐自当情感），而"无系于声音"。所以，什么季札听声能观众国之俗，师旷吹律而知楚军必败云云，都是无稽之谈（皆俗儒妄记，欲神其事而追为耳）。与嵇康的这种批判相比，阮籍的《乐论》就大为逊色了；而一千多年前的官方美学要靠嵇康用客观美学和形式美学来批判，也十分耐人寻味。

　　关键词：音乐美学　客观美学　形式美学　儒家美学
　　　　　　批判
　　代表作：《声无哀乐论》
　　学　说：声无哀乐说

陆机（西晋，261—303）

诗缘情而绮靡

　　作为"文学自觉时代"又一个代表人物和又一部代表 L页238—287
著作，陆机及其《文赋》的意义有以下几点：一、以"诗缘情"代替"诗言志"，标志着文学脱离政治伦理（诗以言志，文以载道），成为以情感和形式为主要目的（一要表现情感即缘情，二要形式美丽即绮靡）的真正的文学。二、第一次对艺术创作的心理状态进行了精辟的描述，其中涉及想象（精骛八极，心游万仞。观古今于须臾，抚四海于一瞬）、灵感（来不可遏，去不可止。思风发于胸臆，言泉流于唇齿）、创作快感（伊滋事之可乐，固圣贤之所钦）、艺术多样性（体有万殊，物无一量，纷纭挥霍，形难为状）等问题。三、对各类文体的特征进行了研究，如"诗缘情而绮靡，赋体物而浏亮"等，开刘勰《文心雕龙》文体论之先河。四、使"味"这个概念正式成为审美范畴。中国美学虽然历来就有"以味说美"的传统，但先秦美学中的"味"是饮食之味（口感），而非艺术之味（美感）。陆机批评某些文学作品"缺太羹之遗味"，虽然仍是以饮食（太羹）为喻，但所说已是艺术。至宗炳提出"澄怀味象"，钟嵘提出"五言居文词之要，是众作之有滋味者也"时，味或滋味就指品味（审美鉴赏）或品位（审美价值），完全是美学范畴了。可以说，嵇康以其音乐理论，陆机以其文学理论，和曹丕的文艺理论一起，共同构成"文学自觉时代"的丰碑，成为刘勰《文心雕龙》的先声。

关键词：诗缘情　想象　灵感　文体论　艺术创作

代表作：《文赋》

学　说：诗缘情说

C.审美的超越

顾恺之（东晋，约346—约407）

一象之明昧，不若悟对之通神也

L页454—494
Y页200—207

人物，是魏晋时期艺术和审美的重要主题。《世说新语》品人（品藻人物），顾恺之写人（描绘人物），其共同特点，是要求超越人物的外表形体（形），去把握其内在精神、思想性格和气质风貌（神）。所以顾恺之画人，常常几年不画眼睛。因为他认为，一个人外表好不好看并无关紧要（四体妍蚩本无关于妙处），传达其内在风神却靠眼睛（传神写照正在阿堵中），因此"一象之明昧，不若悟对之通神也"（写生时看不看得清模样固然重要，但更重要的是进入对方的心灵）。

这无疑是一种审美的超越，它与魏晋玄学密切相关。因为形神关系本为玄学的重要命题，而玄学讲究的是玄远。"宅心玄远，故重神理而遗形骸"（汤用彤语）。表现于人生，是"魏晋风度"；表现于绘画，则是"传神写照""迁想妙得""悟对通神"。所谓"迁想妙得"，不仅是想象，而且是移情，即主体将自己的情感移入对象，在想象中设身处地、将心比心地体验对方的内在精神，所以叫"迁想"。"迁想"才能"妙得"，即得其不可言传的"玄妙"之处。表现于画面，则是后来苏东坡提出的"意思所在"。不妨这么说，"传神写照"是目的也是标准，"迁想妙得"是途径也是方法，"意思所在"是诀窍也是关键。

本引及下引均请参看汤用彤《魏晋玄学论稿·言意之辨》。

因此汤用彤说："顾氏之画理，盖亦得意忘形学说之表现也。"实际上自从《庄子》提出"得意忘言"，《易传》提出"立象尽意"，王弼提出"得意忘象"，至东晋已形成一整套美学观念：艺术立象尽意，得意忘象；文学以言表意，得意忘言；人物（做人和画人）以形传神，得意忘形（放浪形骸或不重形似）。这里说的"忘"，就是超越。

陶渊明："此中有真意，欲辨已忘言。"

关键词：神形　体验　想象　移情　魏晋玄学

代表作：《魏晋胜流画赞》

学　说：传神写照说　悟对通神说

宗炳（南朝，宋，375—443）

圣人含道应物，贤者澄怀味象

顾恺之以玄对人物，宗炳则以玄对山水。因为在他看来，山水本身虽然是物质的，是实体，山水的美却是精神的，是虚灵，这就叫"山水质有而趣灵"。因此应该澄怀味象，以观山水，应目会心，以为创作。所谓"澄怀味象"，

L页495—521
Y页207—212

就是要以虚静空明的心境（澄怀）去细细品味（味）物象和物象的美（象）；所谓"应目会心"，则是不但要用眼睛去观看（应目），而且要用心灵去体验（会心），这才能做到"神超理得"。这就是"理"，也就是"道"。因为虽云"圣人含道应物，贤者澄怀味象"，但山水也是"道"的表现。"圣人以神法道而贤者通，山水以形媚道而仁者乐"，天人圣贤原本就是相通的，即通于"道"。

关键词：山水画　自然美　审美态度

代表作：《画山水序》

学　说：澄怀味象说

谢赫（南朝，齐，不详）

气韵生动

谢赫的"气韵生动"，是中国美学史上影响很大也争议颇多的一个命题。争议的焦点之一，是作为"六法"之首的这一命题，究竟是"气韵生动是也"，还是"气韵，生动是也"。但在我们看来，无论是绘画"应该气韵生动"，还是"气韵即生动"，都意味着魏晋南北朝美学将超越艺术哲学阶段而走向艺术心理学。

关键词：气　韵　气韵　气韵生动

代表作：《古画品录》

学　说：气韵生动说

2．集成者

艺术哲学

刘勰（南朝，梁，约465—约532）

谢赫与刘勰、钟嵘同为齐梁之际人，但在逻辑上应晚于刘勰而与钟嵘同时。

Y页212—225

文之为德也大矣，与天地并生

心生而言立，言立而文明，自然之道也

作为艺术哲学时期的标志性成果，刘勰的《文心雕龙》堪称高屋建瓴，体大思精。它与中国美学其他著作的明显区别，在于有一种罕见的宏观态度和严密的逻辑体系。这使它成为此前美学当之无愧的集大成者，也使它无可置疑地成为一部艺术哲学著作。

L页579—767
Y页226—241
D页260—267

刘勰的艺术哲学体系是以道家的自然法则为理论外壳，儒家的伦理美学为思想内核，玄学本体论为哲学基础，佛教因明学为逻辑方法来构成的，其核心则是"自然之道"。刘勰认为，文（文章、文采）作为审美形式和泛审美形式，艺术形式和泛艺术形式，它的意义、功能和来头都是很大的（文之为德也大矣），因为它"与天地并生"；而它之所以会和天地一起诞生，则又因为它是"道"的表现和产物。不但天地万物的审美形式是"道之文"，包括文学、艺术，甚至哲学、宗教、道德、政治在内的一切人类文化和人类文明（它们都可以统称为"文"），也都如此。因为人本身就是"道"的表现和产物。"道"不但产生了天地万物，而且创造了人，以为万物的精华（五行之秀）和天地的心灵（天地之心）。心灵一旦产生，就有了语言（心生而言立）；语言一旦产生，就有了美（言立而文明）。因为但凡有形有声即有美（形立则章成矣，声发则文生矣），所以就连没有意识的动物植物无机物也都有美（无识之物，郁然有采），作为天地心灵的人岂能没有（有心之器，其无文哉）？这就叫"心生而言立，言立而文明，自然之道也"。是为本体论。

在刘勰这里，"文"包括的范围很广，并不限于文学和艺术，但又以美为共同特征，因此称为"泛艺术形式"和"泛审美形式"。

这就把包括自然美、艺术美和人类所有文明在内的"文"，界定为由"道"这个本体派生出来的东西。正因

请与黑格尔哲学对照。

为它是"道"派生出来的，因此具有普遍性和必然性；而"道"之所以要派生出"文"，则是为了显现自己。在刘勰看来，这是很自然的，也是无须论证的，因此叫"自然之道"。但是"道"作为本体，并不能直接显现自己，必须通过一定的中介，其中最重要的就是"圣"（圣人）。圣人"原道心以敷章，研神理而设教"，创造了"经"。"经"是最早的"人文"，也是最重要的"人文"，其中最原始也最本源的是爻和卦（《易经》）。因为它们是圣人通过"天启"和"神示"（河图、洛书）创造的最早的符号（人文之元，肇自太极，幽赞神明，易象为先）。它的创始人是伏羲（庖牺画其始），阐释者是孔子（仲尼翼其终）。而且，由于"道"在本质上是审美的，它的美首先表现于天地，因此孔子在阐释代表天地的乾卦和坤卦时，特别采用了美文学的形式，并名之曰《文言》（乾坤两位，独制文言）。这正是人作为天地心灵的表现（言之文也，天地之心哉）。于是，"道"通过"圣"显现和昭示了自己的美，"圣"通过"文"认识和阐明了"道"。在"道"与"文"之间，"圣"是中介；在"圣"与"道"之间，"文"是中介。这就叫"道沿圣以垂文，圣因文而明道"。

圣人创造的"经"，是绝对的真理（恒久之至道，不刊之鸿教）和典范的文学（义既极乎性情，词亦匠于文理），也是一切精神产品和文学样式的本源（论说辞序，则《易》统其首；诏策章奏，则《书》发其源；赋颂歌赞，则《诗》立其本；铭诔箴祝，则《礼》总其端；纪传盟檄，则《春秋》为根）。由于"经"的引导，文学诞生了。是为发生学。

本体论和发生学的问题解决之后，就可以谈文体论和本

在所有的"文"当中，"人文"最重要；在所有的"人"当中，"圣人"最重要。因此《原道》之后必是《征圣》，《征圣》之后必是《宗经》。

经之流变，有正有伪，故《宗经》之后是《正纬》和《辨骚》。

文体论与美学关系不大，故从略。

274

质论了。刘勰认为，"立文之道，其理有三：一曰形文，五色是也；二曰声文，五音是也；三曰情文，五性是也"。"形文"就是美术，"声文"就是音乐，"情文"就是文学。文学既然是"情文"，那就应该"为情而造文"，不能"为文而造情"。这也就是内容与形式的关系问题。内容与形式在刘勰那里叫"情采"。"采"是重要的（圣贤书辞，总称文章，非采而何），但"情"更重要。情感的原则是文学的最高原则，情感的真实是文学的最高真实。为了情感的真实，可以超越生活的真实，夸饰其词，以少总多，反丑为美，做到"情貌无遗"。但倘若虚情假意，则必将丧失审美价值（繁采寡情，味之必厌）。是为本质论。

因此文学家应该以情感的态度去体验生活，既"随物以宛转"，又"与心而徘徊"，也就是"目既往还，心亦吐纳"，通过"移情"实现主客互动，物我交融，天人合一（情往似赠，兴来如答）。是为体验论。

创作需要体验，也需要想象。想象在刘勰那里叫"神思"，其特点是超越时间（寂然凝虑，思接千载）和空间（悄焉动容，视通万里）自由驰骋。但"神用象通"乃"情变所孕"，想象的目的是传达情感。因此应该"适分胸臆""率志委和"，还应该神闲气定，以逸待劳，使文学作品成为作家心灵自然的流露。是为创作论。

做到"从容率情，优柔适会"的前提条件是修养。作家应该"积学以储宝，酌理以富才""常弄闲于才锋，贾余于文勇"。同样，批评家也应该大量阅读作品，因为"操千曲而后晓声，观千剑而后识器"。故"圆照之象，务先博观"。博观，才能做到"形无不分"，"理无不达"。因此，"良书盈箧"，则"妙鉴乃定"。是为批评论。

批评的标准是审美理想。刘勰的审美理想可以概括为八个字，即刚健、笃实、辉光、自然。刚健就是"风力道"（风），笃实就是"骨髓峻"（骨）。"刚健既实，辉光乃新"，这也就是"采"。具体说来，即"一则情深而不诡，二则风清而不杂，三则事信而不诞，四则义直而不回，五则体约而不芜，六则文丽而不淫"。其中一二说"风"，三四说"骨"，五六说"采"；或一三说"真"，二四说"善"，五六说"美"。因此刘勰的审美理想，就是风、骨、采的统一，也是真、善、美的统一。它们都统一于"自然"，因为"自然"是"道"。刘勰一再说"自然之趣""自然之势""自然会妙"，就因为"心生而言立，言立而文明，自然之道也"。是为理想论。

刘勰的这一理想归根结底是儒家的，而且只有儒家的经典才实现了这一理想。因此矫正时弊的唯一途径是"还宗经诰"；而"自然之道"作为道家理想和魏晋风度，则刘勰儒学化了。中国美学史在刘勰这里又回到了儒家的原点。

关键词：文　道　艺术哲学

代表作：《文心雕龙》

学　说：原道说

3. 终结者

A. 文学与音乐

沈约（南朝，梁，441—513）

妙达此旨，始可言文

刘勰之后，中国美学不复再有哲学兴趣。就连与刘勰同

276

时且比刘勰成名更早的沈约，也如此。沈约的影响在于提出了"四声八病"说，认为艺术应该"五色相宜，八音协畅"，做到多样统一（一简之内，音韵尽殊；两句之中，轻重悉异），而且认为只有懂得形式美的规律，才有资格讨论艺术（妙达此旨，始可言文）。

关键词：多样统一　形式美

代表作：《四声谱》

学　说：声律说

B. 文学与美感

钟嵘（南朝，梁，约468—约518）

五言居文词之要，是众作之有滋味者也

沈约认为诗要讲声律，钟嵘则认为诗要有滋味。滋味即美感。如果"理过其辞"，则"淡乎寡味"。可见诗之美在形式。五言诗之所以取代了四言诗，就因为它的形式最具美感（五言居文词之要，是众作之有滋味者也）。形式和形式美，是诗歌美学的重要课题。

L页768—807

钟嵘不但崇形式，而且重表现，认为诗歌的创作发自自然（气之动物，物之感人，故摇荡性情，形诸舞咏）。因此他反对引经据典，咬文嚼字，批判"补假"，提倡"直寻"，即认为优秀的作品无不是天才艺术家直觉的产物。这是极有见地的。钟嵘美学是刘勰之后最杰出的思想。

钟嵘的《诗品》是评定诗人诗作品级之滥觞。这是魏晋人物品评的流风余韵。自曹丕品评建安七子之得失起，风气渐开。于是谢赫有《画品》，庾肩吾有《书品》，沈约有《棋品》，钟嵘有《诗品》。所有这些，都说明中国美学将由研究走向鉴赏，从艺术哲学走向艺术心理学。钟嵘无疑是这一时代潮流在文学领域的代表，因此其《诗品》的影响远远大于《文心雕龙》。

关键词：滋味　情感　形式　鉴赏

代表作：《诗品序》

学　说：滋味说

C.文学与非文学

萧统（南朝，梁，501—531）

事出于沉思，义归乎翰藻

D页252
中国美学史上提出区别艺术与非艺术的标准一共有三次。第一次是《礼记·乐记》，第二次就是《昭明文选》。这是中国历史上第一部纯文学作品选集。为此，作为主编的昭明太子萧统特别提出了区分文学与非文学的标准，即要看是"以能文为本"，还是"以立意为宗"。后者以美文学的形式为非文学的内容服务，是"泛文学作品"；前者以审美的形式为文学的本质特征，是"纯文学作品"。这无疑是一个艺术哲学的标准。于是，萧统就以这个标准为艺术哲学时代做了总结，它标志着文学的真正独立和自觉。

关键词：艺术标准　审美形式

代表作：《文选序》

学　说：能文为本说

三 唐宋元明清艺术心理学

1.审美心理学

A.儒学的坚持

孔颖达（唐，574—648）

情志一也

《文心雕龙》虽然希望重归儒学，但儒学在唐代并无独 Y页254—258
尊地位，在美学领域更非主流。这才有孔颖达对"诗言志"
的重新解释（在己为情，情动为志，情志一也）。这就调和
了"言志说"和"缘情说"，也表现出更注重心理活动的
倾向。

关键词：情 志 诗

代表作：《五经正义》

学 说：情志同一说

白居易（唐，772—846）

诗者，根情、苗言、华声、实义

作为唐代儒家美学的代表人物，白居易认为文学的社会 Y页258—262
功能是"补察时政"和"泄导人情"，因此"文章合为时而
著，歌诗合为事而作"。这是典型的儒家主张，但其影响并
不像后世所说的那么大，白居易本人也并非每部作品都"为
君为臣为民为物为事而作"。所以朱熹批评他和韩愈等人其
实"只是要作好文章，令人称赏而已"。这正是韩愈、柳宗
元、白居易他们观念陈旧却作品甚佳的原因，这种二重性也
是这一时期文人士大夫的典型心态。

关键词：社会功能　儒家美学

代表作：《与元九书》

学　说：补察时政泄导人情说

周敦颐（北宋，1011—1077）

文以载道

文艺为政治伦理服务，是儒家的一贯主张。这一主张经唐代韩愈的"文以贯道"和柳宗元的"文以明道"，至北宋周敦颐，就正式形成"文以载道"的说法，影响深远。周敦颐认为，文学就像车子，装载的是"道"，没有必要装饰轮轴，更不可以空载（轮辕饰而人弗庸，徒饰也，况虚车乎）。这一观点发展到二程（程颢、程颐）和朱熹，就变成了"学诗妨事，作文害道"的极端，走向了自己的反面（孔子云："不学诗，无以言。"）。儒家美学在唐宋两代的僵化和式微，由此可见一斑。

关键词：儒家美学

代表作：《通书》

学　说：文以载道说

B. 禅宗的影响

司空图（唐，837—908）

辨于味，而后可以言诗

在唐宋两代，真正有影响的是禅宗。禅宗是中国化的佛教。作为宗教，它是世俗化的；作为哲学，它是艺术化的；作为中国化的佛教，它是儒学化的。这就大受那些徘徊于出入进退之间，既满怀修齐治平理想，又随时准备退隐山林、

佛教的中国化经历了三个历史阶段，即巫术化、玄学化和儒学化。禅宗是儒学化的佛教。

返璞归真的文人士大夫的欢迎。更重要的是，禅宗是一种具有心理学性质和内容的宗教和哲学。它主张"不立文字，直指人心，见性成佛"，认为佛（觉悟者）与众生（不觉悟者）的区别只有一念之差（迷即佛众生，悟即众生佛）。"一念悟时，众生是佛""苦海无边，回头是岸"。这就和中国美学的发展趋势正相一致。于是，在禅宗哲学的影响和推动下，艺术心理学大行其道（前述儒家艺术社会学主张则不过例行公事），其代表人物就是司空图、苏轼和严羽。

司空图一派美学的显著特点，在于其理论视角不再是先秦两汉艺术社会学的政教之理，也不是魏晋南北朝艺术哲学的形上之道，而是审美主体的美感经验，即文外之味。所谓"辨于味，而后可以言诗"，就是认为只有体验到美感的主体才是审美主体，也只有对于这种主体而言对象才是审美对象，艺术也才是艺术。

孔子认为通伦理始可言诗，沈约认为通声律始可言文，司空图认为辨于味始可言诗。对照这三种观点，可以看出中国美学史的发展线索。

这就将中国美学大大推进了一步。先秦两汉重功利，味同口腹之乐；魏晋六朝讲形式，味在言辞之趣。二者都认为美在客体。司空图却认为艺术虽然离不开物质载体（饮食不可无盐梅），其审美价值却只能由审美感受来确证（其美常在咸酸之外）。所谓"味在咸酸之外"（许印芳论司空图语），其实也就是"美在心灵之中"。这是典型的艺术心理学。

苏轼总结司空图观点为："梅止于酸，盐止于咸，饮食不可无盐梅，而其美常在咸酸之外。"

这也是有来历的。王弼提出"得意忘象"之后，谢赫有"取之象外"说，皎然有"采奇象外"论，刘禹锡更谓"境生于象外"。司空图大大地高扬了艺术的这种超越性，并以一种只能感受不可实证的"象外之象""景外之景"和只能体验不可言传的"韵外之致""味外之旨"来超越有限的形象（象、景）和形式（韵、味）。这正是唐代文学的高

Y页264—276
D页285—288

明之处。难怪后来严羽要说唐人趣味是"羚羊挂角，无迹可求"了。

关键词：美　美感　审美心理学
代表作：《与李生论诗书》
学　说：韵味说

苏轼（北宋，1037—1101）

君子可以寓意于物，而不可以留意于物

D页295—297

和屈原一样，苏轼也主要不是以其理论影响中国美学和中国艺术的。不同的是，屈原的影响力主要在于人格精神，苏轼的影响力则主要在于人生态度。在这个禅学的时代，苏轼可能是少数几个真正悟得禅宗精髓又能用于对待人生的人之一。这个精髓就是"破执"。禅宗讲要悟得无上正等正觉，必须一破"我执"，二破"法执"，三破"空执"，就因为执则迷，迷则不悟，叫"执迷不悟"。苏轼的难能可贵之处，则在于他把禅宗的这种精神渗透于审美意识之中，发展为一种审美的人生态度，从而开一代文人风气之先。

出于对宇宙人生的这一透彻了悟，苏轼极力提倡一种创作中的游戏态度。因为创作一如人生，不过"泥上偶然留指爪，鸿飞那复计东西"。没有什么宇宙目的，没有什么绝对理念，也没有什么真善美的最高仲裁者。一切都是偶然，一切都是瞬间，而必然和永恒就正在这无数个偶然和瞬间之中。

这无疑是典型的禅意，但比禅意更博大；这无疑是一种哲学，但比哲学更感性。以此禅意和哲学看待艺术，于审美，则"寓意于物"（不执着）而不"留意于物"（执着）；于创作，则"大略如行云流水"，随心所欲，听其自然；于

282

欣赏，则"观士人画如阅天下马，取其意气所到"；于风格，则力崇陶渊明与司空图，"恨当时不识其妙"。显然，苏轼的出现，意味着中国美学和中国艺术已结束少年的好奇和中年的成熟，即将走向老年的从容自如和豁达大度。

关键词：禅宗　人生哲学　审美态度

代表作：散见于《苏东坡集》各处

学　说：寓意于物说

严羽（南宋，生卒年不详）

诗有别材，非关书也；诗有别趣，非关理也

如果说苏轼是化禅入诗，那么严羽便是以禅喻诗。严羽的意义，首先在于他一反前人言必尧舜汤武、子曰诗云的思维模式和表述模式，单刀直入地提出"大抵禅道惟在妙悟，诗道亦在妙悟"。这和儒家讲"诗道在政治伦理"真不可同日而语。因此严羽虽然也讲"诗者，吟咏情性也"，但这个"吟咏情性"和儒家的"吟咏性情"，却有本质区别。在儒家美学看来，正因为诗"吟咏性情"，所以必须发乎情，止乎礼义，最后通乎伦理。严羽则认为，既然诗的本质是"吟咏情性"，那么，"情性"以外的东西（比如政治伦理）就不是诗学研究的对象，也不是诗人要考虑的问题，正所谓"诗有别材，非关书也；诗有别趣，非关理也"。关乎者何？曰"兴趣"与"妙悟"也。

所谓"兴趣"，即主观审美经验（美感）；所谓"妙悟"，即主观直觉感受（审美）。不能"妙悟"则不得"兴趣"（不会审美就没有美感），不懂"兴趣"也无从"妙悟"（不懂美感也不会审美）。所以诗道既"惟在妙悟"，也"惟在兴趣"（仅仅以美感为目的），因此其作品成为

张彦远《历代名画记》云："凝神遐想，妙悟自然，物我两忘，离形去知。"叶朗先生认为这可能是美学史上第一次使用"妙悟"一词说审美心理。

Y页253

283

"不涉理路，不落言筌"的上品，其"妙处"（美感）"透彻玲珑，不可凑泊"，简直就像"空中之音，相中之色，水中之月，镜中之象""羚羊挂角，无迹可求"，而且"言有尽而意无穷"。

获得这种美感当然只有一个途径，即"妙悟"。"妙悟"既是"妙不可言之悟"，也是"悟得不可言传之妙"（悟妙）。因此"惟悟乃为当行，乃为本色"。于是，严羽就为中国美学提供了第三种区分艺术与非艺术的标准："理路"还是"妙悟"。不难看出，《礼记·乐记》看功能，和谐情感（统同）的是艺术，维持秩序（辨异）的是非艺术，这是社会学的标准；《昭明文选》看目的，目的在形式（能文）的是艺术，目的在思想（立意）的是非艺术，这是艺术哲学的标准；《沧浪诗话》看把握方式，诉诸审美直觉（妙悟）的是艺术，诉诸理性思维（理路）的是非艺术，严羽的标准是心理学的。依照这个标准，诗人当然也就只该"一味妙悟而已"了。

Y页314—320
D页288—293

关键词：妙悟　兴趣　直觉　美感　艺术标准

代表作：《沧浪诗话》

学　说：兴趣说　妙悟说　别材别趣说

C.艺术的追求

C-1　审美关系

孙过庭（唐，646—691）

同自然之妙有

作为中国美学史的艺术心理学阶段，唐宋元明清时期的一个显著特点，就是艺术家越来越多地取代哲学家和文艺理论家，成为中国美学的主要发言人。他们从自己的审美追求和艺术实践出发，以美感经验为中心，讨论了一系列重要的美学问题。

首先是审美关系。孙过庭（唐代书法家）认为，艺术家创造的审美意象，应与造化自然有着同样的性质，即"同自然之妙有"。所谓"妙有"，其实就是情调。"重若崩云""轻如蝉翼"云云，不是说书法家模仿或描绘崩云蝉翼，而是说他们的笔意、笔力、笔势、笔法和崩云蝉翼有着同样的张力结构，即有着同样的情调或形式感。

Y页243—253

但是，这种情调既然叫作"妙有"，那就不是一般的美感，而是"有意味的形式感"。它只能来自对自然界的"玄鉴"。唐初**虞世南**（558—638）说"书道玄妙"（《笔髓论》），**张怀瓘**（不详）说"加之以玄妙"（《文字论》），孙过庭自己说优秀的书法家"玄鉴精通，故不滞于耳目"，都是这个道理。

请对照格式塔心理学和贝尔"有意味的形式"说。

关键词：审美关系

代表作：《书谱》

学　说：妙同自然说

张璪（唐，生卒年不详）

外师造化，中得心源

唐代画家张璪著有《绘境》一书，但已失传，只留下"外师造化，中得心源"这八个字，却在中国美学史上享有不朽的地位，这八个字也被历代山水画家奉为圭臬。

Y页249—252

关键词：审美关系

代表作：《绘境》

学　说：外师造化中得心源说

荆浩（五代，约850—? ）

度物象而取其真

Y页246—249

论审美关系的还有张彦远《历代名画记》：“凝神遐想，妙悟自然，物我两忘，离形去知。”关于张彦远，见C-3。

孙过庭的命题到了五代荆浩那里，就发展成“度物象而取其真”的说法。“真”不等于“似”。物理的不真实（花木不时，屋小人大，树高于山，桥不登岸）是“不似”，为“有形病”（看得见的毛病）；心理的不真实（气韵俱泯，物象全乖，笔墨虽行，类同死物）是“不真”，为“无形病”（看不见的毛病）。“似者得其形遗其气，真者气质俱盛”，而绘画的目的就是“图真”，即创造能够表现自然生命的审美意象。这就首先要把自然界看作生命体，把人与自然的审美关系看作生命和情感的体验关系，才能做到“心随笔运，取象不惑”。

关键词：审美关系

代表作：《笔法记》

学　说：度物取真说

C-2 审美品位

黄休复（北宋，其代表作于1006年著成）

画之逸格，最难其俦

Y页289—294

强调审美要有品位，将艺术家和艺术作品评出品级，是魏晋以来即有的观念和做法。最早为绘画分品的是南齐**谢赫**（《画品》），最早为书法分品的是南梁**庾肩吾**（《书品》）。唐人**张怀瓘**著《书断》《画断》，把书法和绘画作品都分成神、妙、能三品。之后**朱景玄**又著《唐朝名画录》，在张怀瓘三品之外又加“逸品”（最早提出“逸品”概念的是初唐**李嗣真**，系针对书法作品而言）。至北宋黄休复，列“逸品”（黄休复称为“逸格”，格即品，即品格）于神、妙、能三品之上，认为它"拙规矩于方圆，鄙精研于彩绘，笔简形具，得之自然，莫可楷模，出于意表"，从此遂成定论。

所谓逸、神、妙、能，就是艺术作品的审美品位。其中能品止于技术层面（学侔天功，形象生动），品级最低；妙品达到技巧层面（若投刃于解牛，类运斤于斫鼻），品级较高；神品达到天才层面（天机迥高，思与神合），品级又高；只有逸品才达到了自由层面（超凡脱俗，不拘小节），因此品级最高。

叶朗先生认为妙品的妙是超出有限物象，通向宇宙本体，此说似可商榷。

这种审美倾向表现于绘画，即是"写意"。但不是写一切之意，乃是特定的意，即清逸、超逸、高逸之意，总称"逸气"。元代书画家**倪瓒**（1306—1374）云"仆之所谓画者，不过逸笔草草，不求形似。聊以自娱耳"，"聊以写胸中逸气耳"，即此之谓。

关键词：审美品位

代表作：《益州名画录》

学　说：逸格难侔说

C-3 审美趣味

张彦远（唐，815—875）

得其形似，则无其气韵；具其彩色，则失其笔法

唐代山水画的一项重要变革，是以水墨代青绿。张彦远说"得其形似，则无其气韵；具其彩色，则失其笔法"，就是认为气韵和笔法比造型的色彩更重要。因为气韵比外形更接近于生命本体，笔法比色彩更接近于最高真实。托名**王维**（701—761）的《画山水诀》说"夫画道之中，水墨为最上，肇自然之性，成造化之功"，张彦远也说"玄化无言，神工独运"，自然界原本是不需要刻意着色的（草木敷荣，墨之五色说法不一，或谓焦浓重淡清，或谓浓淡干湿黑。

不待丹绿之彩；云雪飘扬，不待铅粉而白），因此，单用水墨而五色俱全，就是把握了最高真实（运墨而五色具，谓之得意），当真画得五颜六色反倒不真实（意在五色，则物象乖矣）。显然，这是一种哲学，也是一种趣味，这种有哲学意味的趣味在郭熙那里就发展为一种意境。

关键词：审美趣味

代表作：《历代名画记》

学　说：墨分五色说

郭熙（北宋，约1000—约1090）

身即山川而取之

北宋郭熙的美学思想，则发展了张彦远、张璪的趣味。

Y页278—284

孙过庭的命题在荆浩那里发展成"度物取真说"，张璪的命题在郭熙这里则发展为"身即山川说"。所谓"身即山川而取之"，其实就是以"移情"的态度去观照自然，这样才能发现自然的美（山水之意度见矣）。既然是移情，是审美，就要有审美的心灵，郭熙称为"林泉之心"，并认为以林泉之心（审美心灵）去看待自然，自然界的审美价值就高（价高），反之则低（以骄侈之目临之则价低）。所谓"林泉之心"，首先是超功利的审美态度（万虑消沉，胸中宽快，意思悦适），其次是多角度的观察体验（远望之以取其势，近看之以取其质），再次是全方位的整体把握（浑然相应，宛然自足），苟能如此，则"山之美意足""水之态富赡"。显然，唐宋美学关注的审美关系问题，在郭熙这里已发展为审美态度。

同样，张彦远的趣味在郭熙这里也发展为一种意境，这种意境就是"远"。郭熙说"山有三远"，一曰"高远"（山下仰山巅），二曰"深远"（山前窥山后），三曰"平远"
（近山望远山）。对于山来说，"高远之色清明，深远之色重
晦，平远之色有明有晦"；对于人来说，"高远者明了，深远
者细碎，平远者冲澹"。显然，这种意境正是道家哲学和魏
晋玄学的延伸，即由道延伸到玄，由玄延伸到远。玄则远，
远则通道。《世说新语》讲玄远、清远、旷远，《林泉高致》
讲高远、深远、平远，甚至张彦远讲"咫尺万里"，都是要
求突破有限的形质（山水或人体），把目光伸向远处，从有
限把握到无限。

关键词：审美态度　审美意境
代表作：《林泉高致》
学　说：身即山川说　三远说

范温（北宋，不详）
有余意之谓韵

张彦远的趣味（气韵和笔法）在郭熙那里发展为
"远"，在范温这里则发展为"韵"。范温在逐一批评了关
于"韵"的种种定义后得出结论："有余意之谓韵"。这就
使"韵"从语言学范畴（声韵）变成了审美范畴，从一般
审美范畴（不俗、潇洒、生动、简而穷理）变成了重要审
美范畴（包括众妙、经纬万善者）。范温认为，韵是美的
"极致"。"凡事既尽其美，必有其韵；韵苟不胜，亦亡其
美。"文学可以有各种风格，但只要有韵，就"可以立于世
而成名矣"。范温这一观点很有代表性，事实上概括了梅尧
臣、欧阳修、苏东坡、黄庭坚等多人思想，对严羽观点的形
成可能也有直接影响。

关键词：韵

钱锺书先生认为范温正是
"由画韵而及诗韵之转换
进阶"，范温自己也说
"书画文章盖一理也"，
故置于此。
Y页308—313

代表作:《潜溪诗眼》

学　说:有余意之谓韵说

2.艺术心理学

A.诗画合一

王履（明，1332—? ）

吾师心，心师目，目师华山

Y页322—325

自北宋苏轼首倡"诗中有画，画中有诗"说，诗画合一（诗画本一律，天工与清新）几成定论。所谓"诗画合一"，其实就是"天人合一"，其核心问题仍是人与自然的审美关系。表现于诗，是情与景；表现于画，则是意与形。王履认为，"画虽状物，主乎意"。因此，没有画意，形象就不是艺术形象（意不足谓之非形可也）；但没有形象，画意也不成其为画意（舍形何所求意）。审美意识依赖于审美经验，审美经验来源于审美对象，这就叫"吾师心，心师目，目师华山"。王履这一观点，可谓中国式的"反映论"。

关键词:审美意识　审美经验　审美对象

代表作:《华山图序》

学　说:目师华山说

祝允明（明，1460—1526）

师楷化机，取象形器，而以寓其无言之妙

Y页326—329

王履说形，祝允明说象；王履说意，祝允明说韵；王履认为画意在形，舍形无所求意；祝允明则认为画韵在象，无象不成其韵。因此他主张"师楷化机，取象形器，而以寓其无言之妙"，也就是说要以自然造化为楷模（师楷化机），从对象（形器）那里获得意象（取象），这样才能表现蕴含着生命玄机的美（寓其无言之妙）。

关键词：审美关系　艺术创造

代表作：《吕纪画花鸟记》

学　说：师化象形说

王廷相（明，1474—1553）

言征实则寡余味也，情直致而难动物也，故示以意象

王履看到了形与意的矛盾，祝允明看到了象与韵的矛盾，而能够把它们统一起来的是意象。王廷相认为，语言太实在就没有韵味（言征实则寡余味也），情感太直白就难以动人（情直致而难动物也），最好的办法是"示以意象"。因为只有意象才缘于物而不滞于物，因于情而不滥于情，可以让人反思（思而咀之）和共鸣（感而契之）。

关键词：审美意象

代表作：《与郭价夫学士论诗书》

学　说：示以意象说

B.雅俗共赏

李贽（明，1527—1602）

夫童心者，真心也

不愤则不作

一般地说，前述唐宋明初诸人所论之文学艺术，虽然也有平民化和世俗化倾向，仍是文人的雅的文化。李贽等人推崇提倡的，却是平民的俗的艺术。这既与当时社会状况（产

Y页336—339
D页297—302

生了不成熟的市民阶层）密切相关，也与禅宗的影响有很大关系。禅宗是一种平民的、世俗的宗教，正是它的成功导致了儒学的转型。但朱熹之办书院也好，陆九渊之做演讲也好，都只不过意味着儒学从书斋走进了书院，又从书院走向了市井。只有李贽的学说，才是儒学史上一次罕见的呵佛骂祖和离经叛道。

李贽继承了禅宗"直指人心"、陆九渊"发明本心"和王阳明"心明便是天理"的思路，但对"心"重新做了界定。李贽认为，作为哲学出发点的"心"，既不是禅宗的"佛性"，也不是理学的"天理"，而是与生俱来人皆有之的"私心"。这是一种自然的天性，因此也叫"童心"。童心即真心。"若失却童心，便失却真心；失却真心，便失却真人。"那些饱读诗书的儒家之徒，便是"失却真心"的"假人"；而包括《论语》《孟子》在内的儒家经典，则是"道学之口实，假人之渊薮"。

正是从这一真实性（它同时也是最高真实性）出发，李贽继承司马迁"发愤之所为作"和韩愈"不平则鸣"的观点，提出"不愤则不作"的原则，认为"不愤而作"就是不寒而栗，无病呻吟。相反，"发愤之所为作"，则情真意切，不可遏止，"宁使见者闻者切齿咬牙，欲杀欲割，而终不忍藏于名山，投之水火"。毫无疑问，只有这样的文学作品，才是真文学，才是好文学。

同样，也正是从这一真实性出发，李贽高度评价《西厢记》《水浒传》等俗文学作品，因为它们都是"童心者之自文"。因此，"诗何必古选，文何必先秦"，"更说甚么六经，更说甚么语孟乎"！

李贽的思想在当时产生了很大影响，并形成一股新文艺

李贽批判那些儒家之徒"种种日用，皆为自己身家计虑，无一厘为人谋者，及乎开口谈学，便说尔为自己，我为他人，尔为自私，我欲利他"，"翻思此时，反不如市井小夫，身履是事，口便说是事，做生意但说生意，力田作者但说力田，凿凿有味，真有德之言，令人听之忘厌倦矣"。这也正是他高度评价俗文学的原因之一。

启蒙思潮。

关键词：童心　真心　真实性　俗文学　启蒙思潮

代表作：《焚书》

学　说：童心说

汤显祖（明，1550—1616）

因情成梦，因梦成戏

如果说李贽思想的核心是"心"（童心），那么汤显祖思想的核心便是"情"。汤显祖认为，艺术的本质就是"情"（世总为情，情生诗歌）。情不同于理，也不同于法。理和法都是后天的、人为的（即荀子所谓"伪"），因此是不真实的。情则是先天的、自然的（人生而有情），因此是真实的。"有情之人"叫"真人"，"有情之天下"叫"春天"（在这里，我们可以看出李贽的影响）。"春天"只是理想，现实是"有法之天下"，因此只能做梦，这就叫"因情成梦"。梦想一旦纳入审美的形式，就是艺术，这就叫"因梦成戏"。

汤显祖景仰李贽，深受其影响。

Y页339—345

艺术既然由梦而来，也就有自己独特的真实性（梦中之情，何必非真）。它只能是情感的真实，心灵的真实（即李贽的"童心"或老子的"赤子之心"），而不是物理的真实，逻辑的真实。汤显祖说，一些人只知道认死理，却不知道情感有情感的逻辑（第云理之所必无，安知情之所必有耶）。这种人是不可以和他讨论艺术的（世间惟拘儒老生不可与言文）。真正的艺术家，一定是有"灵气"的，晓"天机"的，懂"意趣"的。当然，也一定是有情感的"真人"。

总之，在艺术领域（即梦幻世界）中，情感是决定一切的（情不知所起，一往而深，生者可以死，死可以生）。用叶朗先生总结的话，就是幻想可以改变现实，灵气可以突破常格，内容可以压倒形式。因此汤显祖的观点就叫"惟情说"。

关键词：情　梦　艺术

学　说：惟情说

袁宗道（明，1560—1600）

袁宏道（明，1568—1610）

袁中道（明，1570—1623）

独抒性灵，不拘格套，非从自己胸臆流出，不肯下笔

李贽思想的核心是"心"，汤显祖思想的核心是"情"，公安三袁思想的核心是"性灵"。"性灵"的内涵除了"性"（真情），还有"灵"（才气），袁氏兄弟称之为"惠黠之气"。由于这种天才，就产生了艺术独有并最为宝贵的"趣"，它是只可意会不可言传的（惟会心者知之）。显然，公安三袁的"性灵说"是李贽"童心说"的美学化，即通过审美趣味这一中介，使童心的表现变成了美学的追求，同时也使艺术的品位由俗返雅（汤显祖的艺术则可谓雅俗共赏）。公安三袁的贡献和局限全在于此。

关键词：性灵　灵气　天才　雅文化

学　说：性灵说

公安三袁与李贽、汤显祖结交很深，亦深受影响。

Y页345—352

D页301—302

C.南北分野

董其昌（明，1555—1636）

凡文章必有真种子

董其昌的美学思想比较丰富，但超越前人的不多，如主张"以天地为师"，认为"诗以山川为境，山川亦以诗为境"，以及"文要得神气""不在学，只在悟"等。影响较大的观点，是以禅论画，分"南北宗"，并推"南宗"为文人画"正宗"，尊王维为南宗之祖。文人画这个概念也由董其昌命名，称为"文人之画"，明末清初时画坛群起附和。其主张"读万卷书，行万里路"，被后人奉为信条。

关键词：文人画　南北宗

代表作：《画禅室随笔》

学　说：画分南北宗说

3.创作心理学

A.艺术的经验

A-1明清小说美学

叶昼（明，生卒年不详）

妙处都在人情物理上

叶昼是小说评点的实际创始人之一，但因卖文还酒债，不重署名权，长期被埋没。叶昼认为小说是社会生活真实的反映（世上先有《水浒传》一部，然后施耐庵、罗贯中借笔墨拈出），否则，"即令文人面壁九年，呕血十石"，也不能达到活灵活现以假乱真的水平。但小说作为一门艺术，和天下文章一样，"当以趣为第一"。既然以趣为旨归，那又"何必实有其事，并实有其人"？小说的文字"原是假的"，人物和故事也不必实有，但情理（人情物理）是真的。"只为他描写得真情出，所以便可与天地相始终"。

明清小说美学部分，均请参看Y页361—410。

关键词：文学真实

金圣叹（清，1608—1661）

世间妙文，原是天下万世人人心里公共之宝

金圣叹是明清小说批评的顶尖人物。和其他小说理论家一样，金圣叹也很关注真实性问题（这也几乎是小说美学绕不过去的问题），但金圣叹的见解显然高人一筹。他认为小说与历史、艺术与现实有本质的不同。前者（以《史记》为代表）是"以文运事"，后者（以《水浒》为代表）是"因文生事"。以文运事，事（生活真实）就是第一位的；因文生事，文（艺术真实）就是第一位的。小说中之所以有种种诸如大事化小、小题大做、以偏概全、掐头去尾等做法，"无非为文计，不为事计也"。但无论怎样剪裁、夸张、虚构、想象，都必须合情合理。因此，小说的真实，就是"未必然之文，又必定然之事"。

小说的真实是想象与情理的统一，小说的追求则是平易与奇特的统一，即用"极近人之笔"，写"极骇人之事"。文笔近人（通俗易懂）就容易接受，故事骇人（惊险离奇）就吸引读者。这实在是内行话。

金圣叹之后，重要的小说批评家还有**张竹坡**（1670—1698）和**脂砚斋**（不详），他们的观点和叶昼、金圣叹大体相同，如张竹坡认为"做文章，不过是情理二字"，脂砚斋也认为小说的真实是"事之所无，理之必有"。其他观点则基本上属于一般文艺理论和文学批评，故略。

关键词：文学真实

学　说：因文生事说

毛宗岗（清，1632—1709以后）

叶朗先生甚至认为只是因为有了金圣叹，中国小说美学才算是建立起来了。

读造物自然之文，而又何必读今人臆造之文

在明清小说批评家中，毛宗岗的观点有些与众不同。他认为《三国演义》"乃文章之最妙者"，因为它"据实指陈，非属臆造"，"真而可考"。这和金圣叹认为该书不过"官府传话奴才"的观点正好相反。尽管毛宗岗也认为"文章之妙，妙在猜不着"，但他同时认为，这无非是因为历史本身就具有戏剧性，只不过作家知道抓住这一要害进行创作而已。

关键词：文学真实

A-2 明清戏剧美学

李渔（清，1611—约1679）

从来游戏神通，尽出文人之手

李渔认为，戏剧作为俗文学，和诗文辞赋等雅文学不同。"文章做与读书人看，故不怪其深；戏文做与读书人与不读书人同看，又与不读书之妇人小儿同看，故贵浅不贵深。"但一部戏剧要成为传世之作，必须具备三个条件：情事奇（情事不奇不传）、文词警（文词不警拔不传）、轨道正（不轨于正道，无益于劝惩，使观者听者哑然一笑而遂已者，亦终不传）。因此，"凡作传奇者"，"务存忠厚之心，勿为残毒之事"；"凡说人情物理者，千古相传；凡涉荒唐怪异者，当日即朽"。

Y页411—438

关键词：戏剧特征

代表作：《闲情偶寄》

A-3 明清园林与绘画美学

计成（明，1582—?）

园林巧于因借，精在体宜

Y页439—448

计成认为，园林的美学标准，无非"精巧"二字。精在体量适中，巧在借景生情。因此园林的建造没有一定之规（构园无格），但又有规律可循（借景有因），创意比技术更重要（三分匠七分主人）。

此外，**李渔**所著之《闲情偶寄》，**周亮工**（1612—1672）所编之《尺牍新钞》，还有明代末年的**张岱**（1597—1679）和清代乾隆年间的**袁枚**（1716—1797），都对园林问题发表了不少见解。

B.学者的思考

王夫之（清，1619—1692）

乐者，两间之固有也

身之所历，目之所见，是铁门限

情景合一，自得妙语

只咏得现量分明，则以之怡神，以之寄怨，无所不可

Y页451—483
D页304—310

王夫之是中国美学艺术心理学阶段继严羽、李贽之后又一位里程碑式的人物。作为学者型美学家，他前有**黄宗羲**（1610—1695）、**顾炎武**（1613—1682），后有**章学诚**（1738—1801）、**刘熙载**（1813—1881），但诸子均不如王夫之承前启后，博大精深，只有王夫之才堪称巨星。

王夫之一反中国美学自司空图、严羽以来走向主体心灵的趋势，明确地将美归之于客体，认为"乐者，两间之固有也""百物之精，文章之色，休嘉之气，两间之美者也"。

所谓"百物之精"，就是客观事物的本质美；所谓"文章之色"，就是客观事物的形式美；所谓"休嘉之气"，就是客观事物的气韵美；而所谓"两间"，即天地之间。显然，在王夫之这里，美是客观的。

美虽然是客观的（形于吾身以外者化也），美感却是主观的（生于吾身以内者心也）。并非所有的人都能把握客观的美（若俗子肉眼，大不出寻丈，粗欲如牛目，所取之景亦何堪向人道出）。只有审美的人才能做到主客默契，心物交融，天人合一。但这种主客观的统一，只能是主观符合客观（以人合天），不能是客观符合主观（强天以从人）。因此，"身之所历，目之所见，是铁门限"。离开对客观审美对象的直接感知，也就没有审美可言。

为此，王夫之从佛教因明学中借用了"现量"一词，来说明审美观照的心理特征。量，即知识，或获得知识的来源、方式和判断标准。知识有三种。一曰非量，二曰比量，三曰现量。非量即"情有理无之妄想"，也就是想象。比量即"以种种事比度种种理"，也就是逻辑。王夫之认为美感既非非量也非比量，而是现量。现量也有三层含义。一是"现在"（不缘过去作影），二是"现成"（一触即觉，不假思量计较），三是"显现真实"（彼之体性本自如此，显现无疑，不参虚妄）。比方说："长河落日圆，初无定量，隔水问樵夫，初非想得，则禅家所谓现量也。"

显然，王夫之的所谓"现量"，就是审美意象。但不是一切审美意象，而是主体在当前当下（现在）通过直觉（现成）获得的能够体现对象本质特征（显现真实）的东西。非量纯由心造，无可实证，是不真实的；比量诉诸概念，不可感知，是非审美的。只有现量，既真实，又感性，因此是

此处对非量、比量、现量的解释均依王夫之说，现在、现成、显现真实，也都是王夫之原文。

在这里，王夫之实际上已经把美感定义到一个十分狭隘的范围，甚至就连陶潜的"良苗亦怀新"和杜甫的"水流心不竞"都在他的批评之列。

艺术创作的源泉。可见，王夫之所谓"现量"，就是非想象非概念的直觉美感经验。

美是客观的，审美是直觉的，美感是当下即得的，这都决定了审美意象必然是"情景合一"的。情景合一，是王夫之美学又一重要内容。因为依照"现量说"，必定得出这样的结论："情景名为二，而实不可离。神于诗者，妙合无垠。巧者有情中景，景中情"，所以说"景者情之景，情者景之情"。创作，不过就是把这种美感经验说出来而已。

这当然是典型的艺术创作心理学，只不过这种心理学是建立在"现量"这一叶小舟之上的，而且这一叶小舟最后还要驶向儒家设定的目标。因为"味得现量分明"的目的，是"摄兴观群怨于一炉"；而"情景合一"的趣味，则是"温柔敦厚"。为此，王夫之骂杜甫（杜甫"健笔纵横"），批苏轼（苏轼唱"大江东去"），痛斥时人尊崇唐诗，对李贽等人推崇的新文艺更是视如寇仇。王夫之是儒家美学最后的大师。

关键词：审美直觉　艺术创作
学　说：现量说　情景合一说

C.最后的余音

叶朗先生甚至认为叶燮美学可以和王夫之美学并称为"光辉灿烂的双子星座"。此说似可商量。我们认为叶燮之于王夫之，大约相当于钟嵘之于刘勰，即六朝美学，刘勰第一，钟嵘次之；明清美学，王夫之第一，叶燮次之。

Y页488—528

叶燮（清，1627—1703）

文章者，所以表天地万物之情状也

王夫之以后，中国美学基本上已乏善可陈，略可一说的也就是叶燮、石涛和刘熙载，其中最重要的又是叶燮。

叶燮认为，文学艺术在本质上是对客观事物的描写（文章者，所以表天地万物之情状也）。客观事物林林总总，五花八门，千头万绪，但归根结底也就三个字：理、事、情。理，是事物的内在逻辑（其能发生者）；事，是事物的实际存在（其既发生）；情，则是事物的表现形态（情状），"三者缺一则不成物"。大至宇宙天地，小至草木禽兽，莫不如此；而"总而持之，条而贯之"的，是气。有理有事有情有气就是美。如果有"自然流行之气"贯穿始终，自然成法，那就是至美（天地万象之至文）。不过，气可能断，断则无，理、事、情却不会因此而消失。比方说，"草木气断则立萎"，这就是理（必然性）；"萎则成枯木"，这就是事（现实性）；枯木也有自己的形态，这就是情（表现性）。所以，理、事、情，是无处不在无时不有的。

因此，要"表天地万物之情状"，就必须"当乎理，确乎事，酌乎情"。这也就是"法"。但是，并非所有的理、事、情都那么明确，必有"不可名言之理，不可施见之事，不可径达之情"。文学艺术家的任务（或其高明之处），就在于见常人之不可见，言常人之不能言，把握常人无法把握的东西。这就要"幽渺以为理，想象以为事，惝恍以为情"。也就是说，艺术反映之理，带有深邃性；艺术反映之事，带有想象性；艺术反映之情，带有模糊性，而且唯其模糊，才通于精妙。

实现上述目标，靠的是才、胆、识、力。文学艺术家与普通人的区别首先就在有才（于人之所不能知，而惟我有才能知之；于人之所不能言，而惟我有才能言之）。因此能做到"至理存焉，万事准焉，深情托焉"。才依赖于胆（惟胆能生才），胆来源于识（无识故无胆）。有识必有胆，有胆必有才，有识有胆有才必有力，"故致坚而不可摧也"。

最后是法（方法、法则）。叶燮认为，法也来自理、

叶燮此说，看到了艺术的特殊性，尤其是艺术与哲学的相通之处，是很高明的见解。

事、情："先揆乎其理，揆之于理而不谬，则理得；次征诸事，征之于事而不悖，则事得；终洁诸情，洁之于情而可通，则情得。三者得而不可易，则自然之法立。"所谓"自然之法"，也就是理、事、情之法。理、事、情变化万端，故法为"活法"；理、事、情不可虚凭，故法为"定法"。总而言之，一切归结于理、事、情。

显然，这是一个完整的逻辑体系，其逻辑之严密，体系之井然，不但超过王夫之，也超过刘勰。和叶燮的《原诗》相比，《文心雕龙》就不是哲理性的，而是美文学的了。但论博大精深，则叶不如刘、王。

关键词：理　事　情　艺术哲学

代表作：《原诗》

学　说：理事情说

石涛（1642—约1718）

一画者，众有之本，万象之根

Y页529—547

画家谈画，本不足为奇。但通常所论，无非经验之谈。石涛《画语录》的高屋建瓴之处，就在于不就事论事，而是追溯到艺术的本源。石涛说，太古时代是一片混沌，没有物象，也没有法则，只有完整的、混为一体的最高朴素（太古无法，太朴不散）。混沌一被打破，最高朴素不再完整，法则也就诞生（太朴一散，而法立矣）。法则从哪里诞生？从"一画"（法于何立？立于一画）。因为只有"一画"才是最简单、最朴素也最原始的符号。有了一，就会有二，有三，有众有，有万象。所以，"一画者，众有之本，万象之根"。抓住了根本，也就抓住了事物的本质。这就是石涛要讲"一画"的原因，即"以无法生有法，以有法贯众法"。

显然，这就不是经验而是哲学了。这也正是石涛的"语录"能被称为"美学"的原因。

关键词：艺术本体论

代表作：《画语录》

学　说：一画说

刘熙载（1813—1881）

为文者，盍思文之所由生乎

叶燮美学之卓越在系统性，石涛美学之深刻在本体论，Y页548—573
刘熙载美学之高明则在辩证法。刘熙载认为，做任何事情都
要抓住事物的根本，搞文学的又岂能不弄清文学的来历（盍
思文之所由生乎）？那么，文学的由来是什么？刘熙载认为
是矛盾对立的统一，是世界的多样性，是"强弱相成，刚柔
相形"（此为刘引徐锴《说文通论》语）。为此，刘熙载对
艺术创作中种种矛盾关系（包括咏物与咏怀、真实与玄诞、
结实与空灵、按实肖像与凭虚构象等）进行了梳理，并提
出文学即心学（文，心学也）的观点。刘熙载心学是唐宋
元明清艺术心理学的最后一环，其《艺概》成书之日，已
是天朝开始崩溃之时（第一次鸦片战争）。中国古典美学已
经走完了自己的全部历程，它期待着在新时代和新文化中的
新生。

关键词：艺术辩证法

代表作：《艺概》

学　说：心学说

本史纲逻辑关系据邓晓芒、易中天《黄与蓝的交响》

附录三 西方现代美学史纲

总论

康德和黑格尔把美学的基本问题由"美是什么"转变为"审美是什么"和"艺术是什么",在扭转了美学方向的同时也终结了美学。这两位大师之后,西方世界其实已不复存在传统意义上的美学,也不再有过去那种单线的逻辑关系。所谓"西方现代美学",实际上是一个走向"非美学"和"反美学"的过程,一个学说纷呈、流派泛滥、瞬息万变的"解体"和"崩溃"过程。它甚至已经很难按人头来划分派别,一个美学家跨好几个学科和流派是常见的事(比如谷鲁斯就既属移情学派,又主张"游戏说")。但这并不等于西方现代美学就是无章可循无迹可求的。作为康德和黑格尔的后继者(同时也是批判者),西方现代美学可以大体上归为六大派别,即:(1)由康德发展出的自然科学的形式主义。它立足于康德美学中的"纯粹美"这一形式主义规定,试图以近代自然科学或具有自然科学性质的方法对美进行实证的研究,但倾向于心理学上的描述。(2)由康德发展出的非理性主义的表现主义。它立足于康德的不可知论和人本主义哲学基础,强调人的主观能动性、自由的不可规定性和精神现象的特殊性,因此都具有反对唯科学主义的倾向(甚至反理性主义倾向)。(3)由黑格尔发展出的理性主

李斯托威尔的《近代美学史评述》按照主观论和客观论,将这些理论分为十四个流派,即表现论、快乐论、游戏论、外观和幻觉论、精神分析论、实验论、移情论、现象学论、折中论、一般心理学、艺术科学论、自然论、社会学论、形式论。

义的表现主义。它试图用理性的普遍规律来规范美和艺术的一般原理，对艺术创作和审美欣赏提供"合情合理"的解释。（4）由黑格尔发展出的社会科学的形式主义。它从黑格尔美学中的认识论因素退回到古希腊客观美学，认为美的客观性在于其社会性，艺术与社会科学的区别只在形式，因此叫社会科学的形式主义。（5）由自然科学的形式主义推导出的美感经验论。它回过头来继承了英国经验派的美学传统。（6）由社会科学的形式主义推导出的艺术社会学。它特别发展了席勒的美学方向。

以上六大派别大体上相当于审美的六个因素，即：（1）审美媒介（自然科学的形式主义）；（2）审美主体（非理性主义的表现主义）；（3）审美关系（理性主义的表现主义）；（4）审美客体（社会科学的形式主义）；（5）审美感受（美感经验论）；（6）审美效应（艺术社会学）。

西方现代美学的提纲如下：

（一）自然科学的形式主义

1. 实验美学（赫尔巴特、齐美尔曼、费希纳）

2. 形式美学（克乃夫·贝尔）

3. 结构主义（雅各布森）

4. 符号论美学（苏珊·朗格）

5. 格式塔心理学（阿恩海姆）

（二）非理性主义的表现主义

1. 唯意志论（叔本华、尼采、冯·哈特曼）

2. 直觉主义（闵斯特堡、柏格森、克罗齐）

3. 表现主义（科林伍德）

关于西方现代美学的分类，请参看邓晓芒、易中天《黄与蓝的交响》第四章第一节。该书把这一过程称为"一次壮丽的金环蚀"。

4.精神分析（弗洛伊德）

5.现象学（盖格尔、茵格尔顿、杜夫海纳）

6.存在主义（海德格尔、萨特）

（三）理性主义的表现主义

1.移情学派（立普斯）

2.艺术科学（乌提兹）

3.接受美学（尧斯）

（四）社会科学的形式主义

1.反映论（别林斯基、车尔尼雪夫斯基、卢卡契）

2.价值论（斯托洛维奇）

（五）美感经验论

1.快感说（桑塔耶那）

2.心理距离说（布洛）

3.实用主义（杜威）

4.分析哲学（维特根施坦）

5.新自然主义（托马斯·门罗）

（六）艺术社会学

1.游戏说（康拉德·朗格）

2.人类学美学（格罗塞、弗雷泽、普列汉诺夫）

3.社会学美学（丹纳）

一　自然科学的形式主义

1.实验美学

赫尔巴特（德国，1776—1841）

齐美尔曼（德国，1824—1898）

美是完美地领悟到由许多复杂因素形成的各种关系的结果

　　赫尔巴特和他的追随者齐美尔曼是康德形式主义的直接继承者。他们试图从时间和空间、质和量方面对美的形式做定性和定量的分析，认为美的形式是一个"集合体"，审美就像是"在心里数数，但是由于数目太大，怎么也数不清"。但对象如果是和谐的，同一性突出，就用不着去数。所以，美感产生的原因就在于"节约了注意力"，美的总公式则是"先多少失去几分规律性，然后又重新恢复规律性"。这一学派成为实验美学的先导。

　　关键词：形式　规律

　　代表作：《美学》（齐美尔曼）

　　学　说：集合体说

请参看

邓晓芒、易中天《黄与蓝的交响》（人民文学出版社1999年版，以下简称D）页316—317

费希纳（德国，1801—1887）

主张"自下而上"的美学

　　费希纳是实验美学的创始人。费希纳认为，以往的美学都是"自上而下"的，他却主张"自下而上"，即应该像经验自然科学一样，进行一系列有目的有步骤的实验，最后得出一些统计学的结论和法则。为此，费希纳提出了三种实验方法：印象法（由受试者谈自己的直接印象）、表现法（用

请参看

李斯托威尔《近代美学史评述》（上海译文出版社1980年版，以下简称L）页31—39

D页317—319

本书页54—56

仪器测量受试者的血压、脉搏和呼吸）和制作法（让受试者按照命题自由创作）。费希纳从这些实验中得出了十三条"美的规律"。1932年，后继者柏克霍夫（1884—1944）提出了一个审美价值公式：M（美感程度）=O（审美对象的美学品级）÷C（审美对象的复杂程度）。后来又有人对此进行修正，如认为审美公式应该是M=O×C。实验美学的方法虽然"科学"，但结论却多半荒唐。即便是一些可供参考的结论，也只是"前美学"的。

关键词：实验美学

代表作：《美学导论》

2. 形式美学

克乃夫·贝尔（英国，1881—1966）

艺术是有意味的形式

L页125—126
D页320—321
本书页172—174

克乃夫·贝尔是形式主义的代表人物，他和他的同道**罗吉尔·弗莱和赫伯特·里德**都认为艺术作品的价值不在内容而在形式，但实验美学的失败促使他们对形式重新进行认识。1914年，贝尔提出了一种新的学说，他把能够激起审美情感的形式称为"有意味的形式"，从而在根本上把艺术形式和其他形式区别开来，也把审美情感和日常情感区别开来。但他所说的"意味"，不是我们通常所谓主题思想等，而是一种"非一般意味"的意味，"非日常情感"的情感。它是"事物中的上帝，特殊中的普遍，无所不在的韵律"，是一种"终极的存在"。因此他的这一学说并没有多少科学气味，反倒更像一种新的信仰。

关键词：形式美学

代表作：《艺术》

学　说：有意味的形式说

3. 结构主义

雅各布森（俄裔美国，1896—1982）

语言文学研究必须成为系统性科学

　　雅各布森是俄国形式主义（莫斯科语言学派）的创始 D页321—324
人，1920年移居捷克后创立布拉格学派，成为20世纪60年代
风靡一时的巴黎结构主义的先驱。当代结构主义从**索绪尔**
（1857—1913）对能指和所指、语言和言语的区别出发，认
为语言本身是一个能指系统或符号系统，可以任由人们塞进
各种各样的所指。但语言这个抽象的框架却决定着表面意义
下的深层意义，因此文学批评应该从语言学和符号学出发，
去寻找那种不自觉支配作家的语言的深层结构方式。

　　关键词：语言学　符号学　结构主义

4. 符号论美学

苏珊·朗格（美国，1895—1981）

艺术是人类情感的符号形式的创造

　　苏珊·朗格同时受到前面两种美学思想的影响，但她的 D页325—326
出发点却是新康德主义者**卡西尔**（1874—1945）的人类文化
哲学。卡西尔的符号学继承了布拉格学派和结构主义，但认
为研究语言、神话、艺术等，最终是为了解决"人是什么"
这一问题。卡西尔把自己的哲学叫作"符号形式的哲学"，
认为人就是能够运用符号创造文化的动物。苏珊·朗格深

受卡西尔影响，把艺术定义为"人类情感的符号形式的创造"，认为情感和符号之间有一种"逻辑类似"，但不是如同科学认识那样的类似，而是"一种较为发达的隐喻或一种非推理的符号，它表达的是语言无法表达的东西——意识本身的逻辑"。因此，"艺术形式是有逻辑表现力的形式，或者说是有意味的形式"。"它们是清晰表现情感的符号，传递那种虽然捉摸不定但又很熟悉的知觉力样式"。

关键词：情感　形式　符号

代表作：《情感与形式》

学　说：情感符号说

5.格式塔心理学

阿恩海姆（美国，1904—1994）

表现性的唯一基础就是张力

D页326—328

本书页109—114

与苏珊·朗格从哲学人类学和人类文化的角度研究形式不同，格式塔心理学再次将审美心理置于实验语言学和唯科学主义的考察之下，但增加了一个起着核心作用的概念——场。阿恩海姆认为，人类的知觉构成一个"知觉力场"，它既是生理场也是心理场。当一个对象的结构在大脑皮层引起了"场效应"，即打破了神经系统的平衡，激起了生理场的对抗倾向时，就在知觉力中建立起一个"力的基本结构模式"；当这种模式达到某种平衡时，就产生了美感。可见美感就是知觉力在不平衡中的平衡，其唯一依据则是知觉与对象之间的"同构性"。正是这种"同构对应"或"同形同构""异质同构"，使内在心理场和外界物理场感应共鸣。

关键词：格式塔　场效应　知觉力

代表作：《艺术与视知觉》

学　说：场效应说

二　非理性主义的表现主义

1.唯意志论

叔本华（德国，1788—1860）

意志通过单纯空间性现象的适当的客观化就是美

叔本华是现代唯意志论的鼻祖。在他看来，世界和人生 D页328—329
都无非是意志的表现（表象）。有意志必有痛苦，所以人生
是苦。不过，当世界意志客观化以后，它就显现为不同等级
的美；而当人们对世界意志的表象进行纯粹的静观时，他就
摆脱了人生之苦而得到审美的愉快。因此，美就是意志的客
观化，艺术则是把人从世俗苦难中拯救出来的临时手段（死
亡才能使人彻底解脱）。叔本华的这一学说实际上已开当代
美学重表现（否定再现、模仿）、重体验（否定认识、理
性）之先河。因为叔本华虽然认为美是客观的，但这客观
既非神的客观又非物的客观，而是主观意志的客观表象。

关键词：唯意志论

代表作：《作为意志和表象的世界》

学　说：美是意志的表象说

尼采（德国，1844—1900）

艺术是生命的最高使命和生命本来的形而上活动

尼采在美学上的贡献主要不在学理的探讨，而在人生的 D页330—331

态度。正是本着这种态度，他对西方美学进行了重估，认为包括叔本华在内的过去一切美学家对美的理解，都是建立在日神艺术之上的，而艺术的真正本源是酒神精神。酒神精神来自原始的宇宙意志的冲动。它体现的不是美，而是悲壮，是破坏和创造，是力和运动。因此，艺术要表现意志，就不能像叔本华说的那样，放弃自己的意志进行冷静客观的观照，反倒应该将自己的意志扩张为支配世界的力量，使人成为"超人"。

关键词：唯意志论　酒神精神　超人

代表作：《悲剧的诞生》

冯·哈特曼（德国，1842—1906）

美就是对自己在理念中的基础和目的有所领悟的爱的生活

L页21
D页331—332

冯·哈特曼也是叔本华的信徒，但更接近德国哲学的理性主义传统。他认为美是爱，而爱是意志。在一切美中，最低一级的是形式，最高一级的是个性。它不是叔本华的"忘我"，也不是尼采的"超人"，而是通过爱，将自我投射到对象，扩展为全人类的"大我"。

关键词：唯意志论　爱　个性

代表作：《美的哲学》

2.直觉主义

闵斯特堡（德国，1863—1916）

孤立就是美

D页333

闵斯特堡是从科学与艺术的区别来研究美的。他认为

"科学就是联系，艺术则是孤立"。当主体"孤立地"看待一个对象，让当下直接的客体填满心胸时，人就会感到充实和满足，这就是美感。这种感觉因为切断了一切关系，因此反倒保存了对象自身，从而具有普遍性。但这种普遍性没有历史关系。每一艺术品和每一美感都自行封闭，具有永恒的价值。它没有任何用处，却因此而成为人生的意义与目的，成为心灵的归宿和安息之所。

关键词：直觉　孤立

代表作：《艺术教育原理》

学　说：孤立说

柏格森（法国，1859—1941）

艺术不过是对于实在的更为直接的观看罢了

柏格森是生命哲学在法国最大的代表（创立者则是德国哲学家狄尔泰）。他将生命哲学系统地运用于艺术和审美，从而创立了直觉主义美学。柏格森认为世界的最高实在是"生命冲动"。这是一种个性在时间中进行创造的"绵延"，理性和意识不能把握，只有直觉才能印证。艺术的目的就是通过内心直觉揭示实在，把心灵深处的秘密呈现出来。 D页333—334

关键词：直觉主义　生命哲学

代表作：《论滑稽的意义》

克罗齐（意大利，1866—1952）

审美即直觉，直觉即表现，表现即创造

闵斯特堡研究了对客体的直觉（欣赏心理），柏格森探讨了对主体的直觉（创作心理），克罗齐则用"直觉"将内 L页8—10
D页334—335
本书页92—97

容与形式、客体与主体、创造与欣赏、艺术与美都统一了起来。在克罗齐那里，直觉并不仅仅是欣赏，它同时也是表现与创造。所谓"美"，就是"成功的表现"。它使心灵达到自由的发展，从而产生审美愉快（美感）。

关键词：审美　直觉　表现　创造

代表作：《作为表现的科学和一般语言学的美学》

学　说：审美即直觉说

3.表现主义

科林伍德（英国，1889—1943）

真正的艺术就是通过想象表现情感

L页8
D页335—337
本书页157—158

克罗齐是直觉主义最大的代表，也是表现主义最完整的阐述者。他甚至被称为"表现主义大师"。他和科林伍德的理论被称为"克罗齐科—林伍德表现说"。科林伍德认为，根据克罗齐的原理，人人都是艺术家，因为人人都有直觉，人人都能表现。但是，艺术家只有在欣赏者感受到他所要表现的情感时才是真正的艺术家。因此，艺术家表现的情感必须和欣赏者一致。不过，这不是艺术家要考虑的事情，而是他作品客观上的社会效应。艺术家的任务是根据直觉和想象进行创造，这才是尽了他的本分。

关键词：直觉　想象　表现

代表作：《艺术原理》

学　说：表现说

4.精神分析

弗洛伊德（奥地利，1856—1939）

艺术是无意识的升华

弗洛伊德认为，艺术就是人的无意识的象征表现，是人的本能欲望的变相满足和化妆，是人的普遍的"求看和求被看"的本能冲动的升华。这一说法，正是试图给非理性的东西以理性的解释。后来，他的学生荣格（瑞士，1875—1961）突破了他的局限，提出"集体无意识"的说法，认为人的无意识中积淀着整个种族以往的集体经验和表象，艺术的任务就是帮助个体回到远古的原始群体中去。

关键词：艺术　无意识

学　说：艺术是无意识的升华说

L页25—30
D页337—338
本书页114—120

5.现象学

盖格尔（德国，1880—1937）

自我直觉到的事物的本质就是美

从**胡塞尔**（1859—1938）出发，现象学美学分为主观和客观两派，盖格尔是主观派的代表。盖格尔认为，一般艺术观照的法则有三种，即形式上的和谐（如形式主义所强调）、模仿性（如再现艺术所强调）和人格性（如移情学派所强调）。与之相对应的是审美对象的三种价值，即形式价值、模仿价值和内容价值。但无论何种，都不过是自我意识的各种"样式"，是先验意识的直觉体验，也是创造性的综合原理。只有从这一点出发，才能理解审美价值的独一无二性，以往它体现了个别艺术家和欣赏者的独特个性。

现象学的创始人是德国哲学家胡塞尔。胡塞尔首先排斥了自然科学的心理主义对精神问题和哲学问题的粗暴干预，主张"现象学的还原"，即通过"直观"的方法"回到事象本身"，而将客观存在的问题"存而不论"。通过这种还原，他得出结论：一切现象最纯粹的本质属性是"意向性"，即先验自我对某一事物的"指向"。意向性作为直观所把握到的现象本身的本质，使一切客观事物被赋予"意义"。只有这种"意义"，才是现象学所承认的事物的"本体"。

D页339—342

关键词：现象学　主观美学　意识法则　审美价值

代表作：《论审美欣赏的现象学》

茵格尔顿（波兰，1893—1970）

从作品被创造出来的那一刻起，作者的体验就不复存在

茵格尔顿是现象学美学客观派的代表。他认为艺术品的价值和意义不能归结为人的样式（主观样式），而必须寻找作品的样式（客观样式）。它并非物质性的客观样式，而是客观的"意义"，是由客观结构向每个人呈现的样式，因此也不是个人自我的样式。所以，艺术品虽然是个人（艺术家）为了自己的目的创造出来的"意向客体"，但一旦存在，就与作者无关，其审美价值是由它本身的意义结构所构成的。

关键词：现象学　客观美学　意向客体　意义结构

代表作：《艺术本体论研究》

杜夫海纳（法国，1910—1995）

审美经验揭示了人类与世界最深刻和最亲密的关系

杜夫海纳可以说是现象学美学中的主客观统一派。他认为，整个现象学的目的就是要返回到人与自然最原始的关系，即返回到感觉的根源。因此现象学最终必定会归结为美学，因为"审美经验在它是纯粹的那一瞬间，完成了现象学的还原"。审美活动把握到的"意向性"，既不是关于对象的真理，也不是围绕对象的实践或其他关系，而是将主体和客体直接联系在一起的感性，即人类的先验情感。它存在于客观世界之中，作为世界的"意义"向人的主体性情感发出召唤。这样，审美的对象就是情感对象，世界的审美性

质就是情感性质，人与世界在这一点上是"同格"的。这既是人的本质，人的意义，也是世界的本质，世界的意义。"正是在客体与主体的连接点上，感受恰恰就是表现"。

关键词：现象学　主客观统一　人与世界的审美关系

代表作：《审美经验现象学》

6.存在主义

海德格尔（德国，1889—1976）

人诗意地栖居

作为胡塞尔的学生，海德格尔用现象学的方法研究人的存在，导致了存在主义的诞生。他认为人的本体存在（此在）直接呈现于人在彻底孤独状态中所体验到的情绪之上，因此存在的意义也只有从这些直接的体验那里才能得到理解。他认为现代人在现实生活中已丧失了自我，只有通过诗才能"返回家园"。哲学也就是"诗意的思"，因为它在有限中表现着无限。语言只有在诗中还保留着原始力量。它能够使人"去蔽"，感受自身的存在。

关键词：现象学　存在主义诗

代表作：《存在与时间》

D页342—343

萨特（法国，1905—1980）

文学客体除了读者的主观以外没有其他实质

萨特同样是从人的直接感受（反思前的我思）出发，但更强调其日常性。他认为人在意识到自己的意识之前有一种"纯粹意识"，它天然地具有意向性，这就是人的未加思考的情绪。这些情绪最终都是向人的存在（即自由）发出

D页343—344

的呼吁。文学作品就是要把人的情感和情绪传达给读者，但不能强力灌输，只能诉诸读者的自由。所以，"阅读是作者与读者之间的一个慷慨大度的契约"。艺术的目的是使人觉得"扎根于自由"，审美则使人类全体都以最高自由的面目出现。

关键词：*存在主义*

三　理性主义的表现主义

1.移情学派

立普斯（德国，1851—1914）
审美是直接经验到的自我

所谓"移情"，就是主体凝神观照对象，在不知不觉中将情感"移入"对象，从而体验到"主客默契，物我同一"的心理过程。这时，我们就会觉得这个对象是美的。

L页40—68
D页345—349
本书页97—102

"移情说"在西方近现代美学史上，是影响最大、人数最多的一个学派。它的先驱者是德国美学家F.**费舍尔**（1807—1887），最先提出"移情"概念的则是他的儿子**罗伯特·费舍尔**。此外还有德国的**洛采**（1871—1881）、**魏朗**（1825—1889）、**谷鲁斯**（1861—1947）、**伏尔盖特**（1869—1930）、英国的**浮龙·李**（1856—1935）和法国的**巴希**，但把"移情说"发展成一个系统的美学理论的则是立普斯。

立普斯认为，审美活动就是欣赏者把自己投入对象，使自己生活在对象中并化为那个对象。立普斯说："审美的快感可以说简直没有对象。审美的欣赏并非对于一个对象的欣赏，而是对于一个自我是欣赏"；"在它里面，我的感到愉快的自我和使我感到愉快的对象并不是分割开来变成两回事，这两方面都是同一个自我，即直接经验到的自我"。

关键词：移情

代表作：《论移情的作用》

学　说：移情说

2. 艺术科学

乌提兹（德国，1883—1956）

艺术的目的是打动情绪和情感

和移情学派一样，乌提兹也认为艺术表现的目的是唤起情感，但又认为以这种纯粹的意图来进行创作的人几乎没有。艺术家在进行创作时总是掺杂了别的目的。乌提兹和德苏瓦尔（1867—1947）等人的共同观点是认为应该将美学和一般艺术学区别开来，因此属于艺术科学派。

L页69
D页350—351

关键词：艺术科学

代表作：《普通艺术科学的基础》

3. 接受美学

尧斯（德国，1921—1997）

第一个读者的理解将在一代又一代的接受之链上被充实和丰富

接受美学是20世纪60年代在联邦德国兴起的一个学派，由于其创始人主要是康士坦茨大学的青年学者和教授，因此被称为"康士坦茨学派"。这些创始人有尧斯、伊瑟尔、斯

D页351—353

特利德、福尔曼、普莱森丹茨等。其中尧斯第一个提出"接受美学"的概念，并为它制定了七个基本命题，因此被看作最主要的代表人物。

请参考中国美学主张的"言不尽意"和"诗无达诂"。

接受美学的方法论武器是解释学。解释学认为，语言包含的意义总是超出它本身在逻辑上和结构上固有的东西（本文），而且具有大量未说出的内容。它们取决于当时当地对语言心照不宣的理解。解释学的任务就是读出这种潜在的意义。也就是说，重新去体验当时当地的社会环境和交往关系，通过把握环境总体来把握作品。

据此，尧斯认为，文学研究不能只以作家和作品为对象，更重要的是以读者为对象。读者将自己的情感和观念作为一个"期待视域"去要求作品，通过再创造产生审美感受，因此读者也是作者，正如作者也是读者。作品是由作者和读者（包括后来时代的读者）共同完成的，所以文学史永远必须重写。

关键词：接受美学　影响美学　解释学

代表作：《审美经验与文学解释学》

四　社会科学的形式主义

1.反映论

别林斯基（俄国，1811—1848）

一切美的事物只能包括在活生生的现实里

D页354—355

别林斯基是反映论美学的鼻祖。他认为艺术的本质是反映和再现社会生活及其真理。在这一点上，艺术和科学并无区别，不同之处仅仅在于反映的方式，即科学以概念的方式反映社会生活，艺术则以形象来反映。艺术的魅力，就在于它能够将现实的美熔化在审美的形式中，并使现实的美"典型化"。但艺术典型化的目的和社会科学一样，是为了反映客观现实的本质和规律，因此审美评价必须服从科学评价（其实是政治评价和道德评价），艺术作品内容与形式的统一，也应该理解为思想性与艺术性、政治标准与审美标准的统一。

关键词：反映论　典型　现实美

代表作：《文学的幻想》

车尔尼雪夫斯基（俄国，1828—1889）

美是生活

车尔尼雪夫斯基在哲学上用费尔巴哈的唯物主义批判黑格尔的唯心主义，但在美学上，他其实继承了黑格尔（只不过以"自然"和"生活"取代了"绝对理念"），而且像黑格尔一样开出了一张"美丑等级表"，只不过认为自然美（现实美）高于艺术美，最高的美是生活。但车尔尼雪夫斯基同时又强调，作为美的生活，是"依照我们的理解应当如此的生活"。在这里我们分明看到了亚里士多德的影子，只不过车尔尼雪夫斯基用"反映"（再现生活、说明生活、判断生活）替代了亚里士多德的"模仿"，并且更强调艺术为政治服务。

D页355—356

关键词：反映论　再现

代表作：《生活与美学》

卢卡契（匈牙利，1885—1971）

审美反映是从人的世界出发并以此为目标

D页356—358

作为长期被视为"异端"的马克思主义美学家，卢卡契对旧反映论做了根本的矫正，认为科学和艺术虽然都是反映，反映的也是同一对象，但科学反映是以物为中心的，艺术反映则以人为中心。艺术不是客观现实的直接反映，而是能动的反映，是关于反映的反映，即意识内容的物质客观化，是人类自我意识最适当和最高级的表现形态。但这并不意味着美是主观的。恰恰相反，美是客观的，是客观事物的属性，审美判断实际上是科学认识，只不过看起来好像是主观的。而且仅仅由于这个原因，艺术的典型化才是必要的。

这就和康德的观点刚好相反。康德认为美在本质上是主观的，但看起来好像是客观的。

关键词：反映论 马克思主义

代表作：《审美特性》

2.价值论

斯托洛维奇（爱沙尼亚，1929—2013）

真只有一种，但达到真的能力不可能不是多样的

D页359—360

斯托洛维奇是价值论美学的代表人物，他最先提出用"审美价值"一词替代"审美属性"。斯托洛维奇认为价值是主客观结合的产物，但以客观的实践为基础。审美价值的特点是感性形象与社会关系的统一。如果主体的审美评价和对象的伦理实质相矛盾，则会产生"伪价值"。

关键词：审美价值 实践

代表作：《审美价值的本质》

五　美感经验论

1.快感说

桑塔耶那（美国，1863—1952）

美是被当作事物之属性的快感

　　快感说（也称快乐说）的代表人物主要有**艾伦**（英国，
1848—1899）、**居约**（法国，1854—1888）、**马歇尔**（美国，
1852—1927）、**萨利**（英国，1842—1923）等，但以桑塔耶
那最为有名。他也是自然主义美学的代表人物。桑塔耶那把
快感分为两种，一种是可以客观化的，一种是不可以的。美
是可以客观化的快感。其他人也有类似的说法，如马歇尔认
为美是稳定持久的快感，萨利认为美是可分享的快感，艾伦
则认为美是无利害关系的快感。

L页11—17
D页365

　　关键词：美感　快感
　　代表作:《美感 》

2.心理距离说

布洛（英国，1880—1934）

　　美学中的许多对立的范畴都可以从心理距离这一更为根
本的概念中找到它们的会合点

　　布洛认为，在审美活动中，只有当主体和对象之间保持
着一种恰如其分的"心理距离"时，对象对于主体才可能
是美的。

L页87
D页365—366
本书页103—108

　　关键词：心理距离
　　代表作:《作为艺术因素和审美原则的心理距离 》

3.实用主义

杜威（美国，1859—1952）

艺术即经验

D页366—367

布洛的心理距离说盛极一时，但接着就遭到实用主义（以杜威为代表）的强烈对抗。杜威认为，根本就不存在什么超功利性和超生物性的审美，美感来自人的生理与环境的不断冲突和平衡。所以艺术即经验。审美经验与其他经验并无根本区别。它是各种经验在冲突中达到平衡而引起的满足，是经验最完满的表现，且与人的生存具有直接关系。

关键词：艺术　审美　经验

代表作：《艺术即经验》

4.分析哲学

维特根施坦（奥地利，1889—1951）

艺术的目的是美，而美是使人幸福的东西

D页367—368

维特根施坦是分析哲学的重要代表，他认为世界可以分为两种，一种是可认识、可描述、可实证的，一种是不可认识、不可描述、不可实证的。美和艺术就属于后一种。因此，把美学定义为"研究美是什么的科学"本身就是可笑的。因为美是使人幸福的东西，而幸福是不可说的。以美为目的的艺术当然也不可说。

关键词：分析哲学　美学取消主义

代表作：《美学讲演集》

5.新自然主义

托马斯·门罗（美国，1897—1974）

美学自然主义不企图去了解美的最终本质是什么，它满足于对美的经验的存在现象所作的探究

快乐主义把美学变成心理学，分析哲学又把它挤到不可言说的神秘世界，新自然主义却标榜自己的绝对开放，认为所有的经验和方法都可以用于美学，但主张放弃一切离开审美经验的抽象思考，甚至认为连"美"这个概念都已过时。托马斯·门罗认为，美学应该被当作科学技术的一种分支来看待，美学家应该像自然科学家一样工作。

D页368—370

关键词：审美经验　科学美学

代表作：《走向科学的美学》

六　艺术社会学

1.游戏说

康拉德·朗格（德国，1855—1921）
艺术是一种有意识的自我欺骗

历史上的"游戏说"有两种。一种叫"康德—席勒游戏说"，一种叫"斯宾塞—谷鲁斯—朗格游戏说"。前者是哲学，后者才是艺术社会学，其代表人物有**斯宾塞**（英国，1820—1903）、**谷鲁斯**（德国，1861—1946）和康拉德·朗格。斯宾塞认为艺术和游戏一样，是人们过剩精力的宣泄。谷鲁斯认为艺术和游戏一样，是一种必要的学习。康拉

L页18—20
D页371—372
本书页164—165

德·朗格则认为，艺术和游戏最明显的共同之处，是它们都有"假想"或"虚拟"的成分，是一种"有意识的自我欺骗"。因此，"游戏是儿童时代的艺术，艺术是形式成熟的游戏"。

　　关键词：游戏

　　代表作：《论作为艺术欣赏和核心的有意识的自我
　　　　　　欺骗》

2.人类学美学

格罗塞（德国，1862—1927）

艺术是人生的最高尚和最真实的目的之完成

L页95
D页372—373
　　与"游戏说"之强调艺术的超功利性相反，运用文化人类学方法和材料来进行研究的美学家都看到了艺术在其原始时代的功利性。格罗塞指出，原始艺术几乎都有明确的功利目的，审美只是次要的要求。他认为原始艺术和文明时代的艺术在有一点上是一样的，那就是促成人类的统一，只不过后者"不仅造成统一，而且更能提高人类的精神"。

　　关键词：实用　艺术起源

　　代表作：《艺术的起源》

　　学　　说：实用论

弗雷泽（英国，1854—1941）

巫术是包括艺术在内一切文明活动的起源

D页374
　　现代西方最为流行的艺术起源学说是巫术论，其代表人物是英国人类学家**泰勒**（1832—1917）和弗雷泽，它们的学说被称为"泰勒—弗雷泽理论"。弗雷泽运用大量材料证明，原始人的巫术活动是企图以想象的方式去控制自然，这种以想象和情感为特征的活动正是艺术的发源地。这一观点在西方影响极大。

关键词：巫术　艺术起源

代表作：《金枝》

学　说：巫术论

普列汉诺夫（俄国，1856—1918）

艺术起源于生产劳动

普列汉诺夫从马克思的历史唯物主义出发，把艺术起源问题提高到一个新的阶段。他认为艺术起源于生产劳动，而生产劳动是改造世界的方式。生产力的水平决定着人们的审美趣味和艺术观念，但这种决定不是直接的，必须通过社会心理这个中间环节。

D页373—374

关键词：劳动　艺术起源

代表作：《论艺术》

学　说：劳动说

3.社会学美学

丹纳（法国，1828—1893）

美学本身便是一种实用植物学

丹纳是西方社会学美学的先驱，他认为美学应该采用自然科学的实证方法，从种族、环境、时代三种力量的作用中揭示艺术发展变化的原因。种族就是艺术家先天遗传的民族气质，环境主要指地理和气候，时代则主要指历史背景和文化遗产。丹纳认为这三种力量可以解释一切艺术现象，由此

L页92
D页375—376

而建立的美学就是"实用植物学"。

关键词：艺术社会学

代表作：《艺术哲学》

本史纲逻辑关系据邓晓芒、易中天《黄与蓝的交响》

附录四　推荐参考书目

《美学散步》

宗白华著　上海人民出版社1981年版

　　国内出版的美学著作即便不是汗牛充栋，至少也是不胜枚举。这里所列，并不求全责备；而将宗先生这部文集列在榜首，则因为它无论对于初学者，还是对于研究者，都是最好和不可不读的参考书。宗先生的文章话不多，但言简意赅，含金量极高。有人说，宗先生一句话，某某可以拿去写一篇文章；某某一篇文章，又可以变成许多人的一本书。是为笃论。1981年版的《美学散步》有李泽厚的序，同样值得一读。李泽厚的文章至少有一半是精彩的，这篇序就是其中之一。

本书后来又多次出版，并有各种版本，是一本不难找到的参考书。

《悲剧心理学》

朱光潜著　张隆溪译　人民文学出版社1983年版

　　朱光潜先生是美学大师，著作等身，影响深远。朱先生的著作和译著差不多都应该列入参考书目，如《文艺心理学》、《诗论》、《西方美学史》、《文艺对话集》(柏拉图)、《拉奥孔》(莱辛)、《歌德谈话录》(爱克曼)、《美学》(黑格尔)、《美学原理》(克罗齐)，但我特别推荐《悲剧心理学》。由于众所周知的原因，许多大师的著作中最好的往往是他的处女作。朱先生这本"少年时代"在法国用英文写成的博士论文也一样。实际上，这部著作类似于可以看见太阳的一滴水，支撑着它的是整个西方美学。在细细咀嚼了这颗智慧之果后，我们甚至可以不啃西方美学史那棵大树了。同样，在细细咀嚼了悲剧这颗苦涩之果后，要弄清楚优美之类的问题就简直不在话下。

《美的历程》

李泽厚著　文物出版社1981年版

李泽厚先生似乎并不承认《美的历程》是他的代表作，他自己更看重的是《华夏美学》。但令人遗憾的是，后者的影响远不如前者，《美学论集》《美学四讲》等也如此。至于《中国美学史》，则主要出自刘纲纪的手笔，不好算是李泽厚的著作。实际上，《美的历程》虽非李泽厚的处女作和成名作，却是开一代风气之先的作品。该书出版之日洛阳纸贵、风靡一时，现在读来也仍无过时之感，这在中国当代美学史上实属罕见与难得。实际上，这是一本专业人士和非专业人士都可以阅读也都应该阅读的书，如果你对中国文化有兴趣的话。因为它其实是一本打开了的中国人的心灵史。对于研究中国文化和中国文学的人来说，不读《美的历程》简直就是不应该的。如果将该书和本书的《中国古典美学史纲》对照阅读，相信你对中国美学史会有一个深刻的认识。

本书后来又多次出版，并有各种版本，印数甚多。

《新美学》

蔡仪著　群益出版社1947年版

蔡仪先生堪称中国现代美学第一人，他的这部著作也堪称中国现代美学第一书。我这里说的"现代"，是相对"古典"而言，而且是相对中国的"古典"而言。也就是说，

该书已收入蔡仪先生《美学论著初编》一书（上海文艺出版社1982年版），并另有单行本。

这部著作的观点和方法在西方可能是"古典"的，在中国却是"现代"的。这就是具有完整和严密的逻辑体系，从美学方法论，到美论、美感论，再到美的种类论、美感的种类论和艺术的种类论。这实在是中国人建立的第一个美学体系，单看目录就让人肃然起敬。现在又有谁愿意并能够做这样扎实的学问呢？因此尽管我完全不同意蔡仪先生的观点，但在内心深处却对蔡仪先生持有一份崇敬，并建议每个学美学和文艺学的研究生都读一下这本书，哪怕是作为理论和逻辑的训练来阅读。说句得罪人的话，现在许多研究生的基础训练实在不敢恭维，他们太爱赶时髦了。

《论美》

高尔泰著　甘肃人民出版社1982年版

作为主观派美学的代表人物，高尔泰先生和蔡仪先生相比要感性得多，和其他美学家相比也要感性得多。这使他更接近审美的经验和美学的真谛，也使他的著作常有惊人之语和闪光的东西。读高尔泰的书，你会不时发出感叹和疑问。仅此一条，就不虚此读。

该书曾以《美是自由的象征》为名再版。

《近代美学史评述》

李斯托威尔著　蒋孔阳译　上海译文出版社1980年版

将李斯托威尔伯爵的这部著作介绍到中国，是蒋孔阳先生的一大贡献。西方人写的美学史著作，介绍到中国的有鲍桑葵的《美学史》（张今译，商务印书馆1985年版）和吉尔伯特、库恩的《美学史》（夏乾丰译，上海译文出版社1989年版），但两书都太专门，不宜推荐。对于各校本科生、研究生和一般美学爱好者而言，要了解西方古典美学，读本书即可；要了解西方现代美学，读李斯托威尔的这本书最好。该书译成中文只有十八万字，蒋先生译笔又好，读起来简直就是艺术的享受，何况还是一个讨巧的途径呢？

《谈艺录》

钱锺书著　开明书店1946年版

该书于1984年由中华书局出版修订本。

钱锺书先生是文化昆仑，他的著作也如昆仑般高深，因此我们并不鼓励大家都去爬这座山。何况要阅读钱先生这部由文言写成又杂以西文的著作也并不容易。但可以肯定的是，哪怕半通不通地读完，也会大有收获，故存目于此，聊备一格。

古人云，兵不在多而在精，将不在勇而在谋，读书亦然。这里推荐的，大约都是读一本可以抵得上几本的，而且除《谈艺录》外，都是读起来比较轻松愉快的。但绝不全面，而且简直就是挂一漏万。好在三部史纲都列有代表作一项，做美学专业的自可按图索骥矣。

后记

　　本书最早由复旦大学出版社以《破门而入：美学的问题与历史》于2005年出版，此后又由该社在2006年再版，并在封面加印"易中天谈美学"字样。现经果麦文化重新编辑，易名为《美学讲稿》出版，在此谨向历次编辑和出品人致以诚挚的感谢！

易中天

2018年11月15日于上海

易中天

1947 年出生于长沙
曾在新疆工作，先后任教于武汉大学、厦门大学
现居江南某镇，潜心写作

美学讲稿

作者 _ 易中天

产品经理 _ 林昕韵　　装帧设计 _ 陆震　　产品总监 _ 王光裕

技术编辑 _ 白咏明　责任印制 _ 杨景依　　出品人 _ 贺彦军

物料设计 _ 于欣

鸣谢（排名不分先后）

段冶 李潇

果麦
www.guomai.cn

以 微 小 的 力 量 推 动 文 明

图书在版编目（CIP）数据

美学讲稿 / 易中天著. -- 杭州 ： 浙江文艺出版社，
2024. 10. -- ISBN 978-7-5339-7702-3

Ⅰ. B83-49

中国国家版本馆CIP数据核字第2024L2S999号

美学讲稿

易中天 著

责任编辑　余文军
装帧设计　陆震

出版发行　浙江文艺出版社
地　　址　杭州市环城北路177号
邮　　编　310003
经　　销　浙江省新华书店集团有限公司
　　　　　果麦文化传媒股份有限公司
印　　刷　天津丰富彩艺印刷有限公司
开　　本　787毫米×1092毫米　1/16
字　　数　270千字
印　　张　21.25
印　　数　1—3,000
版　　次　2024年10月第1版
印　　次　2024年10月第1次印刷
书　　号　ISBN　978-7-5339-7702-3
定　　价　68.00元